"十二五"职业教育国家规划教材

经全国职业教育教材审定委员会审定

工业微生物

第二版

周凤霞　高兴盛　主编

陈改荣　主审

化学工业出版社

·北京·

本书介绍了工业微生物的特征与分类、微生物的营养与培养基、微生物的生长、微生物的代谢及调控、微生物的遗传变异和育种以及微生物在食品、医药、环保、化工、能源、农业等方面的应用。在编写过程中，以"必需、够用"为原则，力求创新，努力反映新知识、新技术和新的科研成果，尽量与生产应用保持同步。在阐述工业微生物的基本概念和基本理论的同时，重点突出微生物技术的应用。因而本书具有基础理论知识适度、技术应用突出、技术面较宽等特点。此外，本书在章节之间链接了一些相关的阅读材料，以拓展学生的视野，增加本书的可读性。

本书可供高等职业技术学院和高等专科学校生物技术及应用和生物化工工艺等专业以及相关专业使用，也可供生物技术工作者参考。

图书在版编目（CIP）数据

工业微生物/周凤霞，高兴盛主编 . —2 版 . —北京：
化学工业出版社，2013.2（2021.3重印）
"十二五"职业教育国家规划教材
ISBN 978-7-122-16345-5

Ⅰ.①工… Ⅱ.①周…②高… Ⅲ.①工业微生物学-
高等职业教育-教材 Ⅳ.①Q939.97

中国版本图书馆 CIP 数据核字（2013）第 009726 号

责任编辑：张双进 陈有华 蔡洪伟　　　　文字编辑：周 倜
责任校对：宋 玮　　　　　　　　　　　　装帧设计：杨 北

出版发行：化学工业出版社（北京市东城区青年湖南街 13 号　邮政编码 100011）
印　　装：北京七彩京通数码快印有限公司
787mm×1092mm　1/16　印张 11¾　字数 283 千字　2021 年 3 月北京第 2 版第 3 次印刷

购书咨询：010-64518888　　　　　　售后服务：010-64518899
网　　址：http://www.cip.com.cn
凡购买本书，如有缺损质量问题，本社销售中心负责调换。

定　　价：33.00 元

生物技术类专业规划教材编审委员会

前　言

《工业微生物》教材自 2006 年出版以来，已被众多高职院校所采用，深受广大使用者好评。工业微生物属于专业基础课程，在食品、医药、化工、环保、能源、农业等方面的应用广泛。随着工业技术的不断发展，各相关行业与工业微生物的关系越来越紧密，各学科之间的相互渗透使工业微生物的内容越来越丰富，极大地促进了工业微生物的发展。随着职业教育的不断发展，工业微生物的教学内容、教学方法和教学目标等都在不断地进行改革，以培养适应职业岗位需求的高端技能人才。因此，适时修改、更新内容，就显得十分必要。

作者总结多年的教学和科研实践经验，在广泛听取教师和学生意见的基础上，阅读了大量的参考资料，对工业微生物的内容进行了修改，使本教材更具实用性。具体修改和更新的内容如下：

1. 第二章增加了阅读材料"青霉素和溶菌酶对细菌细胞壁的作用"，更新了细菌和放线菌的部分内容。

2. 第三章更新补充了微生物营养的内容。

3. 第四章更新补充了"稀释倒平板法"和"抗生素"的内容。

4. 第七章更新补充了"酱油"、"酒类"、"腐乳"等内容。

5. 第八章增加了"疫苗生产基本技术"的内容。

6. 第十章补充了"有机酸发酵"的内容。

7. 第十一章增加了"解磷菌肥料的使用方法"；补充了微生物饲料的特点等内容。

本教材经修改和更新后，更加明确了教学目标，体现了高职教育的应用特色和能力本位。本书可供高职高专生物技术及应用和生物化工工艺等专业使用，也可供其他专业师生和从事相关工作的科技人员参考。

本书由长沙环境保护职业技术学院周凤霞、蔡水文和湖南洞庭柠檬酸化学有限公司杜庆民修订。

由于编者水平有限，书中难免有疏漏或不妥之处，恳请广大同仁、读者批评指正。

编者
2015 年 2 月

第一版前言

生物技术是一门涉及领域宽、涵盖范围广、基础性强的新兴实用技术，是现代生物学发展并与相关学科交叉融合的产物。工业微生物是高职高专学校生物技术类专业的专业基础课，是"生物化工工艺"、"生物技术及应用"等专业的核心课程，是连接基础课和专业课之间的桥梁。目前，市场上关于《工业微生物》的教材和专著还是比较多，但最常见的是本科生和研究生教材，在内容方面偏深，不适合于高职高专的学生使用。因此，我们编写了这本《工业微生物》教材，供高等职业技术学院和高等专科学校生物技术类专业使用，也可供其他专业师生和从事生物技术工作的科技人员参考。

高等职业教育面向生产和服务第一线，培养实用型的高级专门人才。因此，本书的指导思想是突出高职特色，着力体现实用性和实践性，使理论与实践相结合，着重培养学生的应用能力。因此，在编写本教材的过程中，适当地降低理论知识的深度和广度，注意贯彻"以应用为目的，以必须、够用为度，以掌握概念、强化应用为重点"的原则，力求创新，努力反映新知识、新技术和新的科研成果，尽量与生产应用实践保持同步。在阐述工业微生物的基本概念和基本理论的同时，重点突出微生物技术的应用，并结合当前工业微生物发展的现状，介绍了微生物在食品、医药、能源、化工、环保、农业等方面的应用。因而本书具有基础理论知识适度、技术应用突出、技术面较宽等特点。此外，本书在章节之间链接了一些相关的阅读材料，尽可能拓展学生的知识视野，也增加了本书的可读性。本书尽力做到结构明晰，图文并茂，在每章之前提出学习目标，章后进行小结，并给出复习思考题，以便于学生更好地学习和掌握有关知识。

本书由周凤霞（长沙环境保护职业技术学院）和高兴盛（吕梁高等专科学院）主编，全书共分为十一章，第一章由高兴盛编写，第二章由周凤霞、高兴盛、韩燕（平原大学）、陈纬（三门峡职业技术学院）共同编写，第三章由陈玮、周凤霞编写，第四章由陈纬编写，第五章由吴昊（徐州工业职业技术学院）编写，第六章由韩燕编写，第七章由陈纬编写，第八章由高兴盛编写，第九章由周凤霞编写，第十章由吴昊编写，第十一章由韩燕编写。全书由周凤霞统稿。

平原大学的陈改荣教授作为本书的主审，提出了许多宝贵意见。此外，本书在编写过程中，化学工业出版社给予了热情的支持和帮助，在此一并表示衷心的感谢。编者还谨向被本书引用为参考资料的专家和作者表示衷心感谢。

鉴于编写水平和时间的限制，本书可能存在疏漏和不足，真诚希望有关专家及师生批评指正。

编者

2005 年 9 月

目 录

第一章 绪 论

【学习目标】

    1. 理解微生物的概念；

    2. 理解微生物在自然界的分类地位；

    3. 掌握微生物的基本特点；

    4. 掌握自然界微生物的主要类群；

    5. 了解工业微生物的研究对象；

    6. 了解工业微生物的应用；

    7. 了解工业微生物的发展历史及未来。

第一节 微生物及其特点

一、微生物的概念

微生物（microorganism）是对所有形体微小（<0.1mm）、单细胞或个体结构较为简单的多细胞，甚至非细胞结构的低等生物的总称，或简单地说是对细小的，人们肉眼看不见，必须借助显微镜才能看清的低等生物的总称。微生物在自然界中的分布极为广泛，空气、土壤、江河、湖泊、海洋等都有数量不等、种类不一的微生物存在。

二、微生物的特点

微生物具有生物的共同特点：基本组成单位是细胞（病毒除外）；主要化学成分相同，都含有蛋白质、核酸、多糖、脂质等；新陈代谢等生理活动相似；受基因控制且遗传机制相同；有繁殖能力。但由于其形体极其微小，结构简单，因而又具有动植物所不同的特点。

1. 微生物结构简单，体积微小

微生物大都是单细胞、简单多细胞甚至是非细胞结构的，但相对表面积较大，物质吸收多，转化快。这种特性为微生物的快速生长繁殖和合成大量代谢产物提供了充分的物质基础。

2. 微生物代谢类型多，代谢能力强

微生物几乎能分解地球上的一切有机物，也能合成各种有机物。微生物有多种产能方式，有的利用分解有机物放出的能量；有的从无机物的氧化中获得能量；有的利用光能，进行光合营养。有的能进行有氧呼吸，有的能进行无氧呼吸。有的能固定分子态氮，有的能利用复杂的有机氮化物。微生物的代谢产物极多，仅抗生素就已经发现 90000 多种。

3. 微生物生长旺盛，繁殖速率快，容易培养

微生物具有极高的生长和繁殖速率。以大肠杆菌为例，细菌细胞若按每隔 20min 就可以分裂一次，在 1 天的时间内即可以繁殖 72 代，则细菌后代的总质量将达到 4722t。假如再这样繁殖 4～5 天，它们就会形成跟地球同样质量的物体。当然不会出现这种情况，因为微

生物的生长繁殖受到营养、空间和代谢产物等条件的限制，其分裂速率只能维持数小时而已。这一特点体现在发酵工业中的生产效率高、发酵周期短上。

微生物容易培养，能在常温常压下利用简单的营养物质，甚至工农业废弃物生长繁殖，积累代谢产物。在发酵工业中，利用微生物发酵法生产食品、医药、化工原料等具有许多优点，如设备简单、原料广泛、不需要催化剂、产品一般无毒副作用等。

4. 微生物种类繁多，分布广泛，适应性强

微生物种类繁多，目前已发现的约有 15 万种。随着人类的认识和研究工作的发展，微生物新纲、新目、新科、新属、新种不断被发现。

微生物在自然界分布广泛，适应性强。土壤、空气、河流、海洋、盐湖、高山、沙漠、冰川、油井、地层下以及动物体内外、植物体表面都有大量微生物在活动。例如，深达 1 万多米的太平洋海底温泉中生活着既耐高温（1000℃）又耐高压（$1.15×10^8$Pa）、在厌氧条件自养生活的硫细菌；在 85km 的高空能找到微生物；在南极洲深 128m 和 427m 的沉积岩中均发现了活细菌。再如，细菌的芽孢、放线菌的分生孢子、真菌的各种孢子，能抵抗外界不良环境的侵害，一般能成活几年甚至几千年。

5. 微生物容易发生变异

微生物的个体一般都是单细胞、简单多细胞甚至是非细胞的，它们通常是单倍体，加之具有繁殖快、数量多以及与外界环境直接接触等特点，因此即使其变异频率（10^{-5}～10^{-10}）十分低，也可在短时间内产生出大量变异的后代。抗生素生产和其他发酵性生产中可利用微生物的变异，以提高发酵产物的产量。最典型的例子是青霉素的发酵生产，最初发酵产物每毫升只含 20U 左右，而现在已有极大的提高，甚至接近 10 万 U 了。

三、微生物在自然界的分类地位

在生物学发展史上，曾将生物分为植物界和动物界。藻类有细胞壁，能进行光合作用，归为植物界。原生动物无细胞壁，可运动，不能进行光合作用，归为动物界。而微生物的另一些类群，如细菌具有细胞壁，能进行光合作用，又可运动，将它归为植物界和动物界均不合适。因此，1866 年海克尔（Haeckel）提出三界系统，将生物分为动物界、植物界和原生生物界。魏泰克（Weitaike）于 1969 年提出生物分类的五界系统，将具有细胞结构的生物分为原核生物界（包括细菌和蓝细菌）、原生生物界（包括大部分藻类和原生动物）、真菌界（包括酵母菌和霉菌等），以及植物界和动物界。1977 年，中国学者王大耜等提出将所有生物分为六界：病毒界、原核生物界、真核生物界、真菌界、植物界和动物界。1990 年，伍

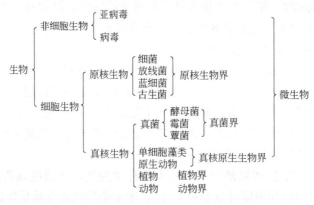

图 1-1　微生物在生物分类系统中的地位

斯（Woese）根据 16S rRNA 序列的比较，提出将生物分为三域（bomain）：细菌（bacteria）、古生菌（archaea）和真核生物（eukarya）。可见微生物在生物界中占有极重要的地位。微生物在生物分类系统中的地位见图 1-1。

四、自然界中的微生物

1. 非细胞微生物

没有典型的细胞结构，亦无产生能量的酶系统，只能在活细胞内生长繁殖。病毒属于此类型微生物。病毒包括（真）病毒和亚病毒两大类。其中亚病毒包括类病毒、拟病毒和朊病毒。

2. 原核微生物

细胞核分化程度低，仅有原始核质，没有核膜与核仁；细胞器不很完善。这类微生物种类众多，有细菌、放线菌、蓝细菌（蓝藻）、衣原体、立克次体和支原体。

3. 真核微生物

细胞核的分化程度较高，有核膜、核仁和染色体；胞质内有完整的细胞器（如内质网、核糖体及线粒体等）。真核微生物主要包括属于植物界的显微藻类、属于动物界的原生动物和微型后生动物，以及属于真菌界的真菌微生物。真菌按其外观特征可分为酵母菌、霉菌和蕈菌 3 类。

第二节　微生物学的发展简史

微生物学的发展简史可以概括为 5 个阶段。

一、经验阶段

自古以来，人类在日常生活和生产实践中，已经觉察到微生物的生命活动及其作用。早在 4000 多年前的龙山文化时期，古代人已能用谷物酿酒。殷商时代的甲骨文上也有酒、醴（甜酒）等的记载。

在这个时期，人们在生产与日常生活中积累了不少关于微生物作用的经验规律，并且运用这些规律来创造财富，减少和消灭病害。民间早已广泛应用酿酒、制醋、发面、腌制酸菜泡菜、盐渍、蜜饯等技术，古埃及人也早已掌握制作面包和配制果酒的技术。这些都是人类在食品工艺中控制和应用微生物活动规律的典型例子。积肥、沤粪、翻土压青、豆类作物与其他作物的间作轮作，是人类在农业生产实践中控制和应用微生物生命活动规律的生产技术。种牛痘预防天花是人类控制和应用微生物生命活动规律在预防疾病保护健康方面的宝贵实践。尽管这些还没有上升为微生物学理论，但都是控制和应用微生物生命活动规律的实践活动。

二、形态学阶段

17 世纪，荷兰人列文虎克（Anthony van Leeuwenhoek）发现了微生物，从而解决了认识微生物世界的第一个障碍。但在其后的 200 年里，微生物学的研究基本停留在形态描述和分类阶段。

三、生理学阶段

从 19 世纪 60 年代开始，以巴斯德（Louis Pasteur，法国）和柯赫（Robert Koch，德国）为代表的科学家将微生物学的研究推进到生理学阶段，并为微生物学的发展奠定了坚实的基础。

在这个时期，巴斯德研究了酒变酸的微生物原理，探索了蚕病、牛羊炭疽病、鸡霍乱和人狂犬病等传染病的病因，研究了有机质腐败和酿酒失败的起因，否定了生命起源的"自然发生说"，建立了巴氏消毒法等一系列微生物学实验技术。柯赫继巴斯德之后，改进了固体培养基的配方，发明了用倾皿法进行纯种分离，建立了细菌细胞的染色技术、显微摄影技术和悬滴培养法，寻找并确证了炭疽病、结核病和霍乱病等一系列严重传染疾病的病原体等。这些成就奠定了微生物学成为一门科学的基础。因此，他们是微生物学的奠基人。

四、生物化学阶段

19 世纪以来，生物化学和生物物理学的不断渗透，再加上电子显微镜的发明和同位素示踪原子的应用，推动了微生物学向生物化学阶段的发展。1897 年，德国学者毕希纳（Büchner）发现，酵母菌的无细胞提取液与酵母菌一样，可将糖液转化为酒精，从而确认了酵母菌酒精发酵的酶促过程，将微生物的生命活动与酶化学结合起来。一些科学家用大肠杆菌为材料所进行的一系列研究，都阐明了生物的代谢规律和控制代谢的基本过程。进入 20 世纪以后，人们开始利用微生物进行乙醇、甘油、各种有机酸、氨基酸等的工业化生产。

1929 年，弗莱明（A. Fleming）发现了青霉菌能够抑制葡萄球菌的生长，从而揭示出微生物间的拮抗关系，并发现了青霉素。此后，陆续发现的抗生素越来越多。抗生素除医用外，也用于防治动植物病害和进行食品保藏。

五、分子生物学阶段

1941 年，比德耳（G. Beadle）等用 X 射线和紫外线照射链孢霉，使其产生变异，获得了营养缺陷型（即不能合成某种物质）菌株。对营养缺陷型菌株的研究，不仅使人们进一步了解了基因的作用和本质，而且为分子遗传学打下了基础。1944 年，艾弗里（O. Avery）第一次证实引起肺炎双球菌形成荚膜的物质是 DNA。1953 年，沃森（J. Watson）和克里克（F. Crick）在研究微生物 DNA 时，提出了 DNA 分子的双螺旋结构模型。1956 年富兰克尔（H. Fraenkel）和康拉特（Conrat）等通过烟草花叶病毒的重组实验，证明 RNA 是遗传信息的载体，这一切为分子生物学奠定了重要基础。近几十年来，随着原核微生物 DNA 重组技术的出现，人们利用微生物生产出了胰岛素、干扰素等贵重药物，形成了一个崭新的生物技术产业。21 世纪，基因工程和基因组计划在微生物领域的应用，微生物学及微生物产业将会呈现全新的局面。

第三节　工业微生物及其研究对象和任务

一、工业微生物的研究对象

工业微生物学是微生物学中的重要分支，主要研究用于食品、制药、冶金、石油、能源、材料、轻工、化工、军工等工业生产中的微生物本身或微生物的众多代谢产物，包括微生物的种类、菌种的获得、代谢的机理和调控以及实际生产所需条件和控制。也就是说，试图对微生物加以控制，即利用微生物来做人类要做的事，或者防止微生物做人类不要做的事。

微生物种类繁多，容易变异，代谢类型多，适应性强。所以，微生物工业中菌种的选择和培育是生产之本，代谢调控是生产的关键。目前，在工业上应用的微生物主要有细菌、病毒、真菌、显微藻类、动植物细胞培养物、具有活性的细胞碎片如酶和细胞匀浆物等。而这些微生物中产值最大的主要部分却只有酵母业、抗生素业、酶制品业三项。本书将重点讨论那些独立生活的异养微生物，如酵母、细菌、霉菌，也涉及病毒。动植物细胞培养本书不予详述。

二、中国工业微生物的研究概况

中国劳动人民数千年前就会利用微生物来酿酒，制酱、醋，但直到20世纪40年代，工业微生物没有一个独立的教学和科研机构，发酵工业也奄奄一息。20世纪50年代开始，中国工业微生物领域的科研、生产均取得巨大的发展，国家设立了科学院和各级科研机构，并在工科院校设立了发酵专业，培养了大批发酵科技人才，推动了科研和生产的发展。

20世纪80年代，中国的传统酿造工业在生产工艺、机械化和优良纯菌的培养等方面发展很快，产品质量不断提高，中国的许多名酒均在世界上享誉很高。特别是啤酒的生产，新中国成立初期全国的年产量仅10000t，1985年年产300万吨，居世界第11位，现在年产量已突破1000万吨。

新型发酵工业在中国从无到有发展很快。1986年谷氨酸钠（味精）年产量已达97700t，销售市场已由南到北，并已进入国际市场。其他几种必需氨基酸的生产菌种已经进行了相当的工作，糖质原料发酵生产赖氨酸和前体转化生产天冬氨酸已达到工业化水平；苏氨酸、脯氨酸、亮氨酸、异亮氨酸等也大多完成中试，色氨酸等菌种选育工作正在进行。柠檬酸生产、薯干深层发酵技术已达到国际先进水平，菌种性能优良，转化率高，产品质量高。其他有机酸的发酵生产也正在研制之中，衣康酸、苹果酸等已扩大试验并取得成果。目前用微生物发酵生产的有机酸种类很多，约80余种，且在逐年增加。如醋酸、柠檬酸、乌头酸、乳酸、衣康酸、琥珀酸、延胡索酸、苹果酸、酒石酸、葡萄糖酸、丙酸、丁酸、丙酮酸、α-酮戊二酸、曲酸、五倍子酸、黑粉酸、尿苷酸、水杨酸和二羧酸等。有机酸的生产菌种类也很多，有细菌、酵母菌、霉菌以及少数放线菌，其中以霉菌种类最多。

酶制剂工业是20世纪60年代才开始建立的，几个主要酶种的发展很快，产量也很大。1986年全国酶制剂产量达3万多吨。目前已知的酶有2500余种，有150多种已得到结晶。酶可分为氧化还原酶类、转移酶类、水解酶类、裂解酶类、异构酶类和合成酶类6大类。酶制剂商品已有100多种，如淀粉酶、蛋白酶、脂肪酶、果胶酶、纤维素酶、乳糖酶、葡萄糖氧化酶、葡萄糖异构酶等，并且有近百种酶可制成固定化酶。现在微生物酶制品已广泛应用于食品、发酵、日用化工、纺织、制革、造纸、医药和农业等各个方面。

微生物在医学方面的应用是20世纪50年代后才投入生产的，但现在已居世界前列。目前可利用微生物生产生物制品、抗生素、葡萄糖苷、干扰素、核苷酸、维生素、甾体药物以及基因工程菌生产的药物。另外，还可利用微生物进行疾病的生物学诊断。生物制品包括疫苗、类毒素和免疫血清，抗生素包括青霉素、链霉素、四环素、氯霉素、螺旋霉素等，已发现的有9000多种，市售有50多种，其中，由放线菌生产的有40种，由细菌生产的有6种，由霉菌生产的有5种；基因工程菌生产的药物主要有胰岛素、生长激素、胸腺素、白细胞介素等。

微生物在其他方面的应用也越来越广泛。例如，利用微生物溶浸金属是近30年发展起来的新工艺，已由浸溶铜、铀、金发展为浸溶钴、镍、锰、锌、钛等20多种稀有和名贵金属。微生物在石油勘探、开采、脱硫、脱蜡等方面已有广泛应用。微生物在环境保护中的应用主要表现为污水处理、对固体污染物的降解和转化、环境的生物修复和环境监测。微生物在农业方面的应用表现为提高土壤的生物活性、生产微生物肥料、生产微生物饲料、生产微生物农药、沼气发酵和食用微生物的栽培。

三、现代工业微生物学的发展趋势

20世纪，微生物学与生命科学及其他学科融合、交叉，获得了全面、深入的发展。20

世纪 50 年代微生物学研究全面进入分子水平，并与分子生物学等学科进一步渗透，使微生物学发展成为生命科学中发展最快、影响最大、体现生命科学发展主流的前沿科学；同时微生物学也为生命科学做出了多方面的贡献，不但使生命科学在理论上产生重大变革，而且它的实验方法也是独特的、先进的，许多方法已在生命科学的很多领域广泛应用，推动了整个生命科学的发展。

20 世纪 70 年代兴起的以微生物为主角的基因工程，是获得新物种的一项崭新技术，为人工定向控制生物遗传性状、根治疾病、美化环境、用微生物生产各种产品展现了美好的前景。

21 世纪，工业微生物学在现有基础上将进一步向地质、海洋、大气、太空等领域渗透，使更多的边缘学科得到发展。微生物与能源、信息、材料、计算机的结合也将开辟新的研究领域。工业微生物的产品将会出现在人们生活的各个方面。

工业微生物学不仅有辉煌的过去，而且有更加灿烂的未来。

本 章 小 结

1. 微生物不是分类学上的名词。微生物的主要类群有细菌、放线菌、酵母菌、霉菌、病毒、微型藻类、原生动物、微型后生动物等；微生物有自己独特的特点，必须单独进行研究。工业微生物是在微生物类群中选择可用于食品、医药、能源、冶金、石油、轻工、化工、环保等领域的微生物类别，研究菌种的获得和代谢的调节。

2. 工业微生物的发展是建立在微生物学的基础上的，大致经历 5 个阶段。从基础的经验阶段到现代的分子生物学阶段，特别是基因工程在工业微生物学中的应用，将大大提高工业微生物的实用价值。21 世纪工业微生物及其产品将会给人类带来无限的生机。

复习思考题

1. 何谓微生物，并举例说明。
2. 微生物的主要特点是什么？
3. 试述微生物学发展的几个主要阶段，其主要标志和代表人物。
4. 试述中国工业微生物学研究的概况，工业微生物的应用范围，并举例说明。
5. 试述工业微生物的发展前景。

第二章 工业微生物的特征与分类

【学习目标】

1. 掌握细菌、放线菌、酵母菌、霉菌和病毒的形态、结构、繁殖等特征；
2. 掌握细菌细胞的结构特点及细菌、放线菌、酵母菌和霉菌的菌落特征；
3. 掌握革兰染色的方法和机理；
4. 掌握病毒的增殖方式和过程；
5. 了解自然环境中工业微生物的类群；
6. 了解工业上常用的细菌、放线菌、酵母菌和霉菌；
7. 了解病毒的大小、形态组成及结构；
8. 了解病毒与人类生产和生活的关系。

在工业上常用的微生物主要有细菌、放线菌、酵母菌、霉菌和病毒等。本章着重介绍这五大类微生物的形态结构、菌落特征、繁殖方式、应用及有关分类方面的知识。

第一节 细 菌

细菌是一类体形微小、结构简单、细胞壁坚韧、以二分裂方式繁殖和水生性较强的单细胞原核微生物。细菌在自然界中分布最广、数量最多，与人类关系十分密切，也是工业微生物主要的研究和应用对象之一。

在人们周围，到处都有大量细菌存在着。有一些细菌对人类是有害的，如少数病原菌可导致人类的多种疾病，甚至引起人类死亡；一些腐败细菌常引起食物和工农业产品腐烂变质。还有一些细菌对人类是有益的，可应用到工业、农业、医药、环保等生产实践中，给人类带来巨大的经济效益和社会效益。例如，工业上各种氨基酸、核苷酸、酶制剂、乙醇、丙酮、丁醇、有机酸、抗生素等的发酵生产；农业上如细菌农药、细菌肥料的生产和沼气发酵、饲料青贮等方面的应用；医药上如各种菌苗、类毒素、代血浆和许多医用酶类的生产等；环保上废水的治理等，都是应用有益细菌的例子。

一、细菌的形态和大小

细菌（bacteria）有4种基本形态：球状、杆状、螺旋状和丝状，分别称为球菌、杆菌、螺旋菌和丝状菌。

1. 球菌

球菌直径为 $0.5\sim2\mu m$，根据其分裂方向及分裂后的排列方式可分为单球菌、双球菌、链球菌、四联球菌、八叠球菌和葡萄球菌。见图 2-1 (a)。

2. 杆菌

杆菌长 1～8μm、宽 0.5～1.0μm，根据分裂后是否相连或根据其排列方式，分为单杆菌、双杆菌和链杆菌。单杆菌中很长的称为长杆菌，较短的称为短杆菌。杆菌的两端或一端形状一般为钝圆，但也有平截的，还有两端略尖的。有的杆菌能产芽孢，称为芽孢杆菌，如枯草芽孢杆菌。见图 2-1 （b）。

3. 螺旋菌

螺旋菌长（菌体两端间的距离）为 5～50μm、宽 0.5～5μm。根据菌体弯曲程度不同又分为螺旋菌和弧菌。弧菌菌体只有一个弯曲且不满一圈，呈弧形或逗号形，如脱硫弧菌。螺旋菌菌体呈多次弯曲，回转成螺旋状，如紫硫螺旋菌。见图 2-1 （c）、（d）。

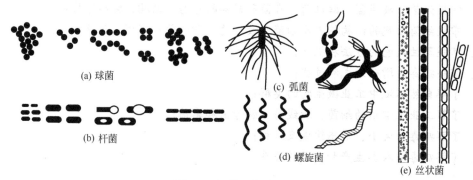

(a) 球菌

(c) 弧菌

(b) 杆菌

(d) 螺旋菌

(e) 丝状菌

图 2-1　细菌的各种形态

4. 丝状菌

在水生环境、潮湿土壤和污水生物处理中，常有一些丝状菌，细胞排列成丝状，其外包围有透明的衣鞘，如浮游球衣菌、泉发菌（原铁细菌）、纤发菌、发硫菌、贝日阿托菌、亮发菌等。见图 2-1 （e）。

除上述 4 种形态外，人们还发现了细胞呈星形和方形的细菌。

在正常生长条件下，不同种的细菌形态是相对稳定的。但培养时间、温度、pH 以及培养基的组成与浓度等环境条件的改变，均能引起细菌形态的改变。

二、细菌细胞的结构

细菌的细胞结构见图 2-2。几乎所有细菌都具有细胞壁、细胞膜、细胞质、细胞核物质等基本结构。部分细菌还有特殊结构，如芽孢、鞭毛、荚膜等。

1. 基本结构

（1）细胞壁　细胞壁（cell wall）是包围在菌体最外层的、较坚韧而富有弹性的薄膜。其质量约占细胞干重的 10%～25%。

① 细胞壁的功能。细胞壁的主要功能有：维持细菌的细胞外形；保护细胞免受渗透裂解；阻止大分子物质进入细胞；为鞭毛提供支点，使鞭毛运动。

② 细胞壁的结构与革兰染色。经革兰染色可把细菌分为革兰阳性菌（G$^+$）和革兰阴性菌（G$^-$）两大类，前者染色后呈蓝紫色，后者染色后呈红色。革兰染色是重要的细菌鉴别法。

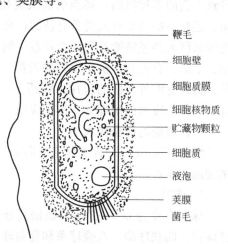

鞭毛

细胞壁

细胞质膜

细胞核物质

贮藏物颗粒

细胞质

液泡

荚膜

菌毛

图 2-2　细菌细胞结构模式示意

a. G⁺ 和 G⁻ 细菌细胞壁的结构和组成的区别。G⁺ 细菌的细胞壁厚，结构简单，其化学组成以肽聚糖为主，75％的肽聚糖亚单位纵横交错连接，形成致密的网格结构。除肽聚糖外，还含有磷壁酸和少量的脂肪。G⁻ 细菌的细胞壁很薄，其结构较复杂，分为内壁层和外壁层。内壁层仅贴细胞膜，由肽聚糖组成，仅10％的肽聚糖彼此交织连接，网格结构疏松。外壁层又分为3层：最外层为脂多糖层，中间为磷脂层，内层为脂蛋白层。脂多糖是 G⁻ 细菌的主要成分。G⁺ 和 G⁻ 细菌细胞壁化学组成及结构见表2-1和图2-3。

表 2-1　G⁺ 和 G⁻ 细菌细胞壁化学组成及结构

细　菌	壁厚/nm	肽聚糖含量/%	磷壁酸/%	蛋白质/%	脂多糖	脂肪/%
G⁺	20～80	40～90	含量较高(<50%)	约20	—	1～4
G⁻	10	10	0	约60	+	11～22

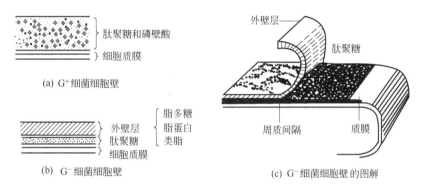

图 2-3　细菌细胞壁的结构示意

b. 革兰染色的原理。一般认为革兰染色的过程中，细菌细胞内形成了一种不溶性的蓝紫色结晶紫-碘的复合物，这种复合物可被乙醇从 G⁻ 细菌中浸出，但不易从 G⁺ 细菌中浸出。这是由于 G⁺ 细菌细胞壁较厚，肽聚糖含量较高，网格结构紧密，含脂量又低，当它们被乙醇脱色时，肽聚糖网孔由于缩水会明显收缩，从而阻止了结晶紫-碘复合物的逸出，故菌体呈蓝紫色。而 G⁻ 细菌细胞壁薄，肽聚糖含量低，且网格结构疏松，故遇乙醇后，其网孔不易收缩，加上 G⁻ 细菌的脂类含量高，当乙醇脱色时，脂类物质溶解，细胞壁透性增大，因此，结晶紫-碘的复合物就容易被浸出，故菌体呈红色。

【阅读材料 2-1】

革 兰 染 色

1884 年，丹麦病理学家 Christain Gram 创造了一种鉴别染色法，用该染色法可把细菌分成革兰阳性菌（G⁺）和革兰阴性菌（G⁻）两大类。这种染色法用 Gram 命名，称为革兰染色法。染色要点如下。

细菌涂片──→草酸铵结晶紫初染──→鲁哥碘液媒染──→

　　　　　　　　　　　　　褪色
乙醇(或丙酮)脱色──┬──────番红复染──→菌体呈红色，为 G⁻
　　　　　　　　　　├──────番红复染──→菌体仍呈蓝紫色，为 G⁺
　　　　　　　　　不褪色

【阅读材料 2-2】

青霉素和溶菌酶对细菌细胞壁的作用

青霉素与转肽酶结合，而使该酶失活，抑制了侧链末端的丙氨酸与五肽桥的连接，破坏了细菌细胞壁的完整性（即抑制肽聚糖的合成），因此，青霉素主要是对 G⁺ 菌有效。

溶菌酶也主要是对 G⁺ 菌有效，它可切断肽聚糖 N-乙酰胞壁酸（NAM）和 N-乙酰葡萄糖胺（NAG）之间的 β-1,4 糖苷键，引起细菌裂解。溶菌酶在乙二胺四乙酸（EDTA）存在下，对 G⁻ 菌也有较明显的作用。一般溶菌酶处理后的菌细胞应保存在弱高渗（0.1~0.2mol/L）蔗糖液中。

（2）细胞膜　细胞膜（cell membrane）又称细胞质膜、原生质膜或质膜，是紧贴在细胞壁内侧而包围细胞质的一层柔软而富有弹性的半透性薄膜。其化学组成主要是蛋白质（60%~70%）和磷脂（30%~40%）。

① 细胞膜的结构。细胞膜的结构如图 2-4，它是由磷脂呈双层平行排列，亲水基（头部）排列在膜的内外两个表面，疏水基（尾部）排列在膜的内侧，从而形成的一个磷脂双分子层。据目前所知，磷脂双分子层通常呈液态，蛋白质无规则地结合在膜的表面或镶嵌其间。这些蛋白质可在磷脂双分子层液体中做侧向运动，从而使膜结构具有流动性。

② 细胞膜的功能。细胞膜的功能主要为：a. 控制细胞内外物质（营养

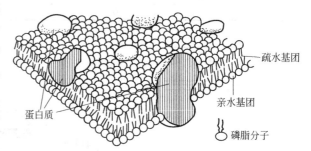

图 2-4　细胞膜结构模式示意

物质和代谢废物）的运送、交换；b. 是细胞壁合成的场所，细胞膜上有合成细胞壁和形成横隔膜组分的各种酶类；c. 细胞膜上有琥珀酸脱氢酶、NADH 脱氢酶、细胞色素氧化酶、电子传递系统、氧化磷酸化酶及 ATP 酶，因此细胞膜是物质代谢和能量代谢的重要部位；d. 由细胞膜内褶形成的间体（mesosome）上有细胞色素及有关的呼吸酶系，因此可能是呼吸作用电子传递系统的中心；e. 为鞭毛提供附着点，细胞膜上有鞭毛基粒，鞭毛由此长出。

（3）核质体　核质体（nucleus body）是原核生物所特有的无核膜结构的原始细胞核，又称原始核（primitive form nucleus）或拟核（nucleoid），它是由一条大型环状的双链 DNA 分子高度折叠缠绕而成的。以大肠杆菌为例，菌体长度仅为 $1\sim2\mu m$，而其 DNA 长度可达 $1100\mu m$。

核物质是负载细菌遗传信息的物质基础，其功能是决定遗传性状和传递遗传物质。

【阅读材料 2-3】

细 菌 质 粒

细菌质粒（plasmid）是一种环状的 DNA 分子，是染色体之外的遗传因子。它对细菌的生存并无影响，但它携带了许多基因。有的质粒所带基因与耐药性有关，称为耐药性质粒（R 因子），它能使宿主细胞抗多种抗生素或有毒化学品（如农药和重金属等）；有的质粒与细菌有性结合有关，称为育因子（F 因子）；还有一些与化学物质分解有关，称为降解质粒。质粒既能自我复制，稳定地遗传，也可插入细菌染色体中或与其携带的外源 DNA 片段共同复制；它既可单独转移，也可携带染色体片段一起转移。因此，质粒已成为遗传工程中重要的运载工具，作为目的基因的载体。特别是降解质粒因与环境保护关系密切，近年来受到了广大学者的关注。一个经典的例子是美国生物学家查克拉巴蒂（Chakrabarty）采用连续融合法，将解芳烃、解萜烃和解多环芳烃的质粒，分别移植到一种解脂烃的细菌细胞内，构成的新菌株只需几个小时就能降解原油中 60% 的烃，而天然菌株需 1 年以上。

质粒有如下特点：①可以在细胞质中独立于染色体之外（即以游离状态）存在，也可以插入到染色体

上以附加体的形式存在；②在细胞分裂时，可以不依赖于细菌染色体而独立进行自我复制，也可以插入到细菌染色体中与染色体一起进行复制；③质粒可以通过转化、转导或接合作用而由一个细胞转移到另一个细胞，使两个细胞都成为带有质粒的细胞；④质粒对于细胞生存并不是必要的。

（4）细胞质及内含物　细胞质（cytoplasm）是细胞膜以内除核物质以外的无色透明的黏稠胶体，化学成分为蛋白质、核酸、脂类、多糖、无机盐和水。幼龄菌的细胞质稠密、均匀，富含核糖核酸（RNA），嗜碱性强，易被碱性染料着染，且着色均匀；老龄菌因缺乏营养，RNA被细菌用作N源、P源而含量降低，使细胞着色不均匀，故可通过染色是否均匀来判断细菌的生长阶段。

细胞质中含有核糖体、气泡和其他颗粒状内含物。

① 核糖体（ribosome）。核糖体是由约60％的RNA和40％的蛋白质组成的以核蛋白的形式存在的一种颗粒状结构，是合成蛋白质的场所。高速离心时，细菌核糖体沉降系数为70S，由大（50S）、小（30S）两个亚基组成。真核生物细胞质中核糖体的沉降系数为80S。

链霉素、四环素、氯霉素都对70S的核糖体起作用，对80S的核糖体没有影响。所以这些抗生素可用来防治由细菌引起的疾病，并在一定浓度范围内对人体无害。

② 气泡（gas vacuole）。在许多光合细菌和水细菌的细胞内，常含有为数众多的充满气体的小泡囊，称为气泡。气泡由厚仅2nm的蛋白质膜所包围，具有调节细胞相对密度以使其漂浮在合适水层中的作用。紫色光合细菌和一些蓝细菌含有气泡，借以调节浮力。专性好氧的盐杆菌属体内含有很多气泡，在含盐量高的水中可借助气泡浮到水面吸收氧气。

③ 贮藏颗粒。细菌生长到成熟阶段，当某些营养物过剩时，就会形成一些贮藏颗粒，如异染粒、聚 β-羟基丁酸、硫粒、肝糖粒、淀粉粒等，当营养缺乏时，这些贮藏颗粒又被分解利用。

a. 异染粒（volutin）。是无机偏磷酸的聚合物。用蓝色染料（如甲苯胺、甲烯蓝）染色后不呈蓝色而呈紫色，故称异染粒。其功能是贮藏磷元素和能量，并可降低渗透压。

b. 聚 β-羟基丁酸（poly-β-hydryoxybutyric acid，PHB）。是 β-羟基丁酸的直链聚合物，不溶于水，易被脂溶性染料（如苏丹黑）着色，光学显微镜下清楚可见，具有贮藏能量、碳源和降低细胞内渗透压的作用。

c. 肝糖粒（glycogen）和淀粉粒。两者均能用碘染色，前者染成红褐色，后者染成蓝色，可在光学显微镜下看到。两者的功能都是贮藏碳源和能量。

d. 硫粒（sulfur granule）。硫黄细菌如贝日阿托菌、发硫菌等能利用 H_2S 作为能源，氧化 H_2S 为硫粒积累在菌体内。当外界缺乏 H_2S 时，可氧化体内硫粒为 SO_4^{2-} 而获得能量。硫粒折光性很强，在光学显微镜下易观察到。

2. 特殊结构

（1）荚膜　荚膜（capsule）是某些细菌分泌于细胞壁表面的一层黏液状物质。其化学组成因种而异，主要是水和多糖。荚膜不易着色，可用负染法（也称衬托法）染色。先用染料使菌体着色（如用番红或孔雀绿将菌体染成红色或绿色），然后用黑色素将背景涂黑，即可衬托出菌体和背景之间的透明区，这个透明区就是荚膜（图2-5）。

荚膜有几种类型：具有一定外形，厚约200nm，相对稳定地附着于细胞壁外的称为荚膜或大荚膜（macrocapsule）；厚度在200nm以下的称为微荚膜（microcapsule）；无明显边缘，疏松地向周围环境扩散的称为黏液层。有些细菌的荚膜物质可互相融合，连成一体，组

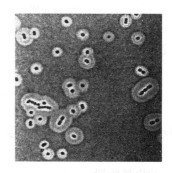

(a) 模式图　　　　　　　　　　(b) 细菌负染后相差显微镜图片

图 2-5　细菌的荚膜

成共同的荚膜，其中包含多个菌体，称为菌胶团。菌胶团的形状有球形、蘑菇形、椭圆形、分枝状、垂丝状及不规则状（图 2-6），在活性污泥中常见。

垂丝状　　　　　　分枝状　　　　　蘑菇形　　　　　椭圆形　　　　　球形

图 2-6　菌胶团的几种形态

荚膜的主要功能有：①保护细胞免受干燥的影响，对一些致病菌来说，则可保护它们免受宿主细胞的吞噬；②是细胞外碳源和能源的贮藏物质，当营养缺乏时可被利用；③具有生物吸附作用，在污水生物处理中有利于污染物在细菌表面的吸附；④是细菌分类鉴定的依据之一。

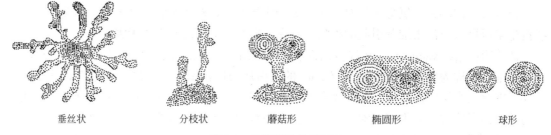

极端生　　亚极端生　　两端单生　　两端丛生　　　周生
(a) 杆菌

单根端生　　　　两端丛生　　　　　一端丛生
(b) 弧菌

图 2-7　细菌鞭毛的着生位置

（2）鞭毛　鞭毛（flagella）是某些细菌长在体表的细长并呈波状弯曲的丝状物。鞭毛易脱落，非常纤细，其直径仅为 10～20nm，长度往往超过菌体的若干倍，经特殊染色法可在光学显微镜下观察到。鞭毛的数目为一根至数十根，具有运动的功能。不同细菌鞭毛的着生位置不同（图 2-7），有一端单生、两端单生、一端丛生、两端丛生及周生，端生的还有极端生和亚极端生。鞭毛的数目和着生方式是细菌分类的重要依据。

（3）线毛 线毛（pilus 或 fimbria）又称伞毛、菌毛或纤毛。线毛是长在细菌体表的一种纤细、中空、短直而又数量较多的蛋白质附属物。线毛直径 7～9nm，内径 2～2.5nm，长度 2～20nm，每个菌体约有 250～300 根。它们比鞭毛更细、更短，而且又直又硬，数量很多。线毛只有在电子显微镜下才能看到，见图 2-8。线毛在革兰阴性菌，尤其是肠道细菌和某些假单胞菌属菌株的细胞表面很常见，少数革兰阳性菌也有线毛。与鞭毛相似，线毛也由蛋白质组成。但是线毛不具有运动功能，因此常见于非运动细菌。

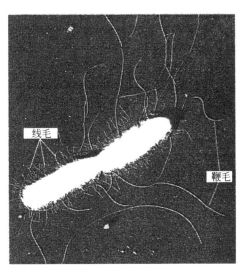

图 2-8 细菌的线毛与鞭毛的电镜示意

（4）芽孢 某些细菌生长到一定阶段，在细胞内会形成一个圆形或椭圆形的、抗逆性极强的休眠体，称为芽孢（spore）（图 2-9）。芽孢壁厚，含水量极低，一个营养细胞内只能形成一个芽孢，而一个芽孢也只产生一个营养体。芽孢，仅仅是芽孢细菌生活史中的一环，是

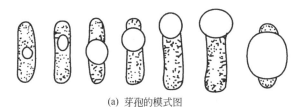

(a) 芽孢的模式图

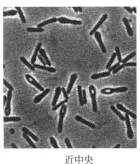 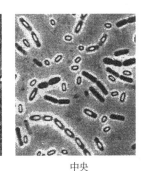

近中央　　　　　　末端　　　　　　中央

(b) 芽孢在光学显微镜下的形态及其在胞内的位置

图 2-9 细菌芽孢的各种类型

细菌的休眠体，而不是一种繁殖方式。芽孢一旦形成，则对恶劣环境条件均具有很强的抵抗能力。有的芽孢，在一定条件下可保持活力数年至数十年之久。芽孢尤其能耐高温，像枯草芽孢杆菌的芽孢，在沸水中可存活 1h；破伤风芽孢杆菌的芽孢可存活 3h；而肉毒梭状芽孢杆菌的芽孢，则可忍受 6h 左右，即使在 180℃ 的干热中，仍可存活 10min。芽孢为何如此耐热？实验表明：最独特之处是含有 2,6-吡啶二羧酸（DPA）与钙的复合物，占芽孢干重的 5%～15%。而营养细胞和其他生物细胞中均未发现 DPA 存在，芽孢形成过程中，随着 DPA 的形成而具抗热性，当芽孢萌发，DPA 释放到培养基后，抗热性丧失。但现在发现，有些耐热的芽孢却不含 DPA 和钙的复合物；芽孢壁致密，并处于休眠状态，代谢活力也低。

能否形成芽孢，芽孢的大小、形状以及在菌体中的位置，是细菌分类的重要依据。

能产生芽孢的细菌主要是芽孢杆菌属和梭状芽孢杆菌属的种类。前者的芽孢位于细胞中间，大小接近其菌体的直径；后者的芽孢也位于细胞的中间，但直径大于菌体，使菌体呈梭状。此外，脱硫肠状菌属、芽孢八叠球菌属和芽孢弧菌属的细菌也能形成芽孢。

三、细菌的繁殖

1. 无性繁殖

无性繁殖是指不经两性细胞的配合便产生新的个体的一种生殖方式。细菌细胞一般进行无性繁殖。细胞经过横分裂由一个细胞分裂为两个细胞，这样的无性繁殖称为裂殖。裂殖后形成的子细胞如大小相等，称为同形裂殖；在陈旧的培养中，偶尔会出现裂殖后子细胞大小不等的现象，称为异形裂殖。

细胞进行分裂时，首先是核的分裂和隔膜的形成。细菌染色体 DNA 的复制往往先于细胞分裂，并随着细菌生长而分开。与此同时，细胞赤道附近的细胞膜从外中心作环状推进，然后闭合形成一个垂直于细胞长轴的细胞质隔膜，使细胞质和细胞核均一分为二。第二步横隔壁形成。随着细胞膜的向内缢陷，母细胞的细胞壁也跟着由四周向中心逐渐延伸，把细胞质隔膜分为两层，每层分别成为子细胞的细胞膜，横隔壁也逐渐分为四层。这样，每个子细胞便各自具备了一个完整的细胞壁。第三步是子细胞分离。有些种类的细菌细胞，在横隔形成后不久便相互分开，呈单个游离状态；而有的种类却数个细胞相连呈短链状；有的种类在横隔壁形成后暂时不分开，排列成长链状。尤其是球菌，因分裂面的不同，使分裂后的排列方式有几种。

细菌繁殖的速率一般很快，但繁殖一代所需的时间也因菌种不同而各异。如大肠杆菌约 20min 可繁殖一代，而分枝杆菌则需几小时。环境因素对细菌的繁殖很重要，只有在最适宜的条件下，细菌的繁殖速率才最快。

2. 有性繁殖

除无性繁殖外，经电子显微镜观察及遗传学研究，已验证细菌存在着有性接合。不过细菌的有性接合频率很低，普遍地仍以无性的二分裂方式进行繁殖。

四、细菌的培养特征

1. 细菌在固体培养基上的培养特征

细菌在固体培养基上的培养特征即菌落特征。所谓菌落，是由一个细菌繁殖的具有一定形态特征的子细菌群体。不同细菌的菌落特征不同，因此菌落特征是细菌分类鉴定的依据之一。可以从菌落的表面形状（圆形、不规则形、假根状）、隆起形状（扁平、台状、脐状、乳头状等）、边缘情况（整齐、波状、裂叶状、锯齿状）、表面状况（光滑、皱褶、龟裂状、同心环状）、表面光泽（闪光、金属光泽、无光泽）、质地（硬、软、黏、脆、油脂状、膜状），以及菌落的大小、颜色、透明程度等方面进行观察描述（图 2-10）。

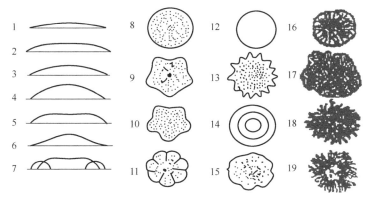

图 2-10　几种细菌菌落的特征

纵剖面：1—扁平；2—隆起；3—低凸起；4—高屈起；5—脐状；6—草帽状；7—乳头状表面结构
形状及边缘：8—圆形，边缘整齐；9—不规则，边缘波浪；10—不规则，颗粒状；11—规则，放射状；
12—规则，边缘整齐，表面光滑；13—规则，边缘齿状；14—规则，有同心环，边缘完整；
15—不规则，似毛毡状；16—规则，似菌丝状；17—不规则，卷发状，边缘波状；
18—不规则，丝状；19—不规则，根状

值得注意的是，即使在同一个菌落中，各个细胞所处的空间位置不同，营养物的摄取、空气供应、代谢产物的积累等也不一样，所以，在生理上、形态上或多或少有所差异。例如好氧菌的表面菌落中，由于个体的争夺，使得越接近菌落表面的个体越易获得氧气，越向深层者越难；越接近培养基者营养越丰富，反之缺乏，因而造成了同一菌落中细胞间的差异。因此，菌落形态是细胞表面状况、排列方式、代谢产物、好氧性和运动性的反映，并受培养条件，尤其是培养基成分的影响。培养时间的长短也影响菌落应有特征的表现，观察时务必注意。一般细菌需要培养 3～7 天甚至 10 天才能观察，同时还应选择分布比较稀疏处的单个菌落观察。

2. 细菌在半固体培养基中的培养特征

用穿刺接种技术将细菌接种在含 0.3%～0.5% 琼脂的半固体培养基中培养，可根据细菌的生长状态判断细菌的呼吸类型和鞭毛有无，能否运动。如果细菌在培养基的表面及穿刺线的上部生长，即为好氧菌；若沿整条穿刺线生长，即为兼性厌氧菌；在穿刺线底部生长的为厌氧菌。只在穿刺线上生长的为无鞭毛、不运动的菌；在穿刺线上及穿刺线周围扩散生长的为有鞭毛、能运动的细菌（图 2-11）。

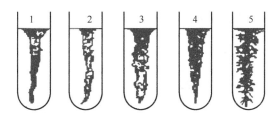

图 2-11　细菌在半固体培养基中的生长特征

1—丝状；2—念珠状；3—乳头状；4—绒毛状；5—树状

五、工业上常用的细菌

1. 枯草芽孢杆菌

营养细胞杆状，大小一般为 $(0.7\sim0.8)\mu m\times(2\sim3)\mu m$。菌体半圆形，单个或呈短链。在细胞中央部位形成芽孢，芽孢为椭圆形，大小约 $(0.6\sim0.7)\mu m\times(1.0\sim1.5)\mu m$（图 2-12）。细胞侧生鞭毛，能运动。革兰染色阳性。

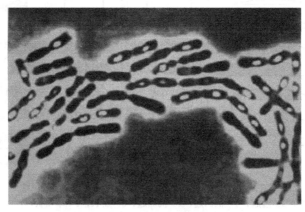

图 2-12　枯草芽孢杆菌

在固体培养基上为圆形或不规则形，较厚，呈乳白色。表面粗糙，不透明，边缘整齐。在水分多的培养基上，菌落易扩散，可能较光滑，薄而透明。在肉汁培养基内，稍浑浊或不浑浊，产生醭。

生长温度为 30～39℃，但在 50～56℃时尚能生长。最适 pH 为 6.7～7.2。需氧菌。芽孢抗高温，一般在100℃ 3h 才能杀死。有的芽孢抗高温能力非常强，在100℃煮沸 8h 尚能发育生长，故需高温灭菌才行。枯草芽孢杆菌能液化明胶，胨化牛奶，水解淀粉，在铵盐溶液中发酵各种糖类生成酸。主要以 2,3-丁二醇、羟基丁酮、CO_2 为主要产物。

枯草芽孢杆菌为生芽孢的需氧杆菌。由于芽孢能抗高温，所以分布较广，常存在于枯草、土壤中，一般来说为腐败菌。例如，在酱油、酱类和白酒制曲时，如果水分含量大，温度较高，就容易造成枯草芽孢杆菌迅速繁殖，这不但消耗原料蛋白质和淀粉，而且生成刺激眼和鼻的氨味，造成曲发黏和异臭，使制曲失败。此外，枯草芽孢杆菌是工业发酵的重要菌种之一，可用于生产淀粉酶、蛋白酶、5-核苷酸酶、某些氨基酸和核苷。

2. 大肠杆菌

细胞呈杆状，大小为 $0.5\mu m\times(1.0\sim3.0)\mu m$，有的近似球形，有的则为长杆状。能运动或不运动，运动者有周生鞭毛。一般无荚膜、无芽孢（图 2-13）。革兰染色阴性。

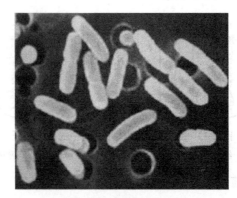

图 2-13　大肠埃希杆菌

在固体培养基上菌落为白色或黄白色，边缘整齐、湿润、光滑、均匀扩展。肉汁培养基中浑浊，产生大量灰色沉淀，不产生醭。

大肠杆菌能使牛奶迅速产酸凝固，但不胨化、液化明胶；甲基红阳性；VP 阴性；能使葡萄糖和乳酸发酵，产酸、产气。大肠杆菌能作为宿主，供大量的细菌、病毒生长繁殖，为详细研究病毒的性质和复制提供了可能。大肠杆菌也是最早用作基因工程的宿主菌。工业上常将大肠杆菌用于生产谷氨酸脱羧酶、天冬酰胺酶和制备天冬氨酸、苏氨酸及缬氨酸等。大肠杆菌也是食品和饮用水卫生检验的指示菌。

3. 乳酸杆菌

细胞杆状至球状，常生长成链。大多不运动，能运动者为周生鞭毛。无芽孢。正常菌落粗糙。革兰染色阳性。常用的德氏乳酸杆菌为杆状，大小为 $(0.5\sim0.8)\mu m \times (2.0\sim9.0)\mu m$（图 2-14）。在麦芽糖化液内，繁殖特别旺盛。菌体肥壮，产酸力特别强。在固体培养基上菌落微小，在肉汁培养基内略带浑浊。

乳酸杆菌的生长温度为 $45\sim50℃$，能发酵碳水化合物，85% 以上的产物为乳酸。厌氧或兼性厌氧。

乳酸杆菌可用于食品的保存和调整食品的风味。在食品工业上应用较普遍，如干酪的成熟，乳脂的酸化和腌菜、泡菜等的制作无不与乳酸杆菌有关。在酱油酿造过程中，它也起了良好的作用。

4. 北京棒状杆菌

细胞呈短杆状或小棒状，有时微弯，两端钝圆，不分枝，单个或呈"八"字排列（图 2-15）。无芽孢，不运动。革兰染色阳性。

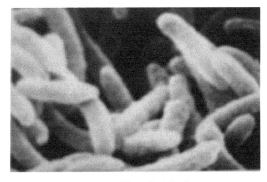

图 2-14 德氏乳酸杆菌

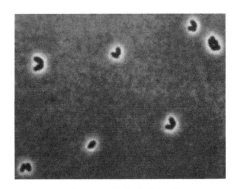

图 2-15 北京棒状杆菌

在普通肉汁琼脂培养基上菌落呈圆形，24h 后菌落呈白色，直径 1mm，一周后可达 $4.5\sim6.5mm$，呈淡黄色，中间隆起，表面湿润、光滑、有光泽，边缘整齐。

能使葡萄糖、麦芽糖、蔗糖迅速产酸；在海藻糖及肌醇中生长缓慢。能使糊精、半乳糖及木糖弱产酸，但均不产气。其生长需生物素，硫胺素也能促其生长。好氧或兼性厌氧，$26\sim27℃$ 生长良好，$41℃$ 生长弱，$55℃$ 会使其死亡。

北京棒状杆菌是中国谷氨酸发酵的主要菌种之一。

5. 短杆菌

细胞为短而不分枝的直杆状，一般在 $(0.5\sim1.0)\mu m \times (1.0\sim5.0)\mu m$。大多数不具鞭毛。无芽孢。革兰染色阳性。在肉汁培养基上生长良好。有时产生非水溶性色素，呈红色、橙红色、黄色或褐色。

短杆菌为好氧菌。多数能使葡萄糖发酵产酸，不发酵乳糖。大多数能液化明胶，还原石蕊。

短杆菌能使谷氨酸发酵，在利用糖质原料的谷氨酸发酵中，需要生物素作为生长因子。短杆菌属中的黄色短杆菌和硫殖短杆菌能用于谷氨酸发酵生产。

【阅读材料 2-4】

最小和最大的细菌

一般细菌的直径通常都在 1μm 以上。而最近芬兰科学家 E O Kajander 等发现了一种能引起尿结石的纳米细菌（nanobacteria），其细胞直径最小仅为 50nm（1μm＝1000nm），甚至比最大的病毒还小一些。这种细菌分裂缓慢，3 天才分裂一次，是目前所知最小的细菌。最大的细菌是由德国科学家 H N Schulz 等最近在纳米比亚海岸的海底沉积物中发现的一种硫细菌，其大小一般在 0.1～0.3mm，有些可达 0.75mm，能够用肉眼清楚地看到。这些细菌生活在几乎没有氧气的海底环境，细胞基本上全部由液体组成，利用吸收到体内的硝酸盐和硫化物获得维持生命的能量。这些积累在细胞内的硫化物使细菌呈现白色，甚至像珍珠一样，因此科学家将这种细菌命名为 *Thiomargarita namibiensis*，即"纳米比亚硫黄珍珠"。

第二节　放　线　菌

放线菌是介于细菌与丝状真菌之间而又接近于细菌、具有菌丝、以孢子进行繁殖、革兰染色阳性的一类丝状原核微生物，因菌落呈放射状而得名。

大多数放线菌为腐生菌，少数为寄生菌。它在自然界中分布极广，主要习居于含水量较低、有机质丰富和呈碱性的土壤中。土壤特有的腥味主要是由放线菌所产生的代谢产物引起的。

河流和湖泊中，放线菌数量不多，大多为小单孢菌、游动放线菌和孢囊链霉菌，还有少数链霉菌。海洋中的放线菌多半来自土壤或生存在漂浮海面的藻体上。海水中还存在耐盐放线菌。

大气中也存在大量的放线菌菌丝和孢子，它们并非原生的微生物区系，而是来源于土壤、动植物、食品甚至衣物等表面存有的大量放线菌，由于它们耐干燥，常随尘埃、水滴或借助风力飘入大气。

食品上常常生长放线菌，尤其在比较干燥、温暖的条件下易于大量繁殖，使食品发出刺鼻的霉味。

健康动物，特别是反刍动物的肠道内有大量的放线菌，它们是肠道内定居的微生物，堆肥中的高温放线菌可能来源于此。在动物和植物体表有大量的腐生性放线菌，偶尔也有寄生性放线菌存在。

放线菌能产生大量的、种类繁多的抗生素。据不完全统计，在近万种抗生素中，约有70％是由放线菌产生的，而链霉菌产生的抗生素又占放线菌产抗生素总数的 80％。此外，放线菌在医药、卫生、农业生产、食品加工等方面也得到广泛应用，如由弗氏链霉菌产生的蛋白酶在制革工业中用以脱毛，从灰色链霉菌的发酵液中提取维生素 B$_{12}$，诺卡菌（原放线菌）在石油脱蜡、烃类发酵、处理含腈废水方面具有实用价值等。但是，少数寄生型放线菌也会引起某些动植物病害，如人畜皮肤病、脑膜炎、肺炎等，马铃薯疮痂病和甜菜疮痂病等植物病害。放线菌具有特殊的土霉味，易使食品和水变味，使其失去使用价值。有的放线菌能破坏棉毛织品和纸张等，给生产者带来巨大的经济损失。

一、放线菌的形态结构

1. 放线菌的菌丝

放线菌属单细胞，大多数放线菌菌体由分枝发达的菌丝组成。根据放线菌菌丝的形态和功能不同，可分为营养菌丝、气生菌丝和孢子丝 3 种（图 2-16）。

（1）营养菌丝　又称为初级菌丝体或基内菌丝，它生长在培养基内，主要生理功能是吸收营养物。营养菌丝一般无隔膜，直径 $0.2 \sim 1.2 \mu m$，长度差别很大，短的小于 $100 \mu m$，长的可达 $600 \mu m$ 以上。有的营养菌丝无色，有的则产生水溶性或脂溶性色素而呈现黄、绿、橙、红、紫、蓝、黑等各种颜色。

（2）气生菌丝　又称为二级菌丝体，它是营养菌丝发育到一定时期，长出培养基外并伸向空中的那部分菌丝。它叠生于营养菌丝之上，直径比营养菌丝粗，约为 $1 \sim 1.4 \mu m$，直形或弯曲状，有分枝。有的气生菌丝可产生色素，镜检观察其颜色较深。

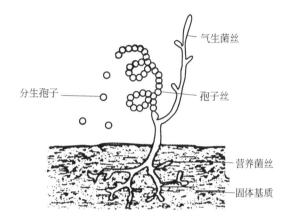

图 2-16　放线菌分化后的菌丝

（3）孢子丝　当气生菌丝发育到一定程度，其上分化出可形成孢子的菌丝，即为孢子丝，又称为产孢丝或繁殖菌丝。孢子丝的形态多样，有直形、波曲、钩状、螺旋状和轮生等多种，是放线菌定种的重要标志之一。放线菌孢子丝的常见形态见图 2-17。

图 2-17　放线菌孢子丝的常见形态

2. 放线菌的细胞结构

放线菌的菌丝明显分枝，有分生孢子，在液体培养基、固体培养基中的形态类似霉菌，但是在结构上更类似于细菌。具有细胞壁、细胞膜、细胞质和核区，无核膜、核仁和细胞器；放线菌的细胞壁含有肽聚糖、磷壁酸、多糖等高分子物质，不含几丁质和纤维素；革兰染色阳性。

二、放线菌的繁殖

放线菌主要通过形成无性孢子的方式进行繁殖，也可利用菌丝片段进行繁殖。放线菌生长到一定阶段，一部分菌丝形成孢子丝，孢子丝成熟便分化形成许多孢子。孢子呈圆形、椭圆形、杆状、圆柱状、瓜子状、梭状和半月状等。同一孢子丝上分化的孢子，其形状、大小有时也不一致。因此孢子的形状和大小不能作为区分种的唯一依据，而必须结合孢子的表面来进行区分。通过电子显微镜观察，可看到孢子表面的结构因种而异，有的光滑，有的呈褶皱状、刺状、毛发状或鳞片状。

放线菌的孢子常带有颜色，如白、灰、黄、橙黄、红、蓝等颜色。成熟孢子的颜色在一定培养基与培养条件下比较稳定。因此，孢子的颜色也是鉴定此类菌种的重要依据之一。

有些放线菌可在菌丝上形成孢子囊，孢子囊内产生横隔而形成孢子，孢子囊成熟后可释放出大量孢囊孢子。

放线菌产生的无性孢子主要有分生孢子、节孢子和孢囊孢子（图 2-18）。

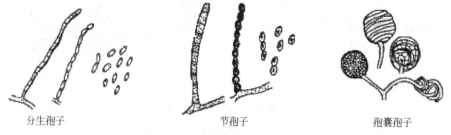

分生孢子　　　　　　　　　节孢子　　　　　　　　　孢囊孢子

图 2-18　放线菌孢子形成类型

在液体培养中，放线菌主要靠菌丝断片来形成新的菌丝体，如采用液体培养基发酵生产抗生素时，放线菌就是以此方式来繁殖的。

三、放线菌的菌落特征

放线菌的菌落由菌丝体组成，一般呈圆形或有许多皱褶。在光学显微镜下观察，菌落周围具有辐射状菌丝。放线菌的菌落特征介于霉菌和细菌之间。由于放线菌的气生菌丝较细，生长缓慢，分枝多而且相互缠绕，故形成的菌落质地致密，表面呈紧密的绒状或坚实、干燥、多皱，菌落小而不蔓延。

菌落形成随菌种的不同分为两类。一类是产生大量分枝的营养菌丝和气生菌丝的菌种所形成的菌落，如链霉菌，营养菌丝伸入基质内，菌落紧贴培养基表面，极坚硬，若用接种铲来挑取，可将整个菌落自表面挑起而不破碎。有时气生菌丝体呈同心圆环状（图 2-19），当孢子丝产生大量孢子并布满整个菌落表面后，才形成絮状、粉状或颗粒状的典型放线菌菌落特征。另一类是不产生大量菌丝的菌种所形成的菌落，如诺卡菌，这类菌落的黏着力较差，结构呈粉质，用针挑取则粉碎（图 2-20）。

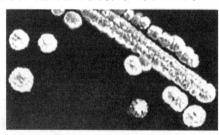

图 2-19　链霉菌菌落

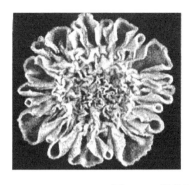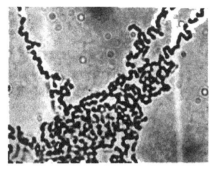

图 2-20　某种诺卡菌菌落与营养菌丝

由于菌丝和孢子常具有不同的色素，使得菌落的正面、背面常呈现出不同的颜色。

四、工业中常用的放线菌

1. 链霉菌属

链霉菌属是放线菌中种类最多、产抗生素最多的一属。链霉菌具有发达的营养菌丝和气生菌丝，孢子丝和孢子所具有的典型特征是区分各种链霉菌明显的表观特征，产生多种抗生素是这类放线菌最突出的生理特性。该属的孢子丝呈直形、波浪状和螺旋状，孢子丝发育到一定阶段可产 3～50 个孢子，孢子呈球形、椭圆形或杆状，有的表面光滑，有的表面呈瘤状、刺状、毛发状或鳞片状等，成熟时呈现各种颜色。多数腐生型的链霉菌生长在含水量较低、通气较好的土壤中，分解土壤中其他微生物难以利用的有机物，对土壤环境具有高度的适应性，在土壤改良中具有积极意义。

链霉菌属可产生 1000 多种抗生素，用于临床的已超过 100 种，许多著名的常用抗生素都是由链霉菌产生的，如链霉素、土霉素、井冈霉素、丝裂霉素、博来霉素、制霉菌素和红霉素等。有些菌种还可以产生蛋白酶、葡萄糖异构酶，个别菌种可用于制造微生物肥料，如"5406"抗生菌肥料等。

2. 小单孢菌属

小单孢菌属的菌丝体纤细（图 2-21），直径为 0.3～0.6μm，无横隔膜，不断裂，菌丝体侵入培养基内，不形成气生菌丝，只在营养菌丝上长出很多分枝小梗，顶端着生一个孢子。在单轴分枝的孢子梗上产生圆形的单生孢子是该属最突出的表观特征。小单孢菌属的菌落较链霉菌属的菌落小得多，一般为 2～3mm，通常呈橙黄色或红色，也有黑色、深褐色和蓝色等；菌落表面覆盖着一薄层孢子堆。不少种产生抗生素，如临床上广泛使用的庆大霉素就是由该属中的棘孢小单孢菌产生的。腐生型的小单孢菌具有很强的分解纤维素、几丁质的能力，是土壤和水体中常见的放线菌。

3. 诺卡菌属

诺卡菌属又名原放线菌属，培养 15h～4 天的菌丝体产生横隔膜后，可突然断裂成长短近一致的杆状或带叉的杆状体或球状体（图 2-22），以此复制成新的多核菌丝体是该属突出的特点。此属中的多数种只有营养菌丝，而无气生菌丝；少数种在营养菌丝表面覆盖极薄的一层气生菌丝。

诺卡菌属的菌落外形和结构多样，通常比链霉菌菌落小。有的表面多皱，致密干燥；有的表面平滑或凸起。有黄、黄绿、红橙等颜色。

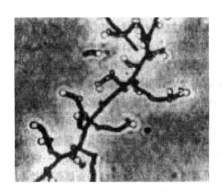

图 2-21 小单孢菌的形态

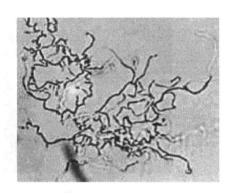

图 2-22 诺卡菌的形态

诺卡菌属多为好气性腐生菌，少数为厌气性寄生菌，能同化各种碳水化合物，有的能利用碳氢化合物和纤维素等。主要分布于土壤中，一些种能产生抗生素，如对革兰阳性菌有作用的瑞斯托菌素，对结核分枝杆菌和麻风分枝杆菌有特效的利福霉素，对引起植物白叶枯病的细菌以及对原虫子病毒有作用的间型霉素等。此外，有的诺卡菌在石油脱蜡、烃类发酵、处理含氰废水方面有实用价值。

4. 游动放线菌属

游动放线菌属以营养菌丝为主，有的有气生菌丝，有的气生菌丝较少；隔膜或有或无，直径约 $0.2\sim2.6\mu m$；以孢囊孢子繁殖，孢囊形成于营养菌丝体上或孢囊梗上，孢囊梗为直形或分枝，每分枝顶端形成一至数个孢囊，孢囊通常呈球状、棒状或不规则状，孢囊成熟，释放出圆形具有鞭毛、能在水中运动的游动孢子（图 2-23）。多分布在腐烂植物和土壤中。

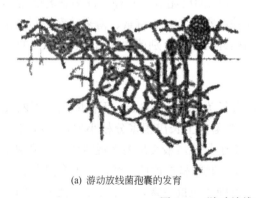

(a) 游动放线菌孢囊的发育

(b) 游动放线菌孢囊孢子成熟并释放出来

图 2-23 游动放线菌的形态

5. 链孢囊菌属

链孢囊菌属能形成孢囊和孢囊孢子，有时还可形成螺旋孢子丝，成熟后分裂为分生孢子。此属菌的营养菌丝体分枝很多，横隔稀少，直径 $0.5\sim1.2\mu m$，气生菌丝体呈丛生、散生或同心环排列。

此属菌约 15 种以上，其中不少种可产生广谱抗生素。如粉红链孢囊菌产生的多霉素，可抑制革兰阳性菌、革兰阴性菌和病毒等，对肿瘤也有抑制作用；绿灰链孢囊菌产生的绿菌素，对细菌、霉菌和酵母菌均有作用；由西伯利亚链孢囊菌产生的两性西伯利亚霉素，对肿瘤有一定疗效。

第三节　酵　母　菌

酵母菌是一类腐生型微生物，不能以二氧化碳为碳源，必须以有机碳化物，主要是葡萄糖等单糖为碳源和能源。因此在自然界分布于含糖丰富而偏酸的环境中，如植物，特别是花蜜、树汁、果实和叶子的表面，以及菜园和果园的土壤中。少数可寄生在动物体内，是人类和动物的病原菌，如白假丝酵母。

酵母菌的代谢活动与人类有密切的关系，可用于发酵工业生产食品、单细胞蛋白、食品添加剂、核酸等。

酵母菌在生活过程中表现出一些生活特性：世代时间短，可在简单的培养基上生长，单个细胞能完成全部生命活动，能获得各个生长阶段的细胞。这使其成为细胞学研究的主要材料，并且在分子生物学和分子遗传学的研究领域有其重要的价值。目前已清楚部分酵母菌株的细胞核和细胞质基因，并已建立了有关生物学基础研究的有用模型，在酵母菌生理学、生物化学、遗传学的研究方面有较大的进展。

一、酵母菌的形态结构

1. 酵母菌的形态和大小

大多数酵母菌为单细胞，细胞形态多种多样，大多呈卵圆形、圆形或圆柱形。长 $5\sim20\mu m$，最长可达 $50\mu m$，宽 $1\sim5\mu m$，最宽可达 $10\mu m$ 以上。比细菌大几倍至十几倍。有的酵母菌，如热带假丝酵母菌的子细胞与母细胞常连在一起形成链状。

2. 酵母菌的细胞结构

酵母菌的细胞结构（图 2-24）与高等生物相类似，属真核生物，有真正的细胞核，细胞核有核仁和核膜，DNA 与蛋白质结合形成染色体。细胞质有线粒体（能量代谢的中心）、中心体、核糖体、内质网膜、液泡等细胞器。但不存在高等动植物中普遍存在的具有分化的高尔基体（golgi apparatus）。细胞壁的组成成分主要是葡聚糖和甘露聚糖。

二、酵母菌的繁殖

酵母菌的繁殖有无性繁殖和有性繁殖两类。无性繁殖主要有芽殖、裂殖和芽裂殖，有性繁殖产生的有性孢子主要有卵孢子（oospore）、接合孢子（zygospore）和子囊孢子（ascospore）。有的酵母菌仅具有无性繁殖，尚未发现有性繁殖阶段；有的既具无性繁殖，又具有性繁殖。前者称为假酵母，后者称为真酵母。

1. 无性繁殖

（1）芽殖　芽殖（budding）是酵母菌无性繁殖的主要方式。其过程是：在成熟的酵母细胞上长出芽体，芽体生长达最大体积时，通过形成隔壁层与母细胞分离，并可继续生长成为新个体。在芽体形成的起始阶段，水解酶分解细胞壁多糖，引起细胞

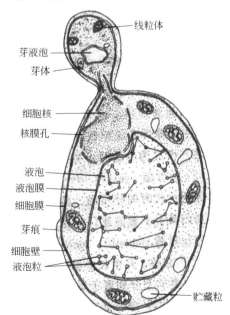

线粒体
芽液泡
芽体
细胞核
核膜孔
液泡
液泡膜
细胞膜
芽痕
细胞壁
液泡粒
贮藏粒

图 2-24　酵母菌的细胞结构

壁某一特定部位变薄，形成小突起；此时细胞核内 DNA 复制结束，核延伸成细长的葫芦状，一部分进入突起内；与此同时伸长的核分裂，紧接着细胞质也分裂，并分别进入母细胞和芽体内，进一步在芽体的基部形成隔壁层；最后隔壁层分离，使子细胞从母细胞中脱落。并同时在母细胞表面留下了脱落的痕迹，称芽痕（bud scar）。一个成熟的细胞一生中靠芽殖可产生 9~43 个子细胞，平均可产 24 个子细胞。大多数酵母菌可在母细胞的各个方向出芽，形成的子细胞呈圆形、椭圆形或腊肠形，称为多边芽殖。有的可在细胞的两端出芽，称为两端芽殖。有的可在 3 端出芽，细胞呈三角形，但这种情况很少。

在环境条件适宜、酵母菌生长繁殖迅速时，其芽殖形成的子细胞尚未与母细胞分离，便又在子细胞上长出新芽，从而形成成串的酵母细胞，极像霉菌菌丝，故称为假菌丝，以示与霉菌菌丝的区别。有些酵母菌可形成极为发达的假菌丝，如假丝酵母。

（2）裂殖 裂殖（fission）是少数酵母菌借助于细胞横分裂而繁殖的方式，如裂殖酵母属，当细胞长到一定大小后，细胞核便分裂，并在细胞中间产生一隔膜，然后两个新细胞分开，末端变圆，成为两个单独的子细胞。但在快速生长时期，细胞分裂而暂不分开，则形成细胞链，类似于菌丝。

（3）芽裂殖 芽裂殖是上述芽殖和裂殖的中间类型。少数酵母菌在一端出芽的同时在芽基处形成隔膜，把母细胞与子细胞分开，这种方式就是芽裂殖，又称芽裂或半裂殖。

还有些酵母菌可形成其他无性孢子，如掷孢子（ballistospore）、厚垣孢子（chlamydospore）、节孢子（arthrospore），或在小梗上形成孢子等。

2. 有性繁殖

酵母菌以形成子囊孢子方式进行有性繁殖（图 2-25）。

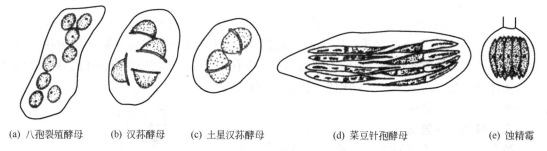

(a) 八孢裂殖酵母　　(b) 汉逊酵母　　(c) 土星汉逊酵母　　　　(d) 菜豆针孢酵母　　　　(e) 蚀精霉

图 2-25　酵母菌不同类型的子囊孢子

三、酵母菌的菌落特征

在固体培养基上生长的酵母菌可形成菌落。酵母菌的菌落外形上与细菌菌落极为相似，其特征为表面湿润黏稠，与培养基结合不紧密，但比细菌菌落大而厚，颜色也较单调，多数呈乳白色，少数呈红色、黑色等。不同种类的菌落在形态、质地和边缘特征上均表现不同，如菌落光滑或起皱、平整或是突起、边缘完整或有不规则的毛状边缘等。故菌落的特征亦可作为酵母菌菌种鉴定的依据之一。

在液体培养基中生长时可使清亮培养液变浑浊，这点与细菌的情况相似。但酵母菌也表现出一定的特征，如有些种类生长在培养基的底部，并产生沉淀物；有些在液体培养基中均匀生长；有些则生长在液面，产生不同形态的菌醭，具有一定的分类意义。

四、工业上常用的酵母菌

1. 酿酒酵母

　　酿酒酵母是工业上最常见的菌种之一（图 2-26）。按细胞长与宽的比例可将其分为 3 组。

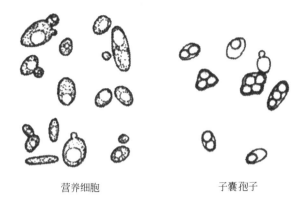

营养细胞　　　　　　　　　　　子囊孢子

图 2-26　酿酒酵母形态

　　① 细胞大多为圆形或卵形，长与宽之比为 1～2。这类酵母除用于酿造饮料和制作面包外，还用于酒精发酵。其中德国 2 号和德国 12 号最有名，但因其不能耐高浓度盐类，故只适应于以糖化淀粉为原料生产酒精和白酒。

　　② 细胞形状以卵形和长卵形为主，但有些圆形，长宽之比通常为 2。常形成假菌丝，但不发达也不典型。这类酵母主要用于酿造葡萄酒和果酒，也可用于酿造啤酒、蒸馏酒和酵母生产。葡萄酒酿造业称此为葡萄酒酵母。

　　③ 大部分细胞长宽之比大于 2，它以俗名为台湾 396 号的酵母为代表。常将其用于糖蜜原料生产酒精。其特点为耐高渗透压，可忍受高浓度盐类。该酵母原称魏氏酵母。

　　2. 卡尔斯伯酵母

　　卡尔斯伯酵母是丹麦卡尔斯伯啤酒厂分离出来的，它是啤酒酿造中典型的底面酵母。其细胞为圆形或卵圆形，直径 5～10μm。它与酿酒酵母在外形上的区别是部分细胞的细胞壁有一平端。另外温度对两类酵母的影响不同，在高温时，酿酒酵母的生长更快，但在低温时卡氏酵母生长较快。酿酒酵母繁殖速率最高时的温度为 35.7～39.8℃，而卡氏酵母是 31.6～34℃。

　　1970 年卡氏酵母已与娄哥酵母和葡萄汁酵母合并为葡萄汁酵母，能发酵棉子糖。

　　3. 异常汉逊酵母

　　细胞为圆形（直径 4～7μm）、椭圆形或腊肠形 [(2.5～6)μm×(4.5～20)μm]，甚至有长达 30μm 的长细胞。多边芽殖，发酵液面有白色的醭，培养液浑浊，有菌体沉淀于管底。

　　生长在麦芽汁琼脂斜面上的菌落平坦，乳白色，无光泽，边缘呈丝状。

　　子囊是细胞直接变成的。每个子囊有 1～4 个（多为 2 个）帽形孢子，孢子放出后不散开。

　　从土壤、树汁、贮存的谷物、青贮饲料、湖水、污水和蛀木虫的粪便中都能分离出异常汉逊酵母。

　　异常汉逊酵母能生产乙酸己酯，故常在调节食品风味中起一定的作用。如将其用于无机盐发酵酱油可增加香味，也可用该菌参与薯干为原料的白酒酿造，采用浸香法和串香法可酿造出味道醇和的白酒。它氧化烃类的能力较强，能利用煤油，可以乙醇和甘油作为碳源，在无机盐合成培养基中生产菌体。另外异常汉逊酵母积累 L-色氨酸的能力很强。

　　4. 粟酒裂殖酵母

细胞圆柱形或圆筒形，末端圆钝，大小为（3.55～4.02）μm×（7.11～24.9）μm（图 2-27）。营养繁殖为裂殖，无真菌丝，无醭。在麦芽汁中能发酵，液体浑浊，有沉淀。生长在麦芽汁琼脂斜面上的菌落为乳白色，光亮、平滑、边缘整齐。

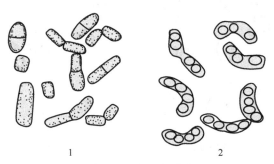

图 2-27　粟酒裂殖酵母的形态

1—营养细胞；2—子囊孢子

子囊由两个营养细胞接合后形成，每个子囊有 1～4 个光面的圆形子囊孢子，大小为 3～4μm。

该菌最早从非洲粟酒中分离出来，后来从甘蔗糖蜜中分离，水果上也常发现。

有人对用菊芋制成的未水解糖液中粟酒裂殖酵母的发酵能力进行研究，结果发现可得到产量很高的酒精。

5. 黏红酵母

细胞卵形到球形，（2.3～5.0）μm×（4.0～10）μm，某些菌株细胞较长，且有环，培养一个月以上环呈红色。

在麦芽汁琼脂斜面上培养，细胞较在液体麦芽汁中培养的小。培养一个月以上，菌苔呈现珊瑚红到橙红色。表面光滑到褶皱，有光泽，质地黏稠，有时发硬，有较原始的假菌丝。

从空气、水、花、土壤、鳟鱼肠道、泡菜水、腌小虾、榆树叶的液汁、白杨树的黏液中都可分离出黏红酵母。

该菌能氧化烷烃，是较好的产脂肪菌种。其脂肪含量可达干重的 50%～60%，但合成速率缓慢。如在培养基中加入氮和磷，则可增大合成速率。另在一定的条件下，还可生产 L-丙氨酸和谷氨酸，且产蛋氨酸的能力很强。

6. 热带假丝酵母

细胞呈卵形或球形，（4～8）μm×（5～11）μm（图 2-28）。液面有醭或无醭，有环，菌体沉淀于管底。

培养在麦芽汁琼脂斜面上的菌落呈白色或奶油色，无光泽或稍有光泽，软而平滑或部分有皱褶。培养久时菌落渐硬并有菌丝。

在人体、唾液、小虾、牛的盲肠中都分离到热带假丝酵母。

该菌氧化烃类的能力很强，故可利用煤油，在含230～290℃石油馏分的培养基中培养22h，可得到相当于烃类92%的菌体，故它是石油蛋白生产的重要酵母。也用农副产品和工业废料来培养热带假丝酵母并用作饲料。

7. 产朊假丝酵母

细胞呈圆形、椭圆形或圆柱形，大小（3.5～4.5）μm×（7～13）μm。无醭，管底有菌体沉淀，能发酵。

培养在麦芽汁琼脂斜面培养基上的菌落为乳白色，平滑，有光泽或无光泽，边缘整齐或呈菌丝状。

从酒坊的酵母沉淀、牛的消化道、花、人的唾液中都分离出产朊假丝酵母。

该菌能以尿素和硝酸为氮源，在培养基中不需加入任何刺激生长因子的条件下也能生长。特别是它可利用五碳糖和六碳糖，既能利用造纸工业的亚硫酸废液，也能利用糖蜜、土豆淀粉废料、木材水解液等生产出人畜可食的蛋白质。在工业上生产酵母时，一般不用淀粉废料。即使需要利用时，也常加入能分泌淀粉酶的肋状拟内霉或柯达拟内孢霉同时培养，这样产朊假丝酵母便可利用分解淀粉所产生的糖作为其菌体生长的碳源。

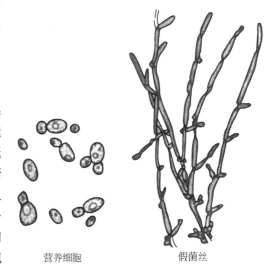

营养细胞　　　　　假菌丝

图 2-28　热带假丝酵母的形态

8. 解脂假丝酵母

细胞呈卵形 $[(3\sim5)\mu m\times(5\sim11)\mu m]$ 或长形（$20\mu m$）。有菌醭，管底有菌体沉淀，不能发酵。

培养在麦芽汁琼脂斜面培养基上的菌落为乳白色，黏湿，无光泽。有些菌株的菌落有褶皱或表面菌丝，边缘不整齐。

从黄油、人造黄油、石油井口的油墨土、一般土壤以及炼油厂生产动植物油脂车间等处含动植物油及矿物油的物质中可分离出解脂假丝酵母。

它不能发酵，能同化的糖和醇类很少，但它分解脂肪和蛋白质的能力很强。用石油来培养酵母不仅可得到蛋白质，还能脱蜡，降低石油馏分的凝固点。解脂酵母能利用煤油，是石油发酵制取蛋白质的优良菌种。另外利用解脂假丝酵母可生产柠檬酸、维生素 B_6、脂肪酸，也可作为饲料蛋白。

9. 棉病针孢酵母

该菌又名棉病囊霉。在麦芽汁-酵母汁-蛋白胨-葡萄糖琼脂培养基、马铃薯-葡萄糖琼脂培养基、马铃薯-蔗糖琼脂培养基、啤酒-麦芽汁琼脂培养基上26℃培养生长良好。开始时湿润的匍匐菌丝蔓延生长，表面有互相纠结的发达菌丝，此时菌落无色或呈灰白色；2～3天后渐趋淡黄色，中央色深；5天后呈柠檬色；10天后呈橘黄或橘红色；7～10天后菌落周围的培养基也因核黄素的扩散而呈黄绿色，这时菌落平坦或微凸起，呈膜状，表面有放射状沟纹，边缘由分枝的菌丝组成。

该菌不能利用氨态氮和硝态氮，可在含天然蛋白质水解物的培养基上生长。它为氧化型菌，不发酵任何糖，可以葡萄糖、果糖和蔗糖为碳源。不易同化麦芽糖和纤维二糖，弱分解淀粉，不能利用木糖、半乳糖、乳糖和纤维素等。有报道可用猪油或玉米油代替所有碳源，且生长良好。在培养过程中，生物素是促进棉病针孢酵母生长的重要因素。

它是高等植物的致病菌，能危害多种经济作物，如棉花、柑橘、番茄、咖啡的果实。该菌具有合成大量核黄素（维生素 B_2）的能力，甘氨酸对核黄素的生产有促进作用。

第四节 霉 菌

霉菌广泛分布于土壤、水域、空气及动植物体内外，与人类的生活和生产有密切的关系。一方面它是人类不可缺少的帮手，例如，用于传统的酿酒、制酱和其他发酵食品；在发酵工业上，广泛地用于生产酒精、柠檬酸、甘油、酶制剂、固醇、维生素等；在农业上，用于饲料发酵，生产植物生长素、杀虫农药、除草剂等；也可成为自然界有机物矿化和农业实践中堆肥腐熟的强大动力。另一方面霉菌对人类有极大的危害，例如，引起农副产品、衣物、器材、食品发霉变质；引起动植物的病害，少数种类还能产生毒素，严重威胁人畜健康，一些毒素还有致癌作用。

霉菌在理论与应用研究中也具有很高的价值，例如，作为基因工程受体菌有着与细菌、酵母菌不同的优点，因为霉菌具有很高的蛋白质分泌能力，能进行各种翻译后加工，便于进行研究。

一、霉菌的形态结构

霉菌的营养体由分枝或不分枝的菌丝（hypha）构成，许多菌丝相互交织形成菌丝体（mycelium）。幼年菌丝一般为无色透明，老龄菌丝常呈各种色泽。在光学显微镜下，菌丝细胞呈管状，直径约为 $2\sim10\mu m$，比一般细菌和放线菌的菌丝宽几倍至十几倍，与酵母菌的菌丝直径相似。

霉菌的菌丝已有分化，例如，①营养菌丝，可深入培养基中吸取养分；②气生菌丝，它是由营养菌丝向空中生长而形成的，其中一部分气生菌丝发育到一定阶段，便分化成繁殖菌丝，产生孢子。有的菌种能在营养菌丝上产生假根，伸入基质或附于器壁上。霉菌菌丝的结构有如下两种。

（1）无隔菌丝 整个菌丝为长管状单胞，细胞质内含有多个核。其生长只表现为细胞核的增多和菌丝的伸长，如毛霉属、根霉属等菌的菌丝 ［图 2-29 （a）］。

（2）有隔菌丝 菌丝内有隔膜，使整个

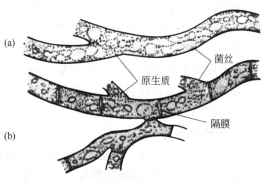

图 2-29 霉菌的菌丝

菌丝由多细胞组成 ［图 2-29 （b）］，每个细胞内含一个或多个核。在其隔膜的中央有小孔相通，使细胞质、细胞核和养料可以自由流通。菌丝伸长时，顶端细胞随之分裂，使细胞数目不断增加，如木霉属、青霉属、曲霉属等大多数霉菌菌丝均属此类。但在老龄菌丝中，膜孔常塞以极稠的物质，阻止原生质的穿流。在某一细胞死亡或菌丝断裂时，则此小孔也会同时封闭。

菌丝细胞的结构与酵母菌相似，不同之处只有细胞壁的成分多含几丁质，少数含纤维素。

【阅读材料 2-5】

厌氧真菌细胞的特殊结构

长期以来人们认为自然界存在的真菌均是好氧的，但通过对牛、羊等反刍动物瘤胃的研究，已发现了厌氧真菌的存在。至今已发现近 20 种的瘤胃厌氧真菌，它们多数能产生游动孢子，故认为在分类上接近壶菌纲。通过细胞学研究发现厌氧真菌与其他厌氧真核生物如厌氧原生动物等相类似，其细胞内没有线粒体，但从细胞中分离到一种特殊的细胞器，称为氢化酶体（hydrgenosomes），此小体是一无定形的球体，由单层膜包被，缺乏外膜。它与线粒体有类似的功能，并通常存在于接近鞭毛生长的部位，故认为此小体的存在可能与提供鞭毛能量有关。它的特征是含有丙酮酸、铁氧还蛋白、氧化还原酶和氢化酶（hydroge-nase）等。

二、霉菌的繁殖

霉菌的繁殖能力很强，而且方式多样。菌丝的碎片或菌丝截断均可发育成新个体，称为断裂增殖。但在自然界，霉菌主要靠形成各种无性孢子和有性孢子进行繁殖。一般霉菌菌丝生长到一定阶段先行无性繁殖，到后期，在同一菌丝体上产生有性繁殖结构，形成有性孢子。根据孢子的形成方式、孢子的作用以及本身的特点，可区分为以下几种类型。

（1）无性孢子　主要有分生孢子（conidium）、节孢子（arthrospore）、厚垣孢子（chla-mydospore）、孢囊孢子（sporangiospore）(图 2-30) 等，孢囊孢子又有游动孢子（zoospore）(图 2-31) 和不动孢子（aplanospore）之分。

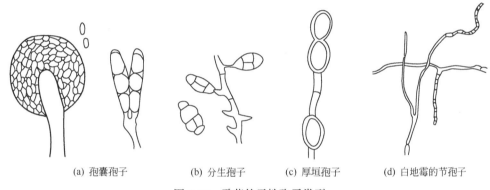

(a) 孢囊孢子　　　　(b) 分生孢子　　　　(c) 厚垣孢子　　　　(d) 白地霉的节孢子

图 2-30　霉菌的无性孢子类型

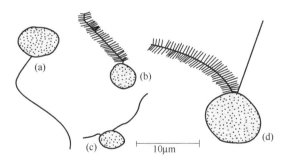

图 2-31　霉菌的游动孢子类型

（a）壶菌纲的游动孢子，具一根前端生的鞭毛；（b）前毛菌纲的游动孢子，具一根前端生的鞭毛；

（c）根肿菌纲的游动孢子，具两根鞭毛；（d）卵菌纲的游动孢子，具两根鞭毛

（2）有性孢子　主要有卵孢子、接合孢子、子囊孢子等（图 2-32）。

三、霉菌的菌落特征

因霉菌的菌丝较粗且长，故形成的菌落较疏松，常呈绒毛状、絮状或蜘蛛网状，一般比细菌和放线菌菌落大几倍到几十倍。有些霉菌，如根霉、毛霉、脉胞菌等，可在固体培养基

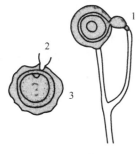

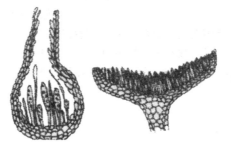
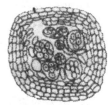

(a) 德里腐霉的卵孢子　　　　　　(b) 子囊壳　　　　　(c) 子囊盘　　　　　(d) 闭囊壳

图 2-32　真菌的卵孢子及子囊果类型

1—雄器；2—藏卵器；3—卵孢子

上迅速地呈扩散性生长，以致菌落没有固定大小。在固体发酵过程中污染了这类霉菌，若不及早处理，则可能造成重大经济损失。

在固体培养基上菌落最初往往是浅色或白色的，当菌落上长出各种颜色的孢子后，由于孢子具有不同形状、构造和颜色，使菌落表面呈现肉眼可见的不同结构和色泽，如黄、绿、青、黑、橙色等。有些霉菌的菌丝还能分泌一些水溶性色素扩散到培养基内，使培养基的正面和反面呈现不同颜色。同一霉菌在不同成分的培养基上，可形成具有不同特征的菌落，但各种霉菌在固定培养基上形成的菌落，其形状、大小、颜色等特征是稳定的，因此菌落特征是鉴定霉菌的重要依据之一。

在液体培养基中生长时，菌丝生长常呈球状。静止培养时，菌丝常生长在培养基的表面，其培养液不变浑浊，有时可据此检查此培养物是否被细菌所污染。

四、工业上常用的霉菌

1. 根霉

菌丝无隔膜，但有匍匐菌丝和假根，在假根处的匍匐菌丝上着生成群的孢囊梗，孢囊梗顶端着生孢子囊，球形或近似球形，内生孢囊孢子（图 2-33）。

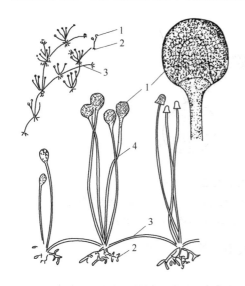

在培养基上培养菌落初期为白色，棉絮状，老熟后呈灰褐色或黑色，菌丝丛中密布黑色小点，即孢子囊。

工业上常用的根霉有黑根霉、华根霉、米根霉、无根根霉等。

根霉的用途很广，在中国用它们制曲酿酒有悠久的历史。如米根霉、河内根霉、代氏根霉等，其淀粉酶的活力很强，多用来作糖化菌。同时还能产生少量己醇。

华根霉、无根根霉、米根霉都能产生乳酸，尤其米根霉产乳酸的量最多。匍枝根霉、米根霉、无根根霉还常用来发酵豆类和谷类食品，还能产生较大量的丁烯二酸。

无根根霉、代氏根霉能产生脂肪酶。匍枝根霉产生果胶酶。

图 2-33　根霉

1—孢子囊；2—假根；3—匍匐枝；4—孢囊梗

华根霉、无根根霉、匍枝根霉等对甾族化合物骨架起羟化作用，是微生物转化甾族化合物的重要菌种。

2. 毛霉

菌丝无隔膜。由菌丝体生出孢囊梗，一般单生，分枝较少或不分枝。孢囊梗顶端有球形孢子囊，内生孢囊孢子（图2-34）。

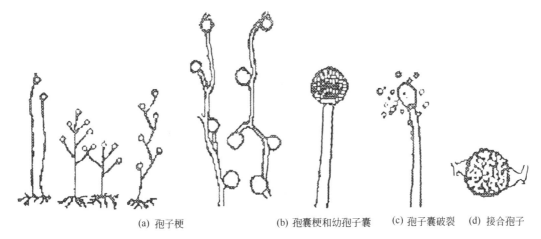

(a) 孢子梗　　　　　　(b) 孢囊梗和幼孢子囊　　(c) 孢子囊破裂　(d) 接合孢子

图 2-34 毛霉

工业上常用的毛霉有高大毛霉、总状毛霉、鲁氏毛霉、微小毛霉、爪哇毛霉等。

毛霉常出现在酒曲中，所以有些种能糖化淀粉，而且能生成少量乙醇，如鲁氏毛霉、爪哇毛霉等。它们大都能产生蛋白酶，有分解大豆的能力，是制作腐乳、豆豉的重要菌种，如总状毛霉可制作豆豉。

有的毛霉可生产有机酸或转化甾体物质。许多毛霉能产生草酸；鲁氏毛霉产生乳酸、琥珀酸及甘油；总状毛霉、高大毛霉产生 3-羟基丁酮；爪哇毛霉产生果胶酶；高大毛霉产生脂肪酸以及大量的琥珀酸；微小毛霉产凝乳酶。

总状毛霉、微小毛霉、高大毛霉、爪哇毛霉、刺状毛霉等对甾族化合物有羟化能力。

3. 曲霉

菌丝有隔膜，由菌丝分化出厚壁的足细胞，在足细胞上长出分生孢子梗，顶端膨大成球形顶囊。顶囊表面长满一层或两层辐射状小梗，小梗末端着生成串分生孢子（图 2-35）。孢子呈绿、黄、橙、褐、黑等颜色。

工业上常用的曲霉有黑曲霉、黄曲霉、米曲霉等。

曲霉可生产酶制剂（如淀粉酶、蛋白酶等）和有机酸。有些曲霉如黄曲霉能产生黄曲霉毒素，为致癌物质。

黑曲霉具有多种活性很强的酶系，可用于工业生产。例如，淀粉酶可用于淀粉的液化、糖化，也可用于酒精工业或制造葡萄糖及消化剂；耐酸性蛋白酶用于蛋白质分解或食品、消化剂的制造；果胶酶用于水解聚半乳糖醛酸、果汁澄清和植物纤维精制；柚苷酶和橙皮苷

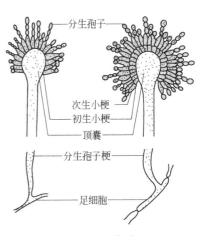

图 2-35 曲霉

酶用于柑橘类罐头去苦味或防止白浊；葡萄糖氧化酶用于食品脱糖和除氧除锈，还可制造检糖试纸；纤维素酶为 C_x 酶，粗制品中含有蛋白酶和果胶酶。黑曲霉还能分解有机质生产有机酸，如抗坏血酸、柠檬酸、葡萄糖酸和没食子酸等；某些曲霉菌系可对甾族化合物起羟化作用。黑曲霉还可用来测定锰、铜、钼、锌等微量元素和作为霉变试验菌。

黄曲霉属在自然界分布极广。在土壤、腐败的有机质、粮食、食品及发酵食品中都会出现。它们能产生淀粉酶、蛋白酶、果胶酶，用来制作酶制剂。还可产生溶血酶类，用于消除动脉和静脉血栓。有些菌系可产生多种有机酸，如柠檬酸、苹果酸、延胡索酸等，且都能产生曲酸，可用于杀虫剂和胶片的脱尘剂。黄曲霉能分解 DNA 产生脱氧核苷酸。黄曲霉中的某些菌系能产生黄曲霉毒素，能引起家畜严重中毒以致死亡。还能致癌，近年引起人们的极大重视。不少菌系是从食品和饲料中分离的野生菌。

4. 青霉

菌丝有隔膜，分生孢子梗顶端经多次分枝产生几轮对称或不对称小梗，形如扫帚，称为帚状体。小梗顶端产生成串的分生孢子。分生孢子一般为蓝绿色或灰绿色（图 2-36）。

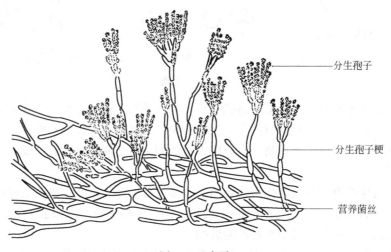

图 2-36 青霉

根据青霉帚状体分枝方式的不同，可分为单轮生青霉群、对称二轮生青霉群、多轮生青霉群、不对称青霉群等 4 个类群，见图 2-37。

工业上常用的青霉有橘青霉、产黄青霉等。

青霉以产生青霉素而著称，还可生产有机酸（如柠檬酸、延胡索酸）和酶制剂等。

橘青霉在自然界分布普遍。除土壤外，在一般的霉腐材料和贮藏的粮食上经常发现。如在大米上可引起大米黄色病并有毒性。橘青霉的许多菌系能产生橘霉素，也能产生脂肪酶、葡萄糖氧化酶和凝乳酶。还有的菌系可产生磷酸二酯酶，用于生产核苷酸，如肌苷酸和鸟苷酸，用于调味有很强的助鲜作用。

产黄青霉能产生多种酶和有机酸。在工业上主要用于生产葡萄糖氧化酶和葡萄糖酸、柠檬酸、抗坏血酸。生产青霉素的菌来自该菌系。发酵产生的菌丝废料含有丰富的蛋白质、矿物质和 B 类维生素，可作家禽和家畜的饲料。也可作霉变试验菌。

5. 木霉

菌丝有隔膜，多分枝，分生孢子梗有对生或互生分枝，分枝上可再分枝，分枝顶端有瓶状小梗、束生、对生、互生或单生，由小梗长出成簇的孢子。孢子圆形或椭圆形（图 2-38）。

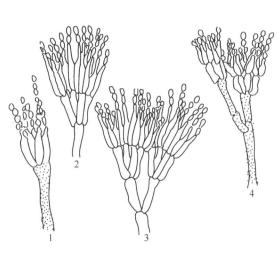

图 2-37 青霉菌的帚状分枝

1—单轮生青霉群；2—对称二轮生青霉群；

3—多轮生青霉群；4—不对称青霉群

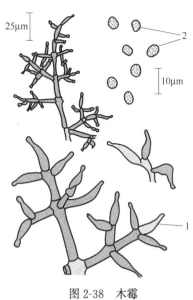

图 2-38 木霉

1—小梗；2—分生孢子

工业上常用的木霉有康氏木霉、绿色木霉等。

木霉能产生纤维素酶（C_1 酶和 C_x 酶），分解纤维素和木质素的能力较强。

6. 梨头霉

梨头霉的菌丝与根霉很相似，见图 2-39。但梨头霉产生弓形的匍匐菌丝，并在弓形的匍匐菌丝上长出孢子梗，不与假根对生。孢子梗往往 2～5 枝成簇，很少单生，而且常呈轮状或不规则的分枝。孢子顶生，多呈梨形。囊轴呈锥形、近球形等。接合孢子生于匍匐菌丝上。

工业上常用的梨头霉有蓝色梨头霉，该霉在培养基上培养时菌落开始为淡蓝色，后呈紫蓝色，最后带深灰、青褐色，菌丛高 0.6～15mm。匍匐菌丝生有假根并伸入基质，有假轴状分枝，可育或不可育。孢囊梗不分枝或顶端有较短的分枝，直立，大多 2～4 株成轮，高大，顶端有较小的孢子囊，开始无色，后呈浅蓝色，最后呈浅褐色。孢子囊梨形或卵形。囊轴呈半球形，无色，较大的囊轴平滑，较小的囊轴在顶端有一典型的突出物。孢囊孢子呈圆形，无色。

接合孢子呈球形，有粗糙的突起，开始呈褐色，后黑色。配囊柄对生，两个大多不对称。大的直径 25～40μm，上有 8～12 个指状附属物，并将接合孢子包围；小的直径 15μm。个别情况两个配囊柄对称，有附属物。

此菌对甾族化合物有羟化作用，并能转化 21 位醋酸酯为羟基。

7. 紫色红曲霉

在麦芽汁琼脂培养基上，菌落为膜状的蔓延生长物，表面有皱纹和气生菌丝。菌丝体开始白色或粉色，老后呈红紫或葡萄酱紫色。反面呈紫红色。菌丝有隔，分枝，多核，含橙红色颗粒，直径 3～7μm。分生孢子单生或成链，呈球形或梨形，直径 6～9μm，或 （9～11）μm×（6～9）μm。闭囊壳橙红色，球形，直径 25～75μm。子囊球形，含 8 个子囊孢子，成熟后消失。子囊孢子卵圆形，光滑，无色或淡红色，（5～6.5）μm×（3.5～5）μm。见图 2-40。

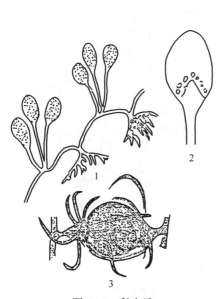
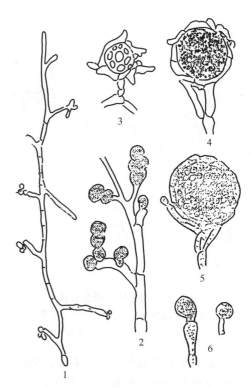

图 2-39　梨头霉

1—孢子囊、孢囊梗、匍匐菌丝、假根；

2—孢囊梗和囊轴；3—接合孢子

图 2-40　紫色红曲霉

1,2—菌丝、厚垣孢子；

3,4,5—闭囊壳的形成；6—厚垣孢子

此菌分布很广，常出现在乳品和乳制品中。最早发现在中国的红曲中。

该菌能产生淀粉酶、麦芽糖酶、蛋白酶、柠檬酸、琥珀酸、乙醇、麦角甾醇，可用于制酒，提取红色色素。

8. 产黄头孢霉

菌丝浅黄色，分枝，有隔，纤细，$1 \sim 1.2 \mu m$。分生孢子梗 $(10 \sim 15) \mu m \times (1 \sim 1.5)$ μm，短而不分枝，无隔，微黄色；很少产生孢子，仅在老培养物及已干的边缘产生，孢子呈球形、卵形，$(1.5 \sim 2.5) \mu m \times (0.8 \sim 1.0) \mu m$，两端圆，微黄色。

在马铃薯-葡萄糖琼脂培养基及葡萄糖-酵母膏琼脂培养基上培养，生长较慢，8 天后菌落直径 $12 \sim 15 mm$，最初为白色，然后变为黄色，反面也呈黄色。菌落颜色随菌龄而变深，色素渗入基质中，表面呈网状或不规则褶沟，稍湿，呈细菌菌落状。

在籼米饭培养基上培养半月，可产生大量不正常的孢子，形态多样，有圆形、角形、长形、腊肠形、哑铃形，单细胞或有一隔，孢子梗常丛集成类菌核状或分生孢梗结构。壁厚，可达 $0.5 \mu m$，它可像分生孢子一样繁殖。

在葡萄糖酵母膏琼脂培养基上培养产生较深的黄色色素。

此菌产生头孢菌素 N 及头孢菌素 C，与青霉素一样同属 β-内酰胺抗生素，毒性极低，其衍生物称为先锋霉素。

9. 白地霉

白地霉是地霉属的一个种。菌丝有隔膜，有的有两叉分枝，横隔多或少，菌丝宽 $2.5 \sim$ $9 \mu m$。裂殖。在营养菌丝的顶端长节孢子，节孢子呈单个或连接成链，孢子形状为长筒形、方形、椭圆形，末端钝圆（图2-41）。

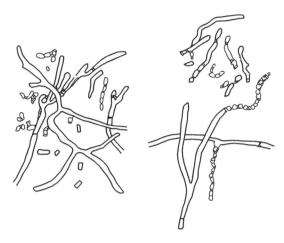

图 2-41　白地霉

在麦芽汁中，28～30℃培养1天，产生白色醭，呈毛状或粉状，韧而易碎。于麦芽汁琼脂斜面28～30℃划线培养3天，菌落白色，呈毛状或粉状，皮膜形或脂泥形。

此菌能水解蛋白质、液化明胶及陈化牛奶。其生长温度33～37℃。

从动物粪便、有机肥料、烂菜、蔬菜、青菜、树叶、泡菜及土壤垃圾中都能分离出。其中烂菜上分布最多。

白地霉用来生产菌体蛋白，供食用或作饲料，也可用于提取核酸，还可合成脂肪。用白地霉处理制糖、酿酒、淀粉、食品饮料、豆制品等有机废水已取得较好的经济效益。

第五节　病　　毒

病毒是一类体积非常微小、结构极其简单、性质十分特殊的生命形式。与其他微生物相比，病毒通常具有以下特性。

① 个体极其微小，一般可以通过细菌滤器。

② 没有细胞结构，主要成分是核酸和蛋白质。

③ 每一种病毒只含一种核酸，DNA或RNA。

④ 无产能酶系和蛋白质合成系统。

⑤ 在宿主细胞内，借助宿主细胞的功能进行增殖。

⑥ 专性寄生，在离体条件下，能以无生命的化学大分子状态存在，并可形成结晶，长期具有侵染力。

⑦ 对抗生素不敏感，对干扰素敏感。

根据以上特点，可以认为：病毒是专性寄生的大分子生物，属于超显微的、没有细胞结构的、由一种核酸（DNA或RNA）和蛋白质外壳构成的活细胞内的寄生物。它们在活细胞外以侵染性病毒粒子的形式存在，不能进行代谢和繁殖，只有进入宿主细胞才能生存和繁殖后代。根据病毒对不同寄主的危害，可将病毒分为动物病毒、植物病毒、细菌病毒。

【阅读材料 2-6】

病毒的发现

1892 年俄国学者伊万诺夫斯基首次发现烟草花叶病的感染因子能通过细菌滤器，病叶汁通过滤器后得到的滤液可再感染健康的烟草叶面使之发生花叶病。1898 年荷兰生物学家贝哲林克进一步肯定了伊万诺夫斯基的结果，并证实该致病因子可被乙醇从悬液中沉淀下来而不失去感染力，但在人工培养基上不能生长。于是他认为该病原体是比细菌小的"有传染性的、活的流质"，并给该病原体起名叫病毒。1935 年美国生物学家斯坦莱从烟草花叶病病叶中提取出了病毒结晶，该病毒结晶具有致病力，这表明一般被认为是生命的物质可以像简单的蛋白质分子那样处理，这项发现成为分子生物学发展史上的一个里程碑，斯坦莱也因此荣获诺贝尔奖金。随着研究的进展，他又证明了烟草花叶病毒结晶中含有核酸和蛋白质两种成分，而且只有核酸具有感染和复制能力。这些发现不仅为病毒学的研究奠定了基础，而且为分子生物学的发展做出了重大贡献。

一、病毒的形态结构

1. 病毒的形态与大小

（1）病毒的形态　病毒的形态多种多样，基本形态有球状、杆状、蝌蚪状，其典型代表分别为动物中的腺病毒（20 面体球形）、植物中的烟草花叶病毒（杆形）和微生物中的大肠杆菌 T 偶数噬菌体（蝌蚪形）。也有呈卵圆形、微球形、砖形、丝状等各种形态的。

（2）病毒的大小　病毒粒子体积微小，其大小的测量单位常以纳米表示，多数病毒直径在 100nm 以下。但是不同种类的病毒其大小相差悬殊。较大的痘病毒直径约 300nm，近似于最小的原核微生物（支原体）；中等大小的流感病毒直径为 90～120nm；而最小的菜豆畸矮病毒颗粒很小，直径只有 9～11nm。病毒的大小可借过滤、电泳、超速离心沉降、电镜观察等方法测定。图 2-42 较形象地表示出病毒的形态和大小。

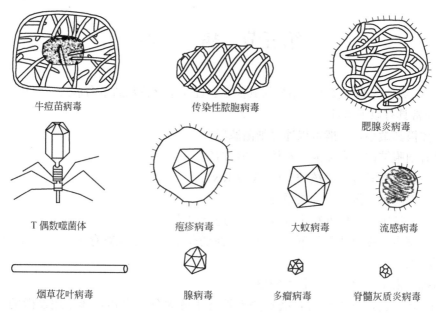

牛痘苗病毒　　传染性脓胞病毒　　腮腺炎病毒

T 偶数噬菌体　　疱疹病毒　　大蚊病毒　　流感病毒

烟草花叶病毒　　腺病毒　　多瘤病毒　　脊髓灰质炎病毒

图 2-42　几种病毒的形态和相对大小

2. 病毒的结构

（1）基本结构　病毒粒子主要由核酸和蛋白质组成，病毒核酸位于病毒粒子的中心，四周为由蛋白质组成的衣壳所包围。衣壳是由许许多多被称为衣壳粒的蛋白质单位以高度重复的方式排列而成的。核心和衣壳组成了病毒的基本结构——核衣壳。最简单的病毒就是只有核衣壳的裸露病毒，如烟草花叶病毒。许多动物病毒（如流感病毒等）和少数细菌病毒（如φ6噬菌体）的核衣壳外包着一层由脂质或脂蛋白组成的包膜，包膜上还可有刺突，这些具有较复杂结构的病毒称为包膜病毒，病毒粒子的模式结构见图2-43。

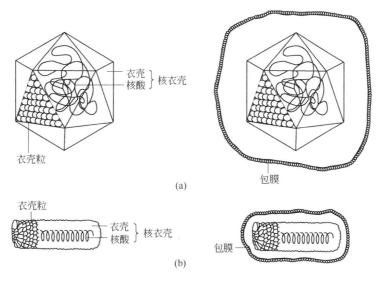

图 2-43　病毒粒子的模式结构

（2）辅助结构　有的病毒体有包膜，包膜上有一些钉状突起，称为包膜子粒或刺突。包膜主要成分为磷脂，此外还有糖脂、中性脂肪、脂肪酸、脂肪醛、胆固醇。有些病毒还有其他辅助结构，如腺病毒外有触须样纤维，该纤维吸附到敏感细胞上，抑制宿主细胞蛋白质代谢，与致病作用有关。某些病毒核心中带有催化病毒核酸合成的酶，如流感病毒带有 RNA 聚合酶，这些病毒在宿主细胞内要靠它们携带的酶合成感染性核酸。

二、病毒的生长繁育

病毒是专性活细胞内的寄生物，缺乏生活细胞所具备的细胞器，以及代谢必需的酶系统和能量，因此它的繁殖不能独立地以分裂方式进行，而是在寄主细胞内进行核酸的复制和蛋白质的合成，并最终装配成大量成熟的、具有感染性的病毒粒子，再释放到细胞外感染其他细胞，病毒的这个过程和一般微生物的分裂繁殖不同，所以称为增殖。

各种病毒的增殖过程基本相似，病毒的增殖方式既有共性又各有特点，一般可分为5个步骤：吸附、侵入、生物合成、装配、释放。目前对大肠杆菌 T_4 噬菌体的增殖过程研究较为透彻，因此以它为例进行介绍。

（1）吸附　吸附是指病毒以其特殊结构与寄主细胞表面的特异受体发生特异结合的过程，这是感染宿主细胞的前提，具有高度的专一性。吸附并不到处发生，它只发生在寄主的特定部位，这个部位称为受体。受体由蛋白质多糖或脂蛋白质-多糖复合物组成。噬菌体的吸附专一性很强，不同噬菌体有不同种类的受体。如 T_2 噬菌体、T_6 噬菌体只能吸附在大肠杆菌的脂蛋白部分；T_3 噬菌体、T_4 噬菌体和 T_7 噬菌体只能吸附在大肠杆菌的脂多糖部分。噬菌体大部分用其尾部吸附在细菌细胞壁上，也有少数吸附在鞭毛、线毛或荚膜上。

每一个寄主表面的受体有限，因此所能吸附的噬菌体的数量也是有限的。阳离子如 Ca^{2+}、Mg^{2+}、Ba^{2+} 等可以促进吸附，Al^{3+}、Fe^{3+}、Cr^{3+} 则能引起失活；辅助因子如色氨酸促进 T$_4$ 噬菌体吸附，生物素促进谷氨酸细菌的噬菌体吸附；pH 为中性有利于吸附；噬菌体生长在最适温度下最易吸附。

（2）侵入　侵入是指病毒或其一部分进入寄主细胞的过程，侵入寄主细胞内的方式取决于寄主细胞的性质。病毒侵入的方式一般来说有 3 种情况：①整个病毒粒子进入宿主细胞；②核衣壳进入宿主细胞；③只有核酸进入宿主细胞。

噬菌体是通过注射机制将核酸注入细胞内的。如 T$_4$ 噬菌体，它的尾端吸附在细胞壁上后，即依靠存在于尾端的溶菌酶水解细胞壁上的肽聚糖，然后尾鞘收缩，将头部的 DNA 压入宿主细胞内，外壳留在外面（有的是整个进入，如 M$_{13}$ 等纤维状噬菌体）；植物病毒通常由咬食植物的昆虫感染，从植物的创伤部位侵入，并通过导管和筛管等部位传播至整株植物；动物病毒一般是以类似吞噬作用的胞饮方式，由寄主细胞将整个病毒粒子吞入细胞内，然后在细胞内进行脱壳，脱壳通常是依靠细胞内的溶酶体分解衣壳和被膜。

（3）生物合成　病毒的生物合成是指病毒在寄主细胞内合成病毒蛋白质，并复制核酸的过程。大部分 DNA 病毒在宿主细胞核内合成 DNA，在细胞质内合成蛋白质，绝大部分 RNA 病毒其 RNA 和蛋白质都在细胞质中合成，也有少数例外。

（4）装配　装配就是将分别合成的病毒核酸和病毒蛋白质在宿主细胞内组装成子代病毒粒子的过程。大多数 DNA 病毒的装配是在细胞核中进行的（痘病毒等除外），大多数 RNA 病毒在细胞质中进行；有被膜的病毒从细胞中获得被膜。T$_4$ 噬菌体的装配较为复杂，可大致分为 4 步（图 2-44）：①头部衣壳体包裹 DNA 成为头部；②由基板、尾管和尾鞘装配成尾部；③头部与尾部结合；④单独装配的尾丝与病毒颗粒尾部相结合成为完整的噬菌体。

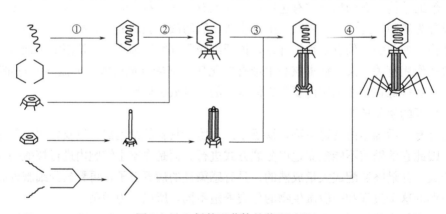

图 2-44　T 偶数噬菌体的装配过程

（5）释放　成熟的病毒粒子从被感染细胞内转移到外界的过程称为病毒释放。病毒的释放是多样的，可以通过破裂、出芽作用或通过细胞之间的接触而扩散。

没有被膜的 DNA 或 RNA 病毒，在装配完成后合成溶解细胞的酶，以裂解寄主细胞的方式使子代病毒一起释放，如 T$_4$ 噬菌体等。病毒可反复感染周围细胞，从而使寄主出现空斑、枯斑或其他症状。有被膜的病毒以出芽方式释放，多为动物病毒，如流感病毒、疱疹病毒等。植物病毒依靠胞间连丝在细胞间扩散。

【阅读材料 2-7】

病毒的干扰现象

两种病毒感染同一种细胞或机体时，常发生一种病毒抑制另一种病毒复制的现象，称为干扰现象

(interference)。干扰现象可在同种以及同株的病毒间发生，后者如流感病毒的自身干扰。异种病毒和无亲缘关系的病毒之间也可以干扰，且比较常见。

病毒间干扰的机制还不完全清楚，概括起来包括：病毒作用于宿主细胞，诱导产生干扰素（interferon, IFN）。除干扰素外，还有其他因素也能干扰病毒的增殖，例如，第一种病毒占据或破坏了宿主细胞的表面受体或者改变了宿主细胞的代谢途径，因而阻止另一种病毒的吸附或穿入，如黏病毒等；另外，也可能是阻止第二种 mRNA 的转译，如脊髓灰质炎病毒干扰水泡性口炎病毒；还有可能是在复制过程中产生了缺陷性干扰颗粒（defective interfering particle, DIP），能干扰同种的正常病毒在细胞内复制，如流感病毒在鸡胚尿囊液中连续传代，则 DIP 逐渐增加而发生自身干扰。

三、噬菌体一步生长曲线

从前面可知，噬菌体的繁殖过程与细胞型生物完全不同，其繁殖速率大大提高。平均每个被感染细胞释放出来的新个体数量可通过一步生长曲线来测定。

一步生长曲线是指能定量描述烈性噬菌体生长规律的实验曲线。将高浓度的敏感菌培养物与适量相应的噬菌体悬液相混合一定时间，以离心术或加入抗病毒血清除去过量的游离噬菌体；把经过上述处理的菌悬液进行高倍稀释，以免发生第二次吸附和感染，致使每个菌体只含有一个噬菌体；培养后每隔一定时间取样，接种于敏感菌培养物中培养，通过固体培养物表面噬菌斑的多少，就可测知每个噬菌体感染细菌后释放的新的噬菌体数目；再以培养时间为横坐标，以噬菌斑数为纵坐标作图，绘成的曲线即为噬菌体的一步生长曲线（图 2-45）。

一步生长曲线可分为 3 个时期。

（1）潜伏期　指噬菌体的核酸侵入宿主细胞后至第一个噬菌体粒子装配前的一段时间，此时正在进行核酸和蛋白质的合成，噬菌体数目不增加，也找不到完整的噬菌体。

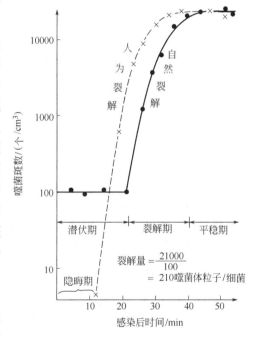

图 2-45　T_4 噬菌体的一步生长曲线

（2）裂解期　紧接在潜伏期后的一段时间，宿主细胞迅速裂解，溶液中噬菌体粒子急剧增多的一段时间。表示已装配的成熟噬菌体裂解细胞释放。

（3）平稳期　指感染后的宿主已全部裂解，溶液中的噬菌体总数达到最高点后的时期。

四、温和噬菌体和溶源性

有些噬菌体感染细胞后并不增殖，也不裂解细菌，这种噬菌体称为温和噬菌体。溶源性是温和噬菌侵入宿主细胞后产生的一种特性。当温和噬菌体侵入宿主细胞后，其 DNA 随着宿主细胞的 DNA 复制而复制，但噬菌体的蛋白质不能合成，宿主细胞也不裂解，继续进行正常的分裂，但在偶尔情况下，某一代其中有一个宿主细胞发生裂解，释放出新的子代噬菌体，而在这许多代不发生裂解的宿主细胞中又检查不到噬菌体，但它们都具有产生成熟噬菌体粒子的潜在能力。人们把温和噬菌体侵入宿主细菌所引起的这种特性叫作溶源性。

含有温和噬菌体的 DNA 而又找不到形态上可见的噬菌体粒子的宿主细菌叫溶源性细

菌。附着或融合在溶源性细菌染色体上的温和噬菌体的核酸称为原噬菌体或前噬菌体。溶源性细菌有以下几种基本特性。

（1）自发裂解　在没有任何外来噬菌体感染的情况下，极少数溶源细胞中的原噬菌体偶尔也可恢复活动，进行大量的复制，成为营养噬菌体核酸，并接着成熟为噬菌体粒子，引起宿主细胞裂解。

（2）诱发裂解　用某些适量的理化因子（如紫外线、丝裂霉素 C 等）处理溶源性细菌能导致原噬菌体活化，产生具有感染力的噬菌体粒子，结果使整个细胞裂解并释放出大量噬菌体。

（3）免疫性　溶源性细菌对其本身产生的噬菌体或外来的同源噬菌体不敏感。这种噬菌体虽可进入溶源性细菌，但不能增殖，也不导致溶源性细菌裂解。

（4）复愈性　溶源性细胞有时消失了其中的原噬菌体，变成非溶源性细胞，这时既不发生自发裂解也不发生诱发裂解。

（5）溶源转变　如白喉杆菌只有在含有特定的原噬菌体时才能产生白喉毒素，引起被感染机体发病。

从上述内容可知温和噬菌体可以 3 种状态存在：①游离态，指已成熟释放并具有浸染性的游离噬菌体；②融合态，指整合在宿主核染色体上处于前噬菌体的状态；③营养态，指前噬菌体经外界理化因子诱导后，脱离宿主核基因组而处于积极复制和装配的状态。

五、噬菌体的分离、检查与防治

在工业生产中，引起异常发酵现象的原因较多，要确定是噬菌体侵染所造成的后果，最直接有效的证明就是检查不正常发酵液中是否有噬菌体存在。同时，为了检查生产车间、四周环境和发酵设备中噬菌体的污染情况，也需要检查噬菌体的存在。

1. 分离样品的制备

待测样品的采集，一定要根据实际情况和需要，选有代表性的采样点，如车间地面、明沟、排气口、贮液桶和道路等处。所取样品可以是发酵液、污水、土壤、所排气体或空气。取样时，土壤约需 10～20g，水样 20mL。可在一定范围内随机采取若干小样，混合后，作为一个采样点的代表。

为了增加待测样品中噬菌体数量，以利于分离，可以先行增殖培养。将 2～3g 的土样或者 5mL 水样放入三角瓶中，加入对数生长期的敏感指示菌悬液 3～5mL，并外加 20～25mL培养基，在适宜温度下，振荡或静置培养过夜。将上述培养液以 3000r/min 离心 15～20min，取上清液，用 pH 为 7 的 1％蛋白胨液稀释至 10^{-3}～10^{-2}，作为待检液。

从空气中分离噬菌体时，可用真空泵抽引，将空气抽入培养基，以此培养基作为分离样品；而在噬菌体密度高的位点，只要将长了菌的平皿打开，在空气中暴露 30～60min 即可。

2. 宿主细胞培养

宿主细胞培养一般采用蛋白胨、酵母膏等半合成培养基，并在其中补充 20％麦芽糖，10^{-3}mol/L 的 Ca^{2+} 和 10^{-2}mol/L 的 Mg^{2+} 等，以便有利于噬菌体吸附。

3. 检查

在准备好的软琼脂培养基中加入菌液并使其布满平皿，平皿上的菌用刮棒涂布，生成的噬菌斑较小。然后用接种环、毛细管或微量吸管取样品在培养皿上点 12～25 个点，待液体被培养基吸收后培养过夜，检查点样部位有无噬菌斑出现。噬菌斑少时，噬菌斑集中；有时噬菌体量太多，看不到噬菌斑，尤为取自溶源菌的样品，此时可同时检查原液和稀释液，就不至于造成这种情况。也可不用改变稀释度的方法进行检查，而是以接种环取样品原液点在涂有菌的一角上,然后进行连续弯曲的划线。样品数量特别多的时候,可以将几个样品混合后进行检查,然后舍弃阴性试样。

由溶源菌分离噬菌体可用大型接种环取敏感菌的菌悬液在平皿上划两条线,然后将待测的噬菌体的悬浮液与一条直线交叉划八字横线,经适当剂量的紫外线照射后进行培养,检查交叉处有无噬菌体出现。

4. 防治措施

微生物发酵工业常会遭到噬菌体的危害,如抗生素、味精、有机溶剂和酿酒发酵经常会遭到噬菌体污染。各种发酵系统在污染噬菌体后,往往出现明显的异常现象。一般情况轻度侵染可使噬菌体变畸形,发酵液菌体数下降而使发酵缓慢,碳源和氮源的消耗减慢,发酵周期长;严重时发生明显溶菌、pH异常变化、泡沫剧增、发酵色泽和稠度改变、出现异常臭味、发酵停止,此时应将整罐发酵液报废(即倒罐)。

污染原因是多方面的,有生产菌株本身的原因,有发酵系统的原因,有空气过滤系统的原因,也有周围环境不洁的原因等。根据上述感染原因,可以采取以下防治噬菌体的措施。

(1)杜绝噬菌体的各种来源 定期监测发酵罐、管道及周围环境中噬菌体的数量变化。在干燥环境中噬菌体比较稳定,能长时间以活性状态漂浮在空气中,这是发酵生产易受噬菌体污染的一个重要原因。噬菌体易受热(60～70℃时加热5～10min)变性,对氧化物敏感;可被酸、碱致死;能使蛋白质变性的化学药品,如0.5%甲醛、1%新洁尔灭、0.5%苯酚、漂白粉或石灰等均可致其死亡。车间的排气系统应有分离装置,要合理设计排水沟。

(2)控制活菌体的排放 活菌体是噬菌体生长繁殖的首要条件,控制其排放能消除环境中出现特定的噬菌体。生产中的摇瓶液、取样液、废弃菌液或发酵液等均应灭菌后经管道排放;发酵罐的排气和可能发生发酵逃液的地方应接入装有杀菌药物的容器;已经被噬菌体污染的发酵液应在80℃处理2～5min后,再送往提取工段或向阴沟排放。放罐后应对空罐和管道进行严格灭菌,提取后留有菌体的废弃液应经密闭水道向远离发酵车间和空压机房的地方排放。

(3)使用抗噬菌体菌株和定期轮换生产用菌 防治噬菌体的另一条途径是选育和使用抗噬菌体菌种,这是一种较为经济和有效的手段,在不少抗生素的生产中采取此法获得了显著的效果。例如,在链霉素生产中改用抗噬菌体菌株以后,赢得了长期稳定的不断高产的局面。

开展选定工作前,应该充分收集和分离有代表性的噬菌体,以作为选育的标准。为此必须搞清环境中该菌株的噬菌体群。利用自然突变所获得的抗噬菌体菌株可能较为稳定,但有的菌种出现抗性突变的频率不高,可以辅以理化诱变剂和多种因子复合处理。选育的步骤和方法应根据具体要求来决定。此外还要考虑到出现其他产物的可能性。

为防止噬菌体的侵害,应在生产中准备好几种对各种噬菌体敏感性不同的抗性菌株,定期轮换使用,但事先应对每种菌的性能有充分的了解和掌握,制定出轮换方案,同时在轮换中经常对噬菌体的变化情况进行预测,以确定轮换使用的有效性。

(4)药物防治 利用药物防治噬菌体时,使用的药物应具备下列条件:能抑制噬菌体使之失活,而不影响生产菌的生长、发酵产物的积累和提取;药物用量少,价格低;产品应符合卫生要求。

经一些抗生素、有机酸、整合剂、染料和表面活性剂等药物试验,发现氯霉素使用浓度为1mol/L时,可以抑制丙酮丁醇羧酸和乳酸发酵短杆菌的噬菌体增长,而对菌体生长和发酵均无不良影响。还发现草酸钠和草酸铵、柠檬酸钠和柠檬酸铵,在含量为0.5%时,可以抑制谷氨酸棒状杆菌的噬菌体,而对菌体的生长和发酵没有影响。柠檬酸铵和一些相关的盐类，需在感染噬菌体之前加入，才能起到抑制噬菌体的作用，实际上起着预防的效果，并不能作为治疗剂。此外，三聚磷酸钠和植酸钠亦有良好药效。

（5）噬菌体污染后的补救措施 针对噬菌体对其宿主范围要求严格的特点，可以准备发酵特征相近而又不互相抑菌的不同菌株，一旦发生噬菌体污染后，可以大量接入另一菌种的种子液或发酵液，进行继续发酵，以达到减少损失、避免倒罐的目的。当早期发现噬菌体侵染且糖含量较高时，可以先将温度升至85～95℃，维持10～15min，这样既能够尽量减少培养基中营养成分被破坏，又可以杀死噬菌体；然后再补充一些促进细胞生长的玉米浆等培养基成分，重新接入大量种子，就可以继续进行发酵。低剂量的氯霉素和四环素等抗生素能阻止噬菌体的发展，但对菌体没有明显的抑制作用，发酵液中适当加入抗生素可以起到防治噬菌体的作用。

本 章 小 结

1. 通过革兰染色法可把细菌分成革兰阳性菌和革兰阴性菌两大类。

2. 根据细菌细胞的基本形态可把细菌分为球菌、杆菌、螺旋菌和丝状菌等。

3. 细菌细胞有细胞壁、细胞膜、核质体（原始核）和细胞质等基本结构，还具有荚膜、鞭毛、线毛、芽孢等特殊结构。

4. 放线菌是一大类形态多样（杆状到丝状），多数呈丝状生长的原核微生物。放线菌的菌丝可分为营养菌丝、气生菌丝和孢子丝3种。菌丝无隔。繁殖主要是通过产生无性孢子的方式来进行。无性孢子主要有分生孢子、节孢子和孢囊孢子。放线菌与人类的关系极其密切，大多数的抗生素都是由放线菌生产的。

5. 酵母菌是一类腐生型微生物，可用于发酵工业生产食品、单细胞蛋白、食品添加剂、核酸等。工业上常用的酵母有酿酒酵母、卡尔斯伯酵母、异常汉逊酵母异常变种、粟酒裂殖酵母、黏红酵母黏红变种、热带假丝酵母、产朊假丝酵母、解脂假丝酵母解脂变种、棉病针孢酵母等。

6. 工业中常用的霉菌主要有毛霉、根霉、曲霉、青霉、木霉、白地霉等。

7. 菌落特征是鉴定微生物的重要形态指标。现将细菌、放线菌、酵母菌和霉菌的菌落特征归纳比较如表2-2。

表2-2 四大类微生物菌落特征的比较

菌落特征	单细胞微生物		菌丝状微生物	
	细菌	酵母菌	放线菌	霉菌
含水状态	很湿或较湿	较湿	干燥或较干燥	干燥
外观形态	小而突起或大而扁平	大而突起	小而紧密	大而疏松或大而致密
菌落颜色	多样	乳白色,少红或黑色	十分多样	十分多样
菌落正反面颜色差别	相同	相同	一般不同	一般不同
菌落与培养基结合程度	不结合(易挑取)	不结合(易挑取)	牢固结合(难挑取)	较牢固结合(易挑取或较难挑取)
气味	一般有臭味	多带酒香味	常有泥腥味	常有霉味

8. 病毒的基本特征：个体极其微小，无细胞结构，专性活细胞寄生。

9. 病毒的形态可分为球状、杆状、蝌蚪状。

10. 病毒的主要化学成分是核酸（DNA 或 RNA）与蛋白质。

11. 病毒的繁殖过程可以分为吸附、侵入、增殖、装配、释放 5 个阶段。

12. 噬菌体可以根据侵染寄主细胞后的结果分为烈性噬菌体和温和噬菌体。

13. 检查和防治噬菌体的感染在发酵工业上很重要。

复习思考题

1. 细菌的形态主要有哪几种？请举例说明。

2. 细菌有哪些基本结构和特殊结构？

3. 细菌的形态和大小是否会因培养条件（如培养浓度、温度、pH）等变化而发生改变？

4. 什么叫荚膜？其化学成分如何？有何生理功能？

5. 什么是芽孢？为什么芽孢具有极强的抗逆性？

6. 试述革兰染色的步骤和作用原理。

7. 细菌细胞质中有哪些内含颗粒？它们是否存在于所有细菌中？有何作用？

8. 细菌鞭毛有何特点？其着生的方式有几类？请举例说明。鞭毛不经特殊染色能否在显微镜下看见？

9. 什么是质粒？它分哪几种？其中哪种质粒在环境污染物的降解中起重要作用？

10. 细菌、放线菌、酵母菌、霉菌是如何进行繁殖的？

11. 放线菌的菌丝有哪几种类型？各自的主要功能是什么？

12. 放线菌与霉菌都属于丝状微生物，请问如何区分放线菌与霉菌？

13. 试述酵母菌的主要结构特征。

14. 试比较细菌、放线菌、酵母菌和霉菌的菌落结构特征。

15. 霉菌有哪几种无性孢子？

16. 霉菌有哪几种有性孢子？

17. 工业上常用的细菌有哪些？它们有何作用？

18. 工业上常用的酵母菌有哪些？它们有何作用？

19. 工业上常用的霉菌有哪些？它们有何作用？

20. 什么是病毒？简述其存在的普遍性。

21. 图示病毒粒子的结构及各部分的名称。

22. 病毒的核酸有哪几类？

23. 什么是烈性噬菌体、温和噬菌体、溶源菌？

24. 什么是一步生长曲线？它可分几个时期，各期的特点如何？

25. 简述病毒的增殖过程。

26. 简述病毒在发酵工业中的应用。

第三章 微生物的营养与培养基

【学习目标】
1. 理解培养基的配置原则并掌握其配置方法；
2. 掌握微生物的营养类型；
3. 了解营养物质进入细胞的方式；
4. 了解微生物营养物质的组成，了解微生物的 6 种营养要素。

第一节 微生物的营养

一、微生物的营养物质

微生物在生长过程中，需要不断从外界环境吸收物质并加以利用，以获得能量和合成细胞物质，这个过程称为微生物的营养。而被微生物吸收和利用的物质，称为微生物的营养物质。

1. 微生物细胞的化学组成

分析微生物细胞的化学组成，是研究微生物营养的基础。微生物细胞的元素构成由 C、H、O、N、P、S、K、Na、Mg、Ca、Fe、Mn、Cu、Co、Zn、Mo 等元素组成。其中 C、H、O、N、P、S 六种元素占微生物细胞干重的 97%；其他为微量元素。微生物细胞的化学元素组成的比例常因微生物种类的不同而各异。

微生物细胞的化学成分主要以有机物、无机物和水的状态存在。有机物包含各种大分子，它们是蛋白质、核酸、类脂和糖类，占细胞干重的 99%。无机成分包括小分子无机物和各种离子，它们参与有机物组成或单独存在于细胞原生质内的无机盐等灰分中，占细胞干重的 1%。水是微生物细胞中含量最大的成分，不同种类的微生物含水量不同。细菌细胞的游离水含量平均为 75%～85%，酵母菌约为 70%～80%，霉菌约为 85%～90%。同一种微生物的含水量随发育阶段和生活条件不同也有差别。

2. 微生物的营养物质及其功能

微生物的营养物质种类繁多，自然界中也有成千上万种物质可被不同微生物利用。微生物生长所需的营养物质主要是以有机物和无机物的形式提供的，小部分由气体物质供给。根据营养物质在机体中的性质和作用可分为碳源、氮源、能源、生长因子、无机盐和水。

（1）碳源 凡能提供微生物营养所需的碳元素的营养源称为碳源。碳元素是构成机体中有机物分子的骨架，约占细胞干重的 50%。同时碳元素也是大多数微生物的能源。

微生物能够利用的碳源极其广泛，从简单的无机碳源到复杂的有机碳源，甚至高度不活跃的烃及人工合成的塑料都可被不同的微生物利用（表 3-1）。但不同的微生物利用含碳物质具有选择性，利用能力也有差异。对于异养微生物，最适碳源为"CHO"型，其中糖类是最广泛的,其次是醇类、有机酸类和脂类。

表 3-1 微生物利用的碳源物质

种类	碳源物质	备 注
糖	葡萄糖、果糖、麦芽糖、蔗糖、淀粉、半乳糖、乳糖、甘露糖、纤维二糖、纤维素、半纤维素、甲壳素、木质素等	单糖优于双糖,己糖优于戊糖,淀粉优于纤维素,纯多糖优于杂多糖
有机酸	糖酸、乳酸、柠檬酸、延胡索酸、低级脂肪酸、高级脂肪酸、氨基酸等	与糖类比效果较差,有机酸较难进入细胞,进入细胞后会导致 pH 下降。当环境中缺乏碳源物质时,氨基酸可被微生物作为碳源利用
醇	乙醇	在低浓度条件下被某些酵母菌和醋酸菌利用
脂	脂肪、磷脂	主要利用脂肪,在特定条件下将磷脂分解为甘油和脂肪酸而加以利用
烃	天然气、石油、石油馏分、石蜡油等	利用烃的微生物细胞表面有一种由糖脂组成的特殊吸收系统,可将难溶的烃充分乳化后吸收利用
CO_2	CO_2	为自养微生物所利用
碳酸盐	$NaHCO_3$、$CaCO_3$、白垩等	为自养微生物所利用
其他	芳香族化合物、氰化物蛋白质、核酸等	利用这些物质的微生物在环境保护方面有重要作用;当环境中缺乏碳源物质时,可被微生物作为碳源而降解利用

　　实验室内常用的碳源主要有葡萄糖、蔗糖、淀粉、甘露醇、有机酸等;发酵工业生产实践中,常用的碳源是农副产品和工业废弃物,如甘薯粉、玉米粉、饴糖、米糠、酒糟、造纸厂的废水等。将来,如果能够利用人类和动物不能食用的纤维素、石油和 CO_2 等作为碳源来培养大量微生物,那会是一件很有意义的工作。

　　每一种微生物都有其最适合利用的碳源物质。在不适宜的碳源基质中,微生物的生长速度降低,甚至不能生长。有些微生物适合利用的碳源和能源范围较广,如假单胞杆菌属的某些细菌能够利用 90 多种不同含碳化合物作为碳源和能源;另外一些微生物对碳源种类的要求比较严格,如专性自养微生物,只能利用 CO_2 或碳酸盐作为碳源,甲烷氧化细菌只能利用甲烷和甲醇作为碳源。当基质中同时存在多种可被微生物利用的含碳化合物时,其中某些种类常优先被吸收利用,直至这种碳源耗尽后才开始利用其他种类的碳源。葡萄糖是许多微生物优先利用的碳源之一。

　　(2) 氮源　凡是可以被微生物用来构成细胞物质或代谢产物中氮素来源的营养物质通称为氮源物质。自然界中能被微生物利用的氮源是十分广泛的,从分子态氮到有机态氮。氮源物质常被微生物用来合成细胞中的含氮物质,少数情况下可作能源物质,如某些厌氧微生物在厌氧条件下可利用某些氨基酸作为能源。

　　氮的来源可分为无机氮和有机氮。从分子态氮到结构复杂的含氮化合物,如硝酸盐、铵盐、氰化物、尿素、蛋白质及蛋白质降解产物等,都可以被各种微生物所利用。能利用无机氮的微生物种类较多,尤其是铵盐,几乎所有微生物都可利用;多数微生物也可利用有机氮,如蛋白质、核酸、尿素、氨基酸(表 3-2)。

表 3-2 微生物利用的氮源物质

种类	氮源物质	备 注
蛋白质类	蛋白质及其不同程度的降解产物(胨、肽、氨基酸等)	大分子蛋白质难进入细胞,一些真菌和少数细菌能分泌胞外蛋白酶,将大分子蛋白质降解利用,而多数细菌只能利用相对分子质量较小的降解产物
氨及铵盐	NH_3、$(NH_4)_2SO_4$ 等	容易被微生物吸收利用
硝酸盐	KNO_3 等	容易被微生物吸收利用
分子氮	N_2	固氮微生物可利用,但当环境中有化合态氮时,固氮微生物就失去固氮能力
其他	嘌呤、嘧啶、脲、胺、酰胺、氰化物	大肠杆菌不能以嘧啶作为唯一氮源,在氮限量的葡萄糖培养基上生长时,可通过诱导作用先合成分解嘧啶的酶,然后再分解并利用,嘧啶可不同程度地被微生物作为氮源加以利用

许多微生物既可以利用无机氮化合物作为氮源，也可以利用有机含氮化合物作为氮源。例如，土霉素生产菌在生产过程中既可以利用 $(NH_4)_2SO_4$，也可以利用玉米浆、黄豆饼粉作为氮源，而且在对氮源的利用方面，硫酸铵、玉米浆相对于黄豆饼粉的速率快，前者为速效氮源，后者为迟效氮源。速效氮源通常有利于机体的生长，迟效氮源则有利于代谢产物的形成。在工业发酵过程中，往往将速效氮源与迟效氮源按一定的比例制成混合氮源加到培养基里，以控制微生物的生长期与代谢产物形成期的长短，达到提高产量的目的。

在实验室中常使用的有机氮源有蛋白胨、牛肉膏和酵母膏等。工业上常用硫酸铵和尿素、氨水、豆饼粉、花生饼粉、玉米浆、麸皮等原料作为氮源。

（3）能源 能源是指能为微生物的生命活动提供最初能量来源的营养物或辐射能。各种异养微生物的能源就是其碳源，化能自养微生物的能源常是一些还原态无机物，如 NH_4^+、NO_2^-、S、H_2S、H_2、Fe^{2+} 等，微生物可利用其在化学反应中释放的化学能作为能源；光能营养微生物的能源是辐射能。微生物的能源谱归纳如下。

$$能源谱 \begin{cases} 化学物质 \begin{cases} 有机物：化能异养微生物的能源（同碳源） \\ 无机物：化能自养微生物的能源（不同于碳源） \end{cases} \\ 辐射能：光能自养和光能异养微生物的能源 \end{cases}$$

辐射能仅供给能源，是单功能的；还原态无机养料如 NH_4^+、NO_2^- 是双功能的，既能作能源又是氮源，有些是三功能的，同时作能源、碳源、氮源；有机物有的是双功能的，有的是三功能的。

（4）生长因子 生长因子通常指那些微生物生长所必需而且需要量很小，但微生物自身不能合成或合成量不足以满足机体生长需要的有机化合物。狭义的生长因子仅指维生素，广泛的生长因子除维生素外，还有碱基、卟啉及其衍生物、甾醇、胺类、$C_4 \sim C_6$ 的分支或直链脂肪酸等。

根据生长因子的化学结构和它们在机体中的生理功能的不同，可将生长因子分为维生素、氨基酸与嘌呤和嘧啶三大类。维生素在机体中所起的作用主要是作为酶的辅基或辅酶参与新陈代谢（表3-3）；有些微生物自身缺乏合成某些氨基酸的能力，因此必须在培养基中补充这些氨基酸或含有这些氨基酸的小肽类物质，微生物才能正常生长；嘌呤与嘧啶作为生长因子在微生物机体内的作用主要是作为酶的辅酶或辅基，以及用来合成核苷、核苷酸和核酸。

表3-3 维生素及其在代谢中的作用

化 合 物	代谢中的作用
对氨基苯甲酸	四氢叶酸的前体，一碳单位转移的辅酶
生物素	催化羧化反应的酶的辅酶
辅酶 M	甲烷形成中的辅酶
叶酸	四氢叶酸包括在一碳单位转移辅酶中
泛酸	辅酶 A 的前体
硫辛酸	丙酮酸脱氢酶复合物的辅基
尼克酸	NAD、NADP 的前体，它们是许多脱氢酶的辅酶
吡哆素（维生素 B_6）	参与氨基酸和酮酸的转化
核黄素（维生素 B_2）	黄素单磷酸（FMN）和 FAD 的前体，它们是黄素蛋白的辅基
钴胺素（维生素 B_{12}）	辅酶维生素 B_{12} 包括在重排反应里（为谷氨酸变位酶）
硫胺素（维生素 B_1）	硫胺素焦磷酸脱羧酶、转醛醇酶和转酮醇酶的辅基
维生素 K	甲基酮类的前体，起电子载体作用（如延胡索酸还原酶）
氧肟酸	促进铁的溶解性和向细胞中的转移

在配制培养基时，如果配制天然培养基，可加入富含生长因子的原料，如酵母膏、玉米浆、肝浸汁、麦芽汁，或其他新鲜的动植物组织液。如果配制的是组合培养基，则可加入维生素溶液。

（5）无机盐　无机盐主要为微生物提供除碳源、氮源以外的各种重要元素，是必需和不可缺少的。根据微生物对化学元素需要量的大小，又可分为大量元素（生长所需浓度在 $10^{-4} \sim 10^{-3} mol/L$）和微量元素（生长所需浓度在 $10^{-8} \sim 10^{-6} mol/L$）。大量元素：P、S、K、Mg、Ca、Na、Fe 等；微量元素：Cu、Zn、Mn、Mo、Co 等。

无机盐在微生物机体中的生理功能主要是作为酶活性中心的组成部分、维持生物大分子和细胞结构的稳定性（表3-4）、调节并维持细胞的渗透压平衡、控制细胞的氧化还原电位以及作为某些微生物生长的能源物质等。

表3-4　无机盐及其生理功能

元素	化合物形式（常用）	生　理　功　能
磷	KH_2PO_4，K_2HPO_4	核酸、核蛋白、磷脂、辅酶及 ATP 等高能分子的成分，作为缓冲系统调节培养基的 pH
硫	$(NH_4)_2SO_4$，$MgSO_4$	含硫氨基酸（半胱氨酸、甲硫氨酸等）、维生素的成分，谷胱甘肽可调节胞内氧化还原电位
镁	$MgSO_4$	己糖磷酸化酶、异柠檬酸脱氢酶、核酸聚合酶等活性中心组分，叶绿素和细菌叶绿素成分
钙	$CaCl_2$，$Ca(NO_3)_2$	某些酶的辅因子，维持酶（如蛋白酶）的稳定性，芽孢和某些孢子形成所需，建立细菌感受态所需
钠	NaCl	细胞运输系统组分，维持细胞渗透压，维持某些酶的稳定性
钾	KH_2PO_4，K_2HPO_4	某些酶的辅因子，维持细胞渗透压，某些嗜盐细菌核糖体的稳定因子
铁	$FeSO_4$	细胞色素及某些酶的组分，某些铁细菌的能源物质，合成叶绿素、白喉毒素所需

在微生物的生长过程中还需要一些微量元素，微量元素一般参与酶的组成或使酶活化，各种微量元素的生理功能见表3-5。如果微生物在生长过程中缺乏微量元素，会导致细胞生理活性降低甚至停止生长。微量元素通常混杂在天然有机营养物、无机化学试剂、自来水、蒸馏水、普通玻璃器皿中，如果没有特殊原因，在配制培养基时没有必要另外加入微量元素。值得注意的是，许多微量元素是重金属，如果它们过量，就会对机体产生毒害作用，而且单独一种微量元素过量产生的毒害作用更大，因此有必要将培养基中微量元素的量控制在正常范围内，并注意各种微量元素之间保持恰当的比例。

表3-5　各种微量元素的生理功能

元　素	生　理　功　能
锌	存在于乙醇脱氢酶、乳酸脱氢酶、碱性磷酸酶、醛缩酶、RNA 与 DNA 聚合酶中
锰	存在于过氧化物歧化酶、柠檬酸合成酶中
钼	存在于硝酸盐还原酶、固氮酶、甲酸脱氢酶中
硒	存在于甘氨酸还原酶、甲酸脱氢酶中
钴	存在于谷氨酸变位酶中
铜	存在于细胞色素氧化酶中
钨	存在于甲酸脱氢酶中
镍	存在于脲酶中，为氢细菌生长所必需

在配制细菌培养基时，对于大量元素来说，可以加入有关化学试剂，其中首选 K_2HPO_4 及 $MgSO_4$，因为它们可提供 4 种需要量最大的元素；对于微量元素，一般在化学试剂、天然水、玻璃器皿或是其他天然成分中都可得到，故在配制培养基时不用单独加入。但在研究营养代谢时，要根据需要加入。

（6）水　水是微生物细胞的主要组成成分，是微生物生存的基本条件。水在细胞中的生理功能主要有：①起到溶剂与运输介质的作用，营养物质的吸收与代谢产物的分泌必须以水为介质才能完成；②参与细胞内一系列的化学反应；③维持蛋白质、核酸等生物大分子稳定的天然构象；④由于水的比热高，是热的良好导体，能有效地吸收代谢过程中产生的热并及时地将热迅速散发出体外，从而有效地控制细胞内温度的变化。

二、微生物的营养类型

由于微生物种类繁多，其营养类型比较复杂，根据碳源、能源及电子供体性质的不同，可将绝大部分微生物分为光能自养型、光能异养型、化能自养型及化能异养型 4 种类型（表 3-6）。

表 3-6　微生物的营养类型

营养类型	电子供体	碳源	能　　源	举　　　　例
光能自养型	H_2、H_2S、S、H_2O	CO_2	光能	着色细菌、蓝细菌、藻类
光能异养型	有机物	有机物	光能	红螺细菌
化能自养型	H_2、H_2S、Fe^{2+}、NH_3、NO_2^-	CO_2	化学能(无机物氧化)	氢细菌、硫杆菌、亚硝化单胞菌属、硝化杆菌属、甲烷杆菌属、醋酸杆菌属
化能异养型	有机物	有机物	化学能(有机物氧化)	假单胞菌属、芽孢杆菌属、乳酸菌属、真菌、原生动物

1. 光能自养型

光能自养型也称光能无机营养型，这是一类能以 CO_2 为唯一碳源或主要碳源并利用光能进行生长的微生物，它们能以水、硫化氢、硫代硫酸钠等还原态无机物，使 CO_2 固定还原成细胞物质，并且伴随元素氧（硫）的释放。藻类、蓝细菌、绿硫细菌等属于这种营养类型。

藻类和蓝细菌含叶绿素，其光合作用与高等绿色植物一样，在光的作用下以水为氢供体，同化 CO_2 并释放 O_2。

$$CO_2 + H_2O \xrightarrow[\text{叶绿素}]{\text{光能}} [CH_2O] + O_2 \uparrow$$

紫硫细菌和绿硫细菌含细菌叶绿素，以 H_2S、S 等还原态硫化物作为氢供体，进行不放氧的光合作用。产生的元素硫或是积累在细胞中，或是分泌到细胞外。

$$CO_2 + 2H_2S \xrightarrow[\text{菌绿素}]{\text{光能}} [CH_2O] + H_2O + 2S$$

2. 光能异养型

光能异养型又称光能有机营养型，这类微生物利用简单有机物作为主要碳源和供氢体进行光合作用，合成细胞有机物质。与以 CO_2 为唯一碳源的自养型不同的是，它们不能在完全无机的环境中生长。红螺属的一些细菌就是这一营养类型的代表。

$$2(CH_3)_2CHOH + CO_2 \xrightarrow[\text{光合色素}]{\text{光能}} 2CH_3COCH_3 + [CH_2O] + H_2O$$

在有有机物存在的前提下，它们也能固定 CO_2。

3. 化能自养型

化能自养型又称化能无机营养型，这类微生物利用无机物氧化过程中放出的化学能作为它们生长所需的能量，以 CO_2 或碳酸盐作为唯一或主要的碳源进行生长，利用电子供体如氢气、硫化氢、二价铁离子或亚硝酸盐等使 CO_2 还原成细胞物质。属于这类微生物的类群有硫化细菌、硝化细菌、氢细菌与铁细菌等。如氢细菌的利用电子供体 H_2 的过程如下。

$$H_2 + \frac{1}{2}O_2 \longrightarrow H_2O + 能量$$

4. 化能异养型

化能异养型又称化能有机营养型，这类微生物生长所需的能量来自有机物氧化过程放出的化学能，生长所需要的碳源主要是一些有机化合物，如淀粉、糖类、纤维素、有机酸等，也即化能有机营养型微生物里的有机物通常既是它们生长的碳源物质又是能源物质。

目前在已知的微生物中大多数属于化能有机营养型，如绝大多数的细菌、全部真菌、原生动物以及病毒。

在许多情况下，同一物质既是碳源又是能源。氮源可以是有机氮化合物，也可以是无机氮，大部分生物都属于这种类型。

化能异养型微生物又可根据它们获得养料的方式而分为腐生和寄生两大类。腐生菌能够以无生命的有机物作营养，寄生菌则只能从活体中吸取营养物质，寄生和腐生之间又存在中间类型，称兼性寄生或兼性腐生。

三、营养物质的运输方式

营养物质能否被微生物利用的一个决定性因素是这些营养物质能否进入微生物细胞。只有营养物质进入细胞后才能被微生物细胞内的新陈代谢系统分解利用，进而使微生物正常生长繁殖。

微生物在吸收营养物质的时候，细胞膜具有很大作用。一般认为细胞膜以4种方式控制物质的运输。即单纯扩散、促进扩散、主动运输和基团移位。

1. 单纯扩散

单纯扩散又称被动扩散，它是指被运送的物质依靠细胞内外的浓度梯度为动力，从浓度高的区域向浓度低的区域扩散直到平衡的过程。这个过程无载体蛋白参与，不消耗能量，运送的物质是气体、水及某些脂溶性物质。这是物质进出细胞最简单的一种方式。

单纯扩散是一种最简单的物质跨膜运输方式，是一个纯粹的物理学过程，在扩散过程中不消耗能量，物质扩散的动力来自参与扩散的物质在膜内外的浓度差，营养物质不能逆浓度运输。物质扩散的速率随原生质膜内外营养物质浓度差的降低而减小，直至膜内外营养物质浓度相同时才达到一个动态平衡，此时运输速率为零。

由于原生质膜主要由磷脂双分子层和蛋白质组成，膜内外表面为极性表面，中间为疏水层，因而物质跨膜扩散的能力和速率与该物质的性质有关，相对分子质量小、脂溶性、极性小的物质易通过扩散进出细胞。水是唯一可以通过扩散自由通过原生质膜的分子，脂肪酸、乙醇、甘油、苯、一些气体分子（O_2、CO_2）及某些氨基酸在一定程度上也可通过扩散进出细胞。

单纯扩散没有特异性和选择性，扩散速率很慢，因此单纯扩散并不是微生物细胞吸收营养物质的主要方式。

2. 促进扩散

促进扩散指物质借助存在于细胞膜上的特异性载体蛋白的协助，顺浓度梯度进入细胞的方式。促进扩散与单纯扩散一样，也是以物质的浓度梯度为动力，不需要代谢能量。不同之处是促进扩散有膜载体（通透酶）参加。膜载体是位于膜上的蛋白质，把物质从膜外运至膜内。膜载体的外部是疏水性的，但是与溶质的特异性结合部位却是亲水的。载体亲水部位取代极性溶质分子上的水壳体，实现载体与溶质分子的结合。具有疏水性外表的载体将溶质带入脂质层，到达另一侧。由于在细胞外和膜载体的亲和力高，易结合，而进入细胞后，亲和力降低，所以溶质就在胞内被释放。由于膜载体的参与，促进扩散速率大于单纯扩散。

通过促进扩散进入细胞的营养物质主要有氨基酸、单糖、维生素及无机盐等。一般微生物通过专一的载体蛋白运输相应的物质，某些载体蛋白只转运一种分子，如葡萄糖载体只能运输葡萄糖；大多数载体蛋白只转运一类分子，如转运芳香族氨基酸的载体蛋白不转运其他氨基酸。但也有微生物对同一物质的运输由一种以上的载体蛋白来完成，如鼠伤寒沙门菌利用 4 种不同载体蛋白运输组氨酸，酿酒酵母有 3 种不同的载体蛋白来完成葡萄糖的运输。另外，某些载体蛋白可同时完成几种物质的运输，如大肠杆菌可通过一种载体蛋白完成亮氨酸、异亮氨酸和缬氨酸的运输，但这种载体蛋白对这 3 种氨基酸的运输能力有差别。

促进扩散通常在微生物处于高营养物质浓度的情况下发生。这种特异性扩散常见于许多真核微生物中，如葡萄糖促进扩散进入酵母细胞。在原核生物中促进扩散比较稀少，但是发现甘油可以通过促进扩散进入沙门菌、志贺菌等肠道细菌。

3. 主动运输

主动运输是指通过细胞膜上特异性载体蛋白构型的变化，同时消耗能量，使膜外低浓度物质进入膜内的一种物质运输方式。

主动运输的特点是被吸收的物质不受物质浓度梯度的制约而进入细胞。被运输的物质在细胞膜的外侧与膜载体的亲和力强，能形成载体复合物，当进入膜内侧时在能量的参与下，载体发生构型变化，与结合物的亲和力降低，营养物质便被释放出来，这样物质可以从低浓度向高浓度输送。

主动运输过程和促进扩散一样需要膜载体的参与，并且被运输的物质与载体的亲和力改变也和载体蛋白构型的改变有关。但是在主动运输过程中载体蛋白构型改变要消耗能量，而被运输的物质则不发生任何化学变化。由于这种方式可以逆浓度梯度将溶质输送到细胞里面，因此必须由外界提供能量，微生物不同，能量来源也不同。

主动运输是微生物吸收营养物质的一种主要方式，很多无机离子、有机离子和一些糖类（乳糖、葡萄糖、麦芽糖等）是通过这种方式进入细胞的，对于很多生存于低浓度营养环境中的微生物来说，主动运输是影响其生存的重要营养吸收方式。

4. 基团移位

基团移位是指被运输的物质在膜内受到化学修饰，以被修饰的形式进入细胞的物质运输方式，是一种既需特异性载体蛋白又需消耗能量的运输方式。但溶质在运送前后会发生分子结构的变化，这点不同于主动运输。基团移位主要存在于厌氧型和兼性厌氧型细菌中，主要用于糖的运输，脂肪酸、核苷、碱基等也可通过这种方式运输。目前尚未在好氧型细菌及真核生物中发现这种运输方式，也未发现氨基酸通过这种方式进行运输。

基团移位主要用于运送葡萄糖分子、果糖、甘露糖、核苷酸、丁酸和腺嘌呤等物质。

上述 4 种运输方式的比较与模式见表 3-7 和图 3-1。

表 3-7 4 种营养物质运输方式的比较

比较项目	单纯扩散	促进扩散	主动运输	基团移位
特异载体蛋白	无	有	有	有
传送速率	慢	快	快	快
溶质运送方向	由浓至稀	由浓至稀	由稀至浓	由稀至浓
平衡时内外浓度	内外相等	内外相等	内部浓度高得多	内部浓度高得多
运送分子	无特异性	特异性	特异性	特异性
能量消耗	不需要	不需要	需要	需要
运送前后溶质分子	不变	不变	不变	改变
载体饱和效应	无	有	有	有
与溶质类似物	无竞争性	有竞争性	有竞争性	有竞争性
运送对象举例	H_2O、CO_2、O_2、乙醇、少数氨基酸、盐类、代谢控制剂	SO_4^{2-}、PO_4^{3-}、糖（真核生物）	氨基酸、乳糖等糖类、Na^+、Ca^{2+} 等无机离子	葡萄糖、果糖、甘露糖、嘌呤、核苷、脂肪酸等

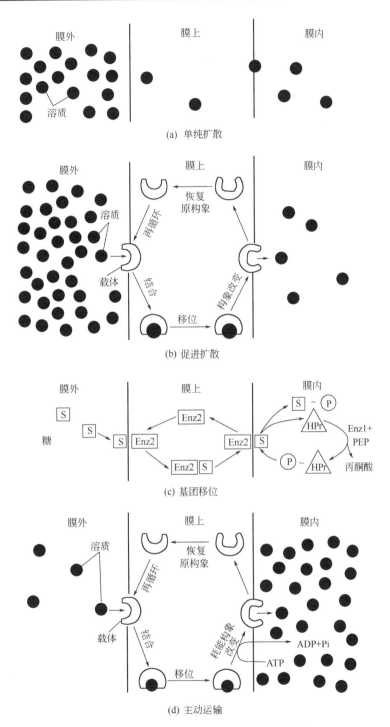

图 3-1　4 种营养物质进出微生物细胞的方式

第二节　微生物的培养基

培养基是根据各种微生物的营养要求，将水、碳源、氮源、无机盐及生长因子等物质按一定的比例配制而成的，用以培养微生物的基质。

一、培养基配制的原则

1. 选择适宜的营养物质

根据不同微生物的营养需要，配制不同的培养基。如配制自养型微生物的培养基完全可以由简单的无机物组成。而配制异养型微生物的培养基则至少有一种有机物。例如，培养细菌可采用牛肉膏-蛋白胨培养基，培养酵母菌用麦芽汁培养基。

2. 营养物质浓度及配比合适

培养基中营养物质浓度合适时微生物才能生长良好，营养物质浓度过低时不能满足微生物正常生长所需，浓度过高时则可能对微生物生长起抑制作用，例如，高浓度糖类物质、无机盐、重金属离子等不仅不能维持和促进微生物的生长，反而起到抑菌或杀菌作用。另外，培养基中营养物质间的浓度配比，特别是碳与氮或碳、氮、磷比要恰当。如利用微生物进行谷氨酸发酵，C∶N 为 4∶1 时，菌体大量增殖；C∶N 为 3∶1 时，菌体繁殖受到抑制，而谷氨酸大量增加。

3. 控制 pH 条件

培养基的 pH 必须控制在一定的范围内。在实验室培养时细菌与放线菌一般适于在 pH7～7.5 范围内生长，酵母菌和霉菌通常在 pH4.5～6 范围内生长。由于在培养微生物的过程中会产生有机酸、CO_2 和 NH_3，前两者为酸性物质，后者为碱性物质，它们会改变培养基的 pH。所以，在培养基中需加入缓冲剂，如 K_2HPO_4、KH_2PO_4、Na_2CO_3、$NaHCO_3$、$NaOH$ 等，它们既可作为微生物生长的必需营养，又可在培养过程中调整 pH 的改变。

二、培养基类型及其应用

培养基种类繁多，根据其成分、物理状态和用途可将培养基分成多种类型。

1. 按成分不同划分

（1）天然培养基　天然培养基含天然有机物质，其化学成分复杂且难以确定。常用的天然培养基成分有麦芽汁、肉浸汁、鱼粉、麸皮、玉米粉、花生饼粉、玉米浆和马铃薯等。实验室常用牛肉膏、蛋白胨、酵母膏等。天然培养基适合培养各类异养微生物。在重复性要求较高的实验中，应注意使用同一牌号同一批号的有机物试剂来配制培养基，以减少同成分差异而带来的误差。

（2）合成培养基　合成培养基是用化学成分完全了解的物质配制而成的培养基。如高氏一号培养基和查氏培养基就属于此类型。

2. 根据物理状态划分

根据培养基的物理状态，可将培养基分为固体培养基、半固体培养基和液体培养基 3 种类型。

（1）固体培养基　在培养液中加入一定量的凝固剂（琼脂约 2%或明胶 5%～12%），使之凝固成为固体状态即为固体培养基。目前实验室用的凝固剂种类有琼脂、明胶和硅胶。现将琼脂与明胶的主要特性列于表 3-8 中供比较。

硅胶是由无机的硅酸钠（Na_2SiO_3）及硅酸钾（K_2SiO_3）被盐酸及硫酸中和时凝聚而成的胶体。对绝大多数微生物而言，琼脂是最理想的凝固剂。明胶是最早用来作为凝固剂的物质，但由于其凝固点太低，且易被一些细菌和许多真菌液化，目前已较少作为凝固剂。硅胶则因不含有机物，适合配制分离与培养自养型微生物的培养基，酸性很强的培养基也宜用硅胶作凝固剂，并将硅胶与培养液分开灭菌，降温后再混合，以免产生絮凝物。

表 3-8　琼脂与明胶的主要特性比较

凝固剂种类	化学成分	常用含量/%	熔点/℃	凝固温度/℃	特性	耐加压灭菌	来源	微生物的分解能力
琼脂	聚半乳糖硫酸酯	1.5～2	96	40	能被酸水解(pH<4)	强	海藻	绝大多数微生物不能分解
明胶	蛋白质	5～12	25	20	能被胰蛋白酶液化	弱	兽骨	许多微生物能分解

固体培养基常用来进行菌种的分离、鉴定、菌落计数与菌种保藏等。

（2）半固体培养基　在液体培养基中加入少量琼脂（一般为 0.2%～0.7%）配制而成的培养基为半固体培养基。半固体培养基常用来观察细菌的运动能力、分类鉴定、各种厌氧菌的培养以及菌种保藏等。

（3）液体培养基　液体培养基是由水加营养物质配制而成的培养基，主要用来进行各种生理、代谢等基础理论和应用方面的研究。

3. 按用途划分

（1）基础培养基　尽管不同生物的营养需求各不相同，但大多数微生物所需的基本营养物质是相同的。基础培养基是含有一般微生物生长繁殖所必需的基本营养物质的培养基。牛肉膏-蛋白胨培养基是最常用的基础培养基。

（2）加富培养基　在基础培养基中加入某些特殊营养物质以促使一些营养要求苛刻的微生物快速生长而配制的培养基。这些特殊营养物质包括血液、血清、酵母浸膏、动植物提取液、土壤浸出液等。

（3）选择培养基　选择培养基是根据某种或某类微生物的特殊营养需要，用来将某种或某类微生物从混杂的微生物群体中分离出来的培养基，或根据对某种化学物质的敏感性不同而设计的培养基。例如，以纤维素为唯一碳源的培养基，可以从混杂的微生物群体中分离出分解纤维素的微生物；用缺乏氮源的培养基，可分离固氮微生物；在培养基中加入数滴 10%酚抑制细菌、霉菌生长，可从混杂的微生物群体中分离出放线菌；用加入青霉素、四环素的培养基抑制细菌、放线菌的生长，可分离出酵母菌和霉菌等。

（4）鉴别培养基　鉴别培养基是用于鉴别不同类型微生物的培养基。微生物在培养基中生长所产生的某种代谢物，可与加入培养基中的特定试剂或药品反应，产生明显的特征性变化，根据这种特征性变化，可将该种微生物与其他微生物区分开来。鉴别培养基主要用于微生物的快速分类鉴定，以及分离和筛选某种代谢物的微生物菌种。例如，最常见的鉴别培养基是伊红-美蓝（EMB）培养基。它在检测水质是否受到粪便污染方面有重要的用途。经改良后的伊红-美蓝培养基成分是：蛋白胨 10g、乳糖 5g、蔗糖 5g、K_2HPO_4 2g、伊红 0.4g、美蓝 0.065g、蒸馏水 1000mL，最终 pH 为 7.2。其中的伊红和美蓝两种苯胺染料可抑制革兰阳性细菌和一些难培养的革兰阴性细菌。在低酸度时，这两种染料结合形成沉淀，起着产酸指示剂的作用。

测试水样中的多种肠道菌会在伊红-美蓝培养基上产生相互易区分的特征菌落，因而易于辨认。尤其是大肠杆菌，因分解乳糖能力最强而产生大量的混合酸，使菌体带 H^+，故可染上酸性染料伊红，又因伊红与美蓝结合，所以菌落呈深紫红色并带金属光泽。现将 EMB 在鉴别各种肠道杆菌中的作用概括如下。

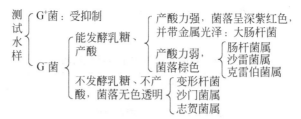

以上关于选择培养基和鉴别培养基的区分也只是人为的，理论上的。在实际应用时，这两种功能常结合在一种培养基中。例如，上述的 EMB 培养基除有鉴别不同菌落的作用外，同时还有抑制革兰阳性菌和选择革兰阴性菌的作用。

【阅读材料 3-1】

琼脂——从餐桌到实验台

最早用来培养微生物的人工配制的培养基是液体状态的。但是，用液体培养基分离并获得微生物非常困难：将混杂的微生物样品进行系列稀释，直到平均每个培养管中只有一个微生物个体，进而获得微生物纯培养物。此方法不仅烦琐，而且重复性差，并常导致纯培养物被杂菌污染。因此，在早期微生物学研究中，分离（病原）微生物的进展相当缓慢。

利用固体培养基分离培养微生物的技术，首先是由德国细菌学家 Robert Koch 及其助手建立的。1881年，Koch 发表论文介绍利用土豆片分离微生物的方法，其做法是：用灼烧灭菌的刀片将煮熟的土豆切成片，然后用针尖挑取微生物样品在土豆片表面划线接种，经培养后可获得微生物的纯培养物。上述方法的缺点是一些细菌在土豆培养基上生长状态较差。

几乎在同时，Koch 的助手 Prederick Loeffler 发展了利用肉膏蛋白胨培养基培养细菌的方法，Koch 决定采取方法固化此培养基。值得提及的是 Koch 还是一个业余摄影家，是他首先拍出细菌的显微照片，具有利用银盐和明胶的丰富经验。作为一名知识渊博的杰出科学家，Koch 将其制备胶片方面的知识应用到微生物学研究方面，他将明胶和肉膏蛋白胨培养基混合后铺在玻璃平板上，让其凝固，然后采取在土豆片表面划线接种的同样方法在其表面接种微生物，获得纯培养。但由于明胶熔点低，而且容易被一些微生物分解利用，其使用受到限制。

有意思的是，Koch 一名助手的妻子 Fannie Eilshemius Hesse 具有丰富的厨房经验，当她听说明胶作为凝固剂遇到的问题后，提议用厨房中用来做果冻的琼脂代替明胶。1882 年，琼脂就开始作为凝固剂用于固体培养基的配制，这样，琼脂就从餐桌走向了实验台，为微生物学发展起到了重要作用，100 多年来，一直沿用至今，是培养基最好的凝固剂。

本 章 小 结

1. 营养物质包括碳源、氮源、能源、无机盐、生长因子和水六大类。

2. 根据碳源、能源和供氢体的不同可将微生物划分为光能自养型、光能异养型、化能自养型和化能异养型。

3. 培养基是满足微生物营养需求的营养物质基质。配制时要选择适宜的营养物质并调整其浓度及配比，控制一定的 pH 范围。

4. 培养基的主要类型有：按化学成分不同分为天然培养基和合成培养基；按物理状态不同分为固体培养基、半固体培养基和液体培养基；按用途不同分为基础培养基、加富培养基、鉴别培养基和选择培养基。

5. 营养物质进入细胞主要有单纯扩散、促进扩散、主动运输和基团移位等方式。

复习思考题

1. 什么叫营养？什么是营养物？营养物有哪些生理功能？

2. 微生物的营养物质有哪几大类？各类有何生理功能？

3. 什么是碳源？微生物能利用的碳源物质有哪些？它们是否能被所有微生物利用？对于异养型微生物而言，最好的碳源是什么？

4. 什么是氮源？微生物能利用的氮源物质有哪些？异养型微生物利用的氮源是否一定需要有机氮？

5. 根据碳源、能源及电子供体的不同可将微生物划分为几种类型？举例说明。

6. 什么是生长因子？它包括哪些物质？是否任何微生物都需要生长因子？

7. 微生物吸收营养物质的方式有哪几种？各有何特点？

8. 用于制备培养基的凝固剂有哪几种？它们各有何特点？常用的凝固剂是什么？

9. 根据培养基制备后的物理状态可把培养基分成哪几类？它们各有何应用？

10. 根据培养基的成分来源可把培养基分成哪几类？

11. 根据培养基的用途可把培养基分成哪几类？

12. 什么是鉴别培养基？它有何重要性？试以 EMB（伊红-美蓝培养基）为例，分析鉴别培养基的作用原理。

13. 制备培养基的基本原则是什么？

14. 利用葡萄糖作为唯一碳源、能源和供氢体的微生物应属于哪一营养类型？利用 NH_3 的氧化作为能源，以 CO_2 作为唯一碳源生长的微生物又属哪一种营养类型？

第四章　微生物的生长

【学习目标】
　　1. 理解微生物生长及其测定的研究方法；
　　2. 掌握微生物群体典型生长的规律；
　　3. 了解环境条件调控微生物生长繁殖的因素；
　　4. 了解批次培养的生长规律及其生产指导意义。

　　微生物在适宜的环境条件下，通过酶的作用，不断地吸收营养物质，进行一系列的代谢活动，将营养物质变成本身的细胞物质，细胞各组成成分有规律地增长，致使菌体原生质总含量不断地增加，细胞质量和体积不断增大，这个过程称为微生物的生长。

　　微生物单个细胞的生长是有限的，当细胞生长到一定程度时，就开始分裂，形成两个或两个以上基本相似的子细胞。这样，在单细胞微生物中，由于细胞分裂而导致细胞数目增加的过程称为繁殖。在多细胞微生物中（如一些霉菌），如果由于菌丝细胞的延长或分裂只产生同类的细胞，而没有通过分化引起个体数目的增加，那么这还只是生长；只有微生物通过形成无性孢子或有性孢子而使个体数目增加时，才可能称为繁殖。微生物从生长到繁殖是个量变到质变的发展过程，这一过程则称为发育，发育是生物的构造和机能从简单到复杂的变化过程。生长是繁殖的基础，繁殖是生长的结果。

第一节　微生物生长的测定

　　微生物生长的情况可以通过测定单位时间里微生物数量或生物量的变化来评价。通过微生物生长的测定可以客观地评价培养条件、营养物质等对微生物生长的影响，或评价不同的抗菌物质对微生物产生抑制（或杀死）作用的效果，或客观反应微生物的生长规律。因此微生物生长的测量在理论上和实践上都有着重要的意义。

　　根据考察的角度、测定的条件和要求不同，可将微生物生长的测量方法分为直接计数法和间接计数法。

一、直接计数法

　　1. 计数器直接计数法

　　又称全菌计数法，将待测样品适当稀释后，染色，加到血球计数板（适用于细胞个体形态较大的单细胞微生物，如酵母菌等）或细菌计数板（适用于细胞个体形态较小的细菌）上的计数室内，在显微镜下计数一定体积中的平均细胞数，换算出待测样品的细胞数。这是一种常用的方法，快速、简便，所得结果是死菌和活菌的总数（图 4-1）。

2. 比浊法

这是测定菌悬液中细胞数量的快速方法。其原理是菌悬液中的单细胞微生物的细胞浓度与其浑浊度成正比，与透光度成反比。细胞越多，浊度越大，透光量越少。因此，测定菌悬液的光密度（或透光度）或浊度可以反映细胞的浓度。将未知细胞数的菌悬液与已知细胞数的菌悬液相比，求出未知菌悬液所含的细胞数。浊度计、分光光度计是测定菌悬液细胞浓度的常用仪器。此法比较简便，但使用有局限

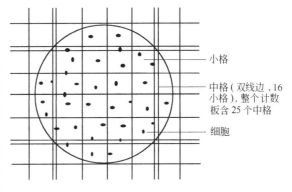

图 4-1　血球计数板方格示意

性。适用于菌悬液浓度在 10^{-7} 个/mL 以上、颜色浅、没有混杂其他物质的样品。

3. 称重法

这是一种常用的方法，直接称量样品的干重或湿重。一般细菌干重约为湿重的 20%～25%。此法直接而又可靠，但要求测定时菌体浓度较高，样品中不含杂质，对单细胞及多细胞均适用，尤其是测定菌丝体常用的方法。

4. 菌丝长度测定法

这是针对丝状真菌生长而确定的测定方法，一般在固定培养基上进行。最直接的方法就是将真菌接种到平皿的中央，定时测定菌落的直径或面积。对生长快的真菌，每间隔24h测一次，对生长慢的真菌可以数天测定一次，直到菌落覆盖了整个平皿，据此可以测出菌丝的生长速率。不过这种方法不能反映菌丝的纵向生长，即菌落的厚度和深入培养基的菌丝。另外，接种量也会影响测定结果。

5. 平板菌落计数

平板菌落计数法可以反映出样品中活菌的数量，又叫活菌计数法。将单细胞微生物待测液经 10 倍系列稀释后，把最后 3 个稀释浓度的稀释液各取一定的量接种到琼脂平板培养基上培养，长出的菌落数就是稀释液中含有的活细胞数，据此计算出供测样品中的活细胞数。也可以将经过灭菌后冷却至 45～50℃ 的固体培养基与一定稀释度和体积的菌悬液在培养皿中混匀再倒入培养皿，凝固后培养适当时间，测定菌落形成单位的数目，以此推算出待测样品中的活细胞数。此法要求菌体成分散状态，否则无法确定单个菌落是否由单个细胞形成。因此比较适合于细菌和酵母菌等单细胞微生物计数，不适合于霉菌等多细胞微生物计数。

6. 薄膜过滤计数法

测定水与空气中的活菌数量时，由于含菌浓度低，则可先将待测样品（一定体积的水或空气）通过微孔薄膜（如硝酸纤维素薄膜）过滤浓缩，然后把滤膜放在适当的固体培养基上培养，长出菌落后即可计数。此法适用于测定量大、含菌浓度很低的流体样品，如水、空气等。

二、间接计数法

1. 测定细胞组分的含量进行估算

（1）含氮量测定法　细胞的蛋白质含量是比较稳定的，可以从蛋白质含量的测定求出细胞物质量。一般细菌的含氮量约为原生质干重 14%。而总氮量与细胞蛋白质总含量的关系可用下式计算。

蛋白质总量＝含氮量百分比×6.25

（2）DNA 测定法　这种方法是基于 DNA 与 DABA-2HCl［即新配制的 20％（质量分数）的 3,5-二氨基苯甲酸-盐酸溶液］结合能显示特殊荧光反应的原理，定量测定培养物菌悬液的荧光反应强度，求得 DNA 的含量，可以直接反映所含细胞物质的量。同时还可根据 DNA 含量计算出细菌的数量。每个细菌平均含 8.4×10^{-14} g DNA。

（3）ATP 的含量测定法　ATP 是细胞中贮存能量的化学形式，它在各种微生物细胞中含量也较为稳定，一般是在 10^{-6} mol/L 数量级。细菌细胞的 ATP 含量为每克细胞干重含有 1mg ATP。ATP 只存在于活细胞中，因细胞死亡后 ATP 会分解，因此 ATP 可以快速、灵敏地反映出活菌数量。

2. 从培养基成分的消耗量来估算

选择一种不用于合成代谢产物的培养基成分为检测对象，如磷酸盐、硫酸盐和镁离子，从这些成分的消耗量可以间接地估算出菌体的生长速率。若发酵的主要产品是菌体本身，也可以从碳源或氧的消耗来估算。

3. 从细胞的代谢产物来估算

在有氧发酵中，CO_2 是细胞代谢的产物，它与微生物生长密切相关。在全自动发酵罐中大多采用红外线气体分析仪来测定发酵产生的 CO_2 量，进而估算出微生物的生长量。

4. 从发酵液的黏度来估算

随着菌体量的增加以及黏性的发酵产物的形成，发酵罐的黏度会显著地增大。发酵工厂常采用简单的黏度测定作为发酵生产量的监测指标之一。当然，发酵菌体的裂解或者染菌等不正常情况也会造成发酵黏度的增大或降低，从而产生估算的误差。

5. 从发酵罐的酸碱度来估算

在某些特定的情况下，培养基 pH 的变化能较好地反映底物的消耗量和微生物的生长。例如，氨的利用结果是释放出 H^+，导致 pH 下降；类似地，硝酸盐作为氮源，氢离子被从培养基中移去，导致 pH 上升。

第二节　微生物的生长规律

生长是一个复杂的生命过程。由于微生物的体积很小，研究单个细胞或个体的生长是有困难的。因此，生长不仅仅指个体细胞原生质的增长，还往往被用来反映群体细胞的增加。要研究微生物的生长，就要从研究微生物的个体生长和群体生长两个方面入手。

一、微生物个体细胞的生长

工业上常接触到的细菌、酵母菌、霉菌的生长模式如图 4-2～图 4-4 所示。

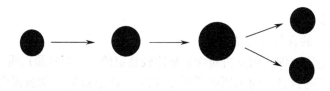

图 4-2　细菌细胞的生长

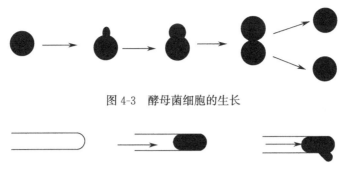

图 4-3　酵母菌细胞的生长

图 4-4　丝状真菌菌丝的生长

1. 细菌细胞的生长

由图 4-2 中可看出，就大多数原核生物而言，其单个细胞持续生长直至分裂成两个新的细胞，这个过程称为二等分裂。杆状细胞如大肠杆菌在培养过程中，能观察到细胞延长至大约为细胞最小长度的 2 倍时，处于细胞中间部位的细胞膜和细胞壁从两个相反的方向向内延伸，逐渐形成一个隔膜，直至两个子细胞被分割开，最终分裂形成两个子细胞。细菌完成一个完整生长周期所需的时间随种的不同而变化很大。这种变化除了主要由遗传特性决定外，还受诸多因子的影响，包括营养和环境条件等。在适宜的营养条件下，大肠杆菌完成一个周期仅需大约 20min，一些细菌甚至比这更快，但更多的比其要慢。

2. 真菌的生长

酵母菌主要是通过出芽方式繁殖，少数酵母也可以通过分裂或菌丝伸长来繁殖。观察图 4-3，芽殖是子细胞在与母细胞大致相同时就从母细胞上分离。酵母的母细胞与子细胞实际上可以识别，因为母细胞产生每个子细胞都会留下一个芽痕，因此酵母细胞的群体有一个连续变化的菌龄分布。

3. 霉菌的生长

由图 4-4 可以看出，霉菌的生长特性是菌丝伸长与分枝，从菌丝体的顶端通过细胞间的隔膜进行生长。菌丝体既可是长的和分散的，也可以是短的和高度分枝的，或者是两者的混合形式。当霉菌生长在培养基表面时，菌丝体可以形成菌落；在深层培养时，菌丝体多数情况下形成菌丝团，也有分散的菌丝形式存在。

二、微生物群体的生长规律

对微生物群体生长的研究表明，微生物的群体生长规律因其种类不同而异，单细胞微生物与多细胞微生物的群体生长表现出不同的生长动力学特性。但就单细胞微生物而言，在特定的环境中，不同种的微生物表现出趋势相近的生长动力学规律。

1. 细菌的生长曲线

如将少量细菌纯培养物接种入新鲜的液体培养基中，在适宜的条件下培养，定期取样测定单位体积培养基中的菌体（细胞）数，可发现开始时群体生长缓慢，后逐渐加快，进入一个生长速率相对稳定的高速生长阶段，随着培养时间的延长，生长达到一定阶段后，生长速率又表现为逐渐降低的趋势，随后出现一个细胞数相对稳定的阶段，最后转入细胞衰老死亡期。如用坐标法作图，以培养时间为横坐标，以计数获得的细胞数的对数为纵坐标，可得到一条定量描述液体培养基中微生物生长规律的实验曲线，该曲线则称为生长曲线（图 4-5）。

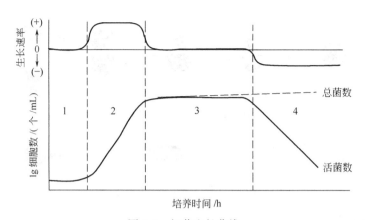

图 4-5　细菌生长曲线
1—延滞期；2—指数生长期；3—稳定生长期；4—衰亡期

从图 4-5 可见，生长曲线表现了细菌细胞及其群体在新的适宜的理化环境中生长繁殖直至衰老死亡的动力学变化过程，细菌生长曲线可划分为 4 个时期，即延滞期、指数生长期、稳定生长期、衰亡期。深入研究各种单细胞微生物生长曲线各个时期的特点与内在机制，在微生物学理论与应用实践上都有着十分重要的意义。

（1）延滞期　又称迟缓期、适应期。细菌接种到新鲜培养基而处于一个新的生长环境，因此在一段时间里并不马上分裂，细菌的数量维持恒定，或增加很少。此时细胞内的 RNA、蛋白质等物质含量有所增加，细胞体积最大，说明细菌并不是处于完全静止的状态。延滞期具有以下特点：①生长速率常数等于零；②细胞形态变大或增长，许多杆菌可长成长丝状；③细胞内 RNA 尤其是 rRNA 含量增高，原生质呈嗜碱性；④合成代谢活跃，核糖体、酶类和 ATP 合成加快，易产生诱导酶；⑤对外界不良条件如 NaCl 溶液浓度、温度和抗生素等化学药物的反应敏感；⑥分裂迟缓、代谢活跃。

延滞期所维持时间的长短，因微生物种或菌株和培养条件的不同而异，实践表明延滞期可从几分钟到几小时、几天，甚至几个月不等，如大肠杆菌的延滞期就比分枝杆菌短得多。同一菌种或菌株，接种用的纯培养物所处的生长发育时期不同，延滞期的长短也不一样。如接种用的菌种都处于生理活跃时期，接种量适当加大，营养和环境条件适宜，延滞期将显著缩短，甚至直接进入指数生长期。

（2）指数生长期　指数生长期又称对数生长期。细菌经过延滞期进入指数生长期，并以最大的速率生长和分裂，导致细菌数量呈指数增加，而且细菌内各成分按比例有规律地增加，此时期内的细菌生长是平衡生长。指数生长期的特点：①生长速率常数最大，细胞每分裂一次所需的代时（G）或原生质增加一倍所需的倍增时间较短；②菌体的大小、形态、生理特征比较一致；③酶系活跃，代谢旺盛；④活菌数和总菌数接近。

指数生长期中，细胞每分裂一次所需要的时间称为代时（G），在一定时间内菌体细胞分裂次数愈多，代时愈短，则分裂速率愈快。指数生长期的生长速率受到环境条件（培养基的组成成分、培养温度、pH 与渗透压等）的影响，也是特定条件下微生物菌株遗传特性的反映。总的来说，原核微生物细胞的生长速率要快于真核微生物细胞，形态较小的真核微生物要快于形态较大的真核微生物。不同种类的细菌，在同一生长条件下，代时不同；同一种细菌，在不同生长条件，代时也有差异。但是，在一定条件下，各种细菌的代时是相对稳定的，有的 20～30min，有的几小时甚至几十小时（表 4-1）。

表 4-1　某些微生物的生长代时

菌　名	培养基	温度/℃	时间/min
大肠杆菌	肉汤	37	17
荧光假单胞菌	肉汤	37	34～34.5
菜豆火疫病假胞菌	肉汤	25	150
白菜软腐病欧氏杆菌	肉汤	37	71～94
甘蓝黑腐病黄杆菌	肉汤	25	98
大豆根瘤菌	葡萄糖	25	343.8～460.8
枯草芽孢杆菌	葡萄糖-肉汤	25	26～32
巨大芽孢杆菌	肉汤	30	31
霉状芽孢杆菌	肉汤	37	28
蜡样芽孢杆菌	肉汤	30	18.8
丁酸梭菌	玉米醪	30	51
保加利亚乳酸杆菌	牛乳	37	39～74
肉毒梭菌	葡萄糖-肉汤	37	35
乳酸链球菌	牛乳	37	23.5～26
圆褐固氮菌	葡萄糖	25	240
霍乱弧菌	肉汤	37	21～38

处于指数生长期的细胞，由于代谢旺盛，生长迅速，代时稳定，个体形态、化学组成和生理特性等均较一致，因此，在微生物发酵生产中，常用指数生长期的菌体作种子，它可以缩短延滞期，从而缩短发酵周期，提高劳动生产率与经济效益。指数生长期的细胞也是研究微生物生长代谢与遗传调控等生物学基本特性的极好材料。

（3）稳定生长期　细胞的指数生长期生长不会是无限期的，一方面培养基中必要营养成分的耗尽或其浓度不能满足维持指数生长的需要而成为生长限制因子；另一方面细胞的排出物在培养基中大量积累，以致抑制菌体生长。由上述两方面主要因素所造成的细胞内外理化环境的改变、营养物质的消耗、代谢产物的积累、氧化还原电位的变化和 pH 等一些因子的综合作用，导致细胞生长速率降低，新增细胞与逐步衰老死亡细胞在数量上逐渐趋于相对平衡状态，结束指数生长期，进入稳定生长期。稳定生长期的活细菌数最高并维持稳定。在稳定生长期，细胞的净数量不会发生较大波动，生长速率常数基本上等于零。此时细胞生长缓慢或停止，有的甚至衰亡，但细胞包括能量代谢和一系列其他生化反应的许多功能仍在继续。

稳定生长期的特点是：①活菌数保持相对稳定，总菌数达最高水平；②细菌代谢物积累达到最高峰；③多数芽孢杆菌在这时开始形成芽孢；④细胞开始贮存糖原、异染颗粒和脂肪等贮藏物；⑤有的微生物在稳定期时开始合成抗生素等次生代谢产物。

（4）衰亡期　一个达到稳定生长期的微生物群体，由于营养物质耗尽和有毒代谢产物的大量积累，群体中细胞死亡率逐渐上升，以致死亡菌数逐渐超过新生菌数，群体中活菌数下降，曲线下滑（图 4-5），细菌死亡速率逐步增加和活细菌逐步减少，标志进入衰亡期。

衰亡期具有以下特点：①细胞出现多形态、大小不等的畸形、衰退型；②有的微生物因蛋白水解酶活力的增强会发生自溶；③有的微生物在此时能产生或释放对人类有用的抗生素等次生代谢产物和胞内酶；④在芽孢杆菌中，芽孢释放往往也发生在这一时期。

微生物的生长曲线，反映一种微生物在一定的生活环境中（如试管、摇瓶、发酵罐）生长繁殖和死亡的规律。它既可作为营养物和环境因素对生长繁殖影响的理论研究指标，也可作为调控微生物生长代谢的依据，以指导微生物生产实践。

2. 掌握微生物生长规律对工业生产的指导意义

（1）缩短延滞期　微生物经接种后会进入延滞期。在微生物发酵工业中，如果有较长的延滞期，则会导致发酵设备的利用率降低，能耗、水耗增加，产品生产成本上升，最终造成劳动生产力低下与经济效益下降。只有缩短延滞期才有可能缩短发酵周期，提高经济效益。因此深入了解延滞期的形成机制，可为缩短延滞期提供指导实践的理论基础，这对于工业生产及其应用等均有极为重要的意义。

因此，在微生物应用实践中，通常可采取用处于快速生长繁殖阶段的健壮菌种细胞接种、适当增加接种量、采用营养丰富的培养基、培养种子与下一步培养用的两种培养基的营养成分以及培养的其他理化条件尽可能保持一致等措施，来有效地缩短延滞期。

（2）把握指数生长期　通过对微生物生长曲线的分析，可见：①微生物在指数生长期生长速率最快；②营养物的消耗，代谢产物的积累，以及由此引起的培养条件的变化，是限制培养液中微生物继续快速增殖的主要原因；③用生活力旺盛的指数生长期的细胞接种，可以缩短延滞期，加速进入指数生长期；④补充营养物，调节因生长而改变了的环境 pH、氧化还原电位，排除培养环境中的有害代谢产物，可延长指数生长期，提高培养液菌体浓度与有用代谢产物的产量；⑤指数生长期以菌体生长为主，稳定生长期以代谢产物合成与积累为主，根据发酵目的的不同，确定在微生物发酵的不同时期进行收获。微生物生长曲线可以用于指导微生物发酵工程中的工艺条件优化，以获得最大的经济效益。

（3）延长稳定生长期　稳定生长期活菌数达到最高水平，如果为了获得大量活菌体，就应在此阶段收获，该时期是生产收获期。在稳定生长期，代谢产物的积累开始增多，逐渐趋向高峰。某些产抗生素的微生物，在稳定生长期后期大量形成抗生素。稳定生长期的长短与菌种和外界环境条件有关。生产上常通过补料、调节 pH、调整温度等措施来延长稳定生长期，以积累更多的代谢产物。

（4）监控衰亡期　微生物在衰亡期，细胞活力明显下降，同时由于逐渐积累的代谢毒物可能会与代谢产物起某种反应或影响提纯，或使其分解。因此必须掌握时间，在适当时间结束发酵。

第三节　影响微生物生长的因素

生长是微生物同环境相互作用的结果。在液体培养中生长曲线是在正常培养条件下，反映微生物接种后的培养过程中菌数变化同培养时间之间的关系。微生物在培养过程中，环境的变化会对微生物生长产生很大的影响。

一、物理因素对微生物生长的影响

影响微生物生长的主要物理因素有营养物质、水的活性、温度、表面张力等。

1. 营养物质

营养物质不足会导致微生物生长所需要的能量、碳源、氮源、无机盐等成分不足，此时机体一方面降低或停止细胞物质的合成，避免能量的消耗，或者通过诱导合成特定的运输系统，充分吸收环境中微量的营养物质以维持机体的生存；另一方面机体对胞内某些非必需成分或失效的成分进行降解以重新利用，这些非必需成分是指胞内贮存的物质、无意义的蛋白质与酶、mRNA 等。例如，在氮源、碳源缺乏时，机体内蛋白质降解速率比正常条件下的细胞增加了 7 倍，同时减少 tRNA 合成和降低 DNA 复制的速率，导致生长停止。

2. 水的活性

水是机体中的重要组成成分，它是一种起着溶剂和运输介质作用的物质，参与机体内水解、缩合、氧化与还原等反应在内的整个化学反应，并在维持蛋白质等大分子物质稳定的天然状态方面起着重要作用。微生物在生长过程中，对培养基的水活度（α_w）有一定的要求，每种微生物生长都有最适的 α_w，高于或低于所要求的 α_w 值，都会通过影响培养基的渗透压力变化而影响微生物的生长速率。微生物不同，生长所需要的最适 α_w 值也不同。

3. 温度

温度是影响微生物生长的重要因素。温度主要通过影响微生物细胞膜的流动性和生物大分子的活性来影响生物的生命活动。随着温度的升高，细胞内酶促反应的速率加快，代谢和生长也相应加快。同时，温度增高易导致细胞内各种活性物质变性，细胞功能下降，甚至导致细胞死亡。所以，细胞都有 3 种基本温度：最低生长温度、最适生长温度、最高生长温度。微生物进行生长繁殖的最低温度界限称为最低生长温度，低于此温度微生物不会生长。使微生物生长速率最高的温度叫最适生长温度，不同微生物的最适生长温度不同。微生物生长繁殖的最高温度界限叫最高生长温度，超过这个温度能够引起细胞的成分不可逆失活而导致细胞死亡。

不同微生物的最适生长温度差异很大，根据微生物生长的最适温度不同，可以将微生物分为低温微生物、中温微生物、高温微生物等类型，它们都有各自的最低、最适和最高生长温度范围。

图 4-6 中表示出温度对微生物生长速率影响的规律。温度的变化对每种类型微生物的代谢过程都会产生影响。微生物会通过改变它们的生长速率，以适应温度的变化而生存。

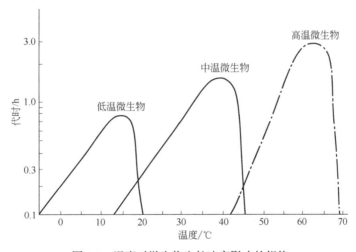

图 4-6　温度对微生物生长速率影响的规律

（1）低温微生物　又称嗜冷微生物，能在0℃下生长，大多分布在地球的两极地区和海洋深处，还有的分布在冷泉。可分为专性嗜冷微生物和兼性嗜冷微生物两种。专性嗜冷微生物的最适生长温度为15℃左右，最高生长温度为20℃，最低生长温度为0℃或者更低。兼性嗜冷微生物生长的温度范围较广，但是最适温度仍然以20℃左右为好，最高生长温度为35℃左右。

根据研究，低温微生物能在低温下生长主要是由于低温微生物的酶在低温下能更有效地起催化作用，而温度达30～40℃时会使酶失去活性。低温微生物的细胞膜含不饱和脂肪酸较高，能在低温下保持膜的通透性，有利于微生物的生长。

（2）中温微生物　　又称嗜温微生物。其最适生长温度为20～40℃，最低生长温度为10～20℃，最高生长温度为40～50℃。土壤、植物、温血动物及人体中的微生物大部分属于这一类。它们又可分为室温性微生物和体温性微生物。中温微生物的生长速率高于低温微生物，中温微生物的最低生长温度不能低于10℃，低于10℃蛋白质合成过程不能启动，许多酶功能受到抑制，使生长也受到抑制。

（3）高温微生物　　又称嗜热微生物，它们适宜在45～50℃以上的温度中生长（低于30～40℃便不能繁殖）。这类微生物主要分布在温泉、堆肥堆、发酵饲料、日照充足的土壤表面等腐烂有机物中。例如部分芽孢杆菌、高温放线菌属等都是能在55～70℃中生长的类群。有的细菌可在近100℃的高温中生长。

高温微生物能在较高的温度下生长，可能是由于菌体内的酶和蛋白质比中温微生物更能抗热，尤其蛋白质对热更稳定；它们产生多胺、热亚胺和高温精胺可以稳定细胞中与蛋白质合成有关的结构和保护大分子免受高温的损害；高温微生物的核酸也有保证热稳定性的结构；高温微生物的细胞膜中含有较多的饱和脂肪酸和直链脂肪酸，能在高温下调节膜的流动性而维持膜的功能。

高温微生物的生长速率快，合成大分子物质迅速，可以及时弥补由热破坏掉的大分子物质。耐高温的微生物一方面给罐头工业、发酵工业带来麻烦；另一方面在一些发酵工业、废物处理等方面应用高温微生物，可以节省能源和控制温度方面的费用。

微生物的生长温度类型见表 4-2。

表 4-2　微生物的生长温度类型

微 生 物 类 型		生长温度/℃		
		最低	最适	最高
低温微生物	专性嗜冷微生物	0 以下	15	20
	兼性嗜冷微生物	0	20	35
中温微生物		10～20	20～40	40～50
高温微生物	嗜热微生物	45	55～65	80
	嗜高温微生物	65	80～90	100 以上

4. 表面张力

液体表面的分子被它周围和液体内部的分子所吸引，可以在液体表面产生一种称为表面张力的力，从而使液体尽可能缩小其表面积。表面张力的大小可以用液体表面上任意单位长度的张力来表示。

微生物的形态、生长、繁殖与液体培养基的表面张力有着密切的关系。常温下，一般液体培养基的表面张力为 4.5×10^{-4}～6.5×10^{-4} N/cm（纯水的表面张力为 7.2×10^{-4} N/m），液体表面张力随温度的升高而下降。一些无机盐可以增强溶液的表面张力，如矿泉水的表面张力比较大。许多有机酸、蛋白质、肥皂、多肽和醇等都能降低溶液的表面张力。例如，肉汁培养基中加入肥皂，可使其表面张力降低至 4.0×10^{-4} N/cm 以下，这时接种枯草杆菌就不能够呈现正常的生长状态，在液面不能形成菌膜而只能进行扩散性生长使培养基浑浊。可见液体培养基的表面张力在一定程度上影响微生物的形态、生长和繁殖。

凡能改变液体表面张力的物质称为表面活性剂，它们可分为阳离子型、阴离子型和中性型（非离子型）三类。表面活性剂加入培养基中，可影响微生物细胞的生长和分裂。

阴离子型表面活性剂有高级脂肪酸的钠盐和钾盐、肥皂、十二烷基磺酸钠和磺酸盐等，这种类型的表面活性剂电离时生成阴离子，对革兰阳性菌有抑制生长的作用。其中肥皂是生活中常用的表面活性剂，具有一定的杀菌效力，但比较弱，其主要作用是机械除菌，微生物可以附着在肥皂泡沫中被水冲洗掉。

阳离子型表面活性剂主要有季铵盐类化合物等。这类表面活性剂能被吸附在微生物细胞表面令细胞膜损伤，从而抑制微生物的生长和分裂。因此阳离子型表面活性剂有明显的抗菌活性，即使在高度稀释的情况下仍有广谱杀菌作用，具有对革兰阳性菌、革兰阴性菌、真菌、原虫、病毒等的杀菌活性。季铵盐类表面活性剂兼有杀菌和清洁的作用，在使用时不受温度影响，低气味、无毒、无腐蚀性、穿透力好，作为卫生消毒剂广泛应用在皮肤消毒、食品加工等方面。常用的季铵盐类化合物有洁尔灭、新洁尔灭等。

中性型表面活性剂主要是一些高分子化合物，如聚醚类表面活性剂。这类表面活性剂不电离，也没有抑菌活性，主要为乳化作用。

发酵工业中常用表面活性剂作为消泡剂以消除泡沫，防止发酵罐因泡沫过多而发生跑液。过去常用植物油作为消泡剂，近年来，已经采用消泡效果更好的聚醚类表面活性剂代替植物油；表面活性剂的另一主要用途是改变细胞膜的通透性，使胞内合成的代谢产物能够顺利排到胞外。这样，一方面降低了发酵产物在胞内的浓度，从而减少产物抑制；另一方面则有利于提高发酵产物的产量并简化产物的分离提取。表面活性剂还可以用在与微生物细胞膜结合的酶的提取，这些酶经常在细胞破碎后仍然难以从细胞膜上脱离下来。

5. 氧气

氧对微生物的影响很大。根据微生物和氧的关系，可将微生物分为 5 类（表 4-3）。

（1）专性好氧微生物　专性好氧微生物必须在有氧条件下生长，有完整的呼吸链，以氧气为最终电子受体，细胞内含超氧化物歧化酶（SOD）和过氧化氢酶。多数细菌和大多数真菌属于专性好氧微生物。

（2）兼性好氧微生物　兼性好氧微生物在有氧和无氧的条件下都能生长，但在这两种情况下代谢途径并不相同，它们在有氧的时候进行有氧呼吸，在无氧的情况下进行酵解或无氧呼吸；其产物也各不相同，例如谷氨酸发酵时，通气量充足产谷氨酸，通气量不足则产乳酸或琥珀酸。兼性好氧微生物的细胞内也含有 SOD 和过氧化物酶。许多酵母菌和细菌属于兼性好氧微生物，如酵母菌、肠杆菌科的细菌等。

（3）微好氧微生物　微好氧微生物在有氧和绝对无氧条件下均不能生长。只能在较低的氧分压下生活，一些氢单胞菌属、发酵单胞菌属和弯曲菌属的种及霍乱弧菌属于这一类。

（4）专性厌氧微生物　专性厌氧微生物不能利用氧气，氧气的存在对它们的生存能造成损害，即使短时接触空气，生长也会被抑制甚至致死。专性厌氧微生物经过酵解、无氧呼吸或循环光合磷酸化等获取能量。细胞内缺乏 SOD 和细胞色素氧化酶，大多数还缺少过氧化氢酶。梭状芽孢杆菌属、甲烷杆菌属、链球菌属中的一些种都属于此类菌。

（5）耐氧微生物　耐氧微生物不能利用氧气，但氧气的存在对它们无害，它们没有呼吸链，只能通过酵解获取能量，细胞内存在过氧化物酶，但缺乏过氧化氢酶，多数乳酸菌都是耐氧微生物。

表 4-3　5 类微生物与氧气的关系

微生物类型	最适生长的 O_2 体积分数	微生物类型	最适生长的 O_2 体积分数
专性好氧微生物	等于或大于 20%	兼性好氧微生物	有氧或无氧
微好氧微生物	2%～10%	专性厌氧微生物	不需要氧,有氧时死亡
耐氧微生物	2% 以下		

二、化学因子对微生物生长的影响

1. 氢离子浓度对微生物生长的影响

微生物生长过程中机体内发生的绝大多数反应是酶促反应,而酶促反应都有一个最适 pH 范围,在此范围内只要条件适合,酶促反应速率最高,微生物生长速率最大,因此微生物生长也有一个最适生长的 pH 范围。此外微生物生长还有一个最低与最高的 pH 范围,低于或高出这个范围,微生物的生长就被抑制。微生物类型不同,其生长的最适、最低与最高的 pH 范围也不同(表 4-4)。

表 4-4　不同微生物对氢离子浓度的适应范围

微 生 物	最低 pH	最适 pH	最高 pH
细菌	3～5	6.5～7.5	8～10
酵母菌	2～3	4.5～5.5	7～8
霉菌	1～3	4.5～5.5	7～8

pH 通过影响细胞质膜的透性、膜结构的稳定性和物质的溶解性或电离性来影响营养物质的吸收,从而影响微生物的生长速率。质子是一种唯一不带电子的阳离子,它在溶液里能迅速地与水结合成水合氢离子(H_3O^+)。在偏碱性条件下,OH^- 占优势,水合氢离子和 OH^- 对营养物质的溶解度和离解状态、细胞表面电荷平衡和细胞的胶体性质等方面均会产生重大影响。在酸性条件下,H^+ 可以与营养物质结合,并能从可交换的结合物或细胞表面置换出某些阳离子,从而影响细胞结构的稳定性。同时由于 pH 较低,CO_2 溶解度降低,某些金属离子如 Mn^{2+}、Ca^{2+}、Mo^{2+} 等溶解度增加,导致它们在溶液中的浓度增加,从而对机体产生不利的作用。

2. 重金属及其化合物

重金属及其化合物都有杀菌作用,重金属离子带正电,容易与带负电的菌体蛋白质结合使其凝固变性,或者进入细胞使酶失活。重金属盐类是蛋白质的沉淀剂,能产生抗代谢作用,或者与细胞内的主要代谢产物发生螯合作用,使正常的代谢物失效,抑制微生物生长或致其死亡。

3. 卤素及其化合物

碘是强杀菌剂。3%～7% 碘溶于 70%～83% 的乙醇中配制成碘酊,5% 碘与 10% 碘化钾溶液都是有效的皮肤消毒剂。碘的杀菌机制是碘不可逆地与菌体蛋白质中的酪氨酸结合。

氯气和次氯酸钙常用于饮用水消毒。其杀菌机制是氯与水结合产生次氯酸,次氯酸易分解产生新生态氧,它的杀菌力较强。

4. 有机化合物

酚、醇、醛是常用的杀菌剂。

低浓度的酚可以破坏细胞膜组分,高浓度的酚凝固菌体蛋白。酚还能破坏结合在膜上的氧化酶与脱氢酶,使细胞迅速死亡。

醇是脱水剂,也是脂溶剂。它能使蛋白质脱水死亡,损害细胞膜而具有杀菌力。

醛类的作用主要是使蛋白质烷基化，改变酶或者蛋白质的活性，使菌的生长受到抑制或死亡。

第四节 微生物的培养

一、微生物的纯培养技术

微生物在自然界中不仅分布很广，而且都是混杂地生活在一起。要想研究或利用某一种微生物，必须把它从混杂的微生物类群中分离出来，以得到只含有一种微生物的培养。微生物学中将在实验条件下，从一个细胞或同种细胞群繁殖得到的后代称为纯培养。纯培养的获得有下列几种方法，各种方法的优点及应用范围见表4-5。

表4-5　微生物纯培养分离方法的比较

分　离　方　法	优点及应用范围
平板划线分离法	方法简便，多用于分离细菌
稀释倒平板法	既可定性，又可定量，用途广泛
单孢子或单细胞分离法	局限于高度专业化的科学研究
利用选择性培养基分离法	适用于分离某些生理类型较特殊的微生物

1. 平板划线分离法

用接种环以无菌操作蘸取少许待分离的材料，在无菌平板表面进行平行划线、扇形划线或其他形式的连续划线，微生物细胞数量将随着划线次数的增加而减少，并逐步分散开来。如果划线适宜的话，微生物能一一分散，经培养后，可在平板表面得到单菌落。

2. 稀释倒平板法

稀释倒平板法中常用的有稀释倾注平板法和稀释涂布平板法。这两种方法的共同点就是在将细胞接种到培养基之前，通过液体稀释的方法分散细胞，最常用的液体稀释方法为10倍系列稀释，见图4-7。随着稀释程度的增大，单位体积中的微生物细胞数量减少，细胞得以分散。

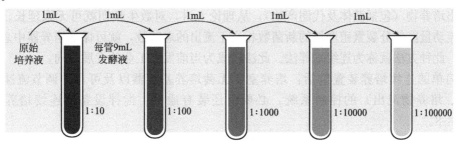

图4-7　10倍系列稀释

稀释倾注平板法的操作是：选择细胞得以分散的合适稀释度的菌悬液与灭完菌冷却到45～50℃的培养基混合均匀，一起倒入无菌培养皿中，冷却形成平板后，培养。

稀释倾注平板法操作较麻烦。在进行微生物分离纯化时，该方法需要样品与热的培养基混合，因此对热敏感微生物的影响明显。该方法操作过程中，样品中的微生物有的分布于平板表面，有的则裹在培养基中，后者则会影响严格好氧微生物的生长；而且，对于同一种微生物，平板表面的菌落形态与培养基内的菌落形态会存在明显的差别，影响菌落形态的判别。在进行微生物计数时，该方法细胞分散均匀，计数较准确。

稀释涂布平板法的操作是：首先将灭完菌冷却到 45～50℃ 的培养基倒入无菌培养皿中冷却形成平板，然后选择细胞得以分散的合适稀释度的菌悬液加到平板中央，以三角刮刀将之均匀地涂布于整个平板上，培养。

稀释涂布平板法操作相对简单，它克服了稀释倾注平板法对热敏感微生物、严格好氧微生物和培养基内部菌落带来的不利影响，是实验室中经常使用的常规分离方法。其存在的问题是有时会由于菌液太多或者涂布不均匀而使细胞分散不充分，影响计数结果和分离纯化效果。

3. 单孢子或单细胞分离法

采取显微分离法从混杂群体中直接分离单个细胞或单个个体进行培养以获得纯培养，称为单细胞（单孢子）分离法。单细胞分离法的难度与细胞或个体的大小成反比，较大的微生物如藻类、原生动物较容易，个体较小的细菌则较难。在显微镜下使用单孢子分离器进行机械操作，挑取单孢子或单细胞进行培养。也可以采用特制的毛细管在载玻片的琼脂涂层上选取单孢子并切割下来，然后移到合适的培养基上进行培养。单细胞分离法对操作技术有比较高的要求，多限于高度专业化的科学研究中采用。

4. 利用选择性培养基分离法

各种微生物对不同的化学试剂、染料、抗生素等具有不同的抵抗能力，利用这些特性可配制合适某种微生物而限制其他微生物生长的选择性培养基，用它来培养微生物以获得纯培养。

另外，还可以将样品预处理，消除不希望分离到的微生物。如加温杀死营养菌体而保留芽孢，过滤去除丝状菌体而保留单孢子。

二、工业规模的微生物培养

将微生物置于一定容积的培养基中，经过培养生长，最后一次收获，称为分批培养。通过对细菌纯培养生长曲线的分析可知，在分批培养中，培养料一次加入，不予补充和更换，随着微生物的活跃生长，培养基中营养物质逐渐消耗，有害代谢产物不断积累，故细菌的对数生长期不可能长时间维持。如果在培养器中不断补充新鲜营养物质，并及时不断地以同样速度排出培养物（包括菌体及代谢产物），从理论上讲，对数生长期就可无限延长。只要培养液的流动量能使分裂繁殖增加的新菌数相当于流出的老菌数，就可保证培养器中总菌量基本不变，此种方法就称为连续培养法。此法已成为当前发酵工业的发展方向。

最简单的连续培养装置包括：培养室、无菌培养基容器以及可自动调节流速（培养基流入、培养物流出）的控制系统，必要时还装有通气、搅拌设备。连续培养装置示意见图 4-8。

控制连续培养的方法主要有两类：恒浊连续培养与恒化连续培养。

1. 恒浊连续培养

不断调节流速而使细菌培养液浊度保持恒定的连续培养方法称为恒浊连续培养 ［图 4-8 (a)］。在恒浊连续培养中装有浊度计，借光电池检测培养室中的浊度（即菌液浓度），并根据光电效应产生的电信号的强弱变化，自动调节新鲜培养基流入和培养物流出培养室的流速。当培养室中浊度超过预期数值时，流速加快，浊度降低，反之，流速减慢，浊度增加，以此来维持培养物的某一恒定浊度。如果所用培养基中有过量的必需营养物，就可使菌体维持最高的生长速率。恒浊连续培养中，细菌生长速率不仅受流速的控制，也与菌种种类、培

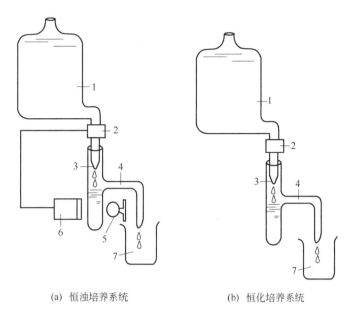

(a) 恒浊培养系统　　　　　　　(b) 恒化培养系统

图 4-8　连续培养装置示意

1—盛无菌培养基的容器；2—控制流速阀；3—培养室；4—排出管；

5—光源；6—光电池；7—流出物

养基成分以及培养条件有关。恒浊连续培养可以不断提供具有一定生理状态的细胞，得到以最高生长速率进行生长的培养物，从而具有较好的经济效益。

2. 恒化连续培养

控制恒定的流速，使由于细菌生长而耗去的营养及时得到补充，培养室中营养物浓度基本恒定，从而保持细菌的恒定生长速率，故称为恒化连续培养，又称为恒组成连续培养〔图 4-8（b）〕。已知营养物浓度对生长有影响，但营养物浓度高时并不影响微生物的生长速率，只有在营养物浓度低时才影响生长速率，而且在一定的范围内，生长速率与营养物的浓度成正相关，营养物浓度高，则生长速率也高。

恒化连续培养的培养基成分中，必须将某种必需的营养物质控制在较低的浓度，以作为限制因子，而其他营养物均为过量，这样，细菌的生长速率将取决于限制性因子的浓度（图 4-9）。随着细菌的生长，限制因子的浓度降低，致使细菌生长速率受到限制，但同时通过自动控制系统来保持限制因子的恒定流速，不断予以补充，就能使细菌保持恒定的生长速率。用不同浓度的限制性营养物进行恒化连续培养，可以得到不同生长速率的培养物。

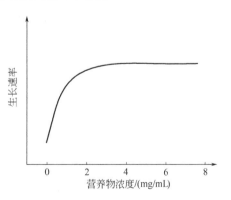

图 4-9　营养物浓度对生长速率的影响

能作为恒化连续培养限制因子的物质很多。这些物质必须是机体生长所必需的，在一定浓度范围内能决定该机体生长速率的。常用的限制性营养物质有作为氮源的氨、氨基酸，作为碳源的葡萄糖、麦芽糖、乳酸，以及生长因子、无机盐等。恒浊器连续培养与恒化器连续培养的比较见表 4-6。

表 4-6　恒浊器连续培养与恒化器连续培养的比较

装置	控制对象	培养基	培养基流速	生长速率	产　物	应用范围
恒浊器	菌体密度	无限制生长因子	不恒定	最高速率	大量菌体或与菌体相平行的代谢产物	生产为主
恒化器	培养基流速	有限制生长因子	恒定	低于最高速率	不同生长速率的菌体	实验室为主

3. 连续培养的应用

连续培养如用于生产实践上，就称为连续发酵。连续发酵与单批发酵相比有许多优点：①高效，它简化了装料、灭菌的工序，节省了生产时间，提高了设备的利用率；②自控，便于利用各种仪表进行自动控制；③产品质量较稳定；④节约了大量动力、人力等资源。

连续培养或连续发酵也有其缺点。最主要的是菌种易于退化，其次易遭杂菌污染，此外营养的利用率一般亦低于单批培养。

在生产实践上，连续培养技术已广泛用于酵母菌体的生产，如乙醇、乳酸和丙酮-丁醇等发酵，以及用假丝酵母进行石油脱蜡或是污水处理中。

第五节　消毒与灭菌

在微生物研究或生产实践中，常需要控制微生物的生长速率并杀灭不需要的微生物。影响微生物生长的因素都可以控制微生物生长，包括加热、低温、干燥、辐射、过滤等物理方法和消毒剂、防腐剂和化学治疗剂等化学方法两大类。

对微生物生长控制采用的方法不同，产生的效果也不同。利用强烈的理化因素杀死物体中所有微生物的措施称为灭菌。采用温和的理化手段杀死物体中所有病原菌的措施称为消毒。利用某种理化因素抑制微生物生长的措施称为防腐。利用具有选择毒性的化学物质抑制寄主体内病原微生物或病变细胞的治疗措施称为化疗。

一、物理法

1. 高温灭菌

当温度超过微生物生长的最高温度会对微生物产生杀灭作用或抑制作用。

（1）高压蒸汽灭菌法　高压蒸汽灭菌利用密闭的高压蒸汽锅加热灭菌。在封闭系统中，蒸汽压力增高，沸点也随之增高，灭菌效率提高。必须保证密闭的系统中充满纯蒸汽，如果混有空气，会导致温度低于相同压力下的纯蒸汽的温度而降低灭菌效果。高压蒸汽灭菌是蒸汽的高温致死微生物而绝非压力的作用。常采用 0.1MPa 的蒸汽压力，121.5℃的温度处理15～20min，适用于各种耐热物品如培养基、工作服、生理盐水等的灭菌。

（2）干热灭菌法　对于一些玻璃器皿、金属用具等耐热物品还可以用烘箱热空气法进行灭菌，此法比湿热灭菌温度高，时间长。例如，在170℃条件下需要 1h，在160℃条件下需要 2h，121℃条件下则需要 16h 等。可根据灭菌物品体积进行适当调整。

（3）煮沸消毒　即将待消毒物品如注射器、金属用具、解剖用具等在水中煮沸 15min或更长时间，以杀死细菌或其他微生物的营养体和少部分的芽孢或孢子。如果在水中适当加 1％碳酸钠或 2％～5％的石炭酸则杀菌效果更好。

（4）间隙灭菌法　对于某些培养基，由于高压蒸汽灭菌会破坏某些营养成分，可用间隙灭菌法灭菌，即流通蒸汽（或蒸煮）反复灭菌几次。例如，第一次蒸煮后杀死微生物营养体，冷却，培养过夜，孢子萌发，又第二次蒸煮，杀死营养体。这样反复 2～3 次就可以完全杀死营养体和芽孢，并可保持某些营养物质不被破坏。

（5）巴氏消毒法　是用较低温度处理牛奶、酒类等饮料，以杀死其中的病原菌的方法。如将牛奶等饮料用63℃处理30min，或用71℃处理15min后迅速冷却即可饮用。饮料经此法消毒后其营养与风味不受影响。目前，牛奶或其他液态食品一般都采用超高温灭菌，即135～150℃灭菌2～6s，既可杀菌和保质，又缩短了时间，提高了经济效益。

2. 辐射灭菌

辐射灭菌是利用电磁辐射产生的电磁波杀死大多数物质上的微生物的一种有效方法。用于灭菌的电磁波有微波、紫外线（UV）、X射线和γ射线等，它们都能通过特定的方式控制微生物生长或杀死它们。例如，微波可以通过热产生杀死微生物的作用；紫外线（UV）使DNA分子中相邻的嘧啶形成嘧啶二聚体，抑制DNA复制与转录等功能，杀死微生物；X射线和γ射线能使其他物质氧化或产生自由基（OH·或H·）再作用于生物分子，或者直接作用于生物分子，以打断氢键、使双键氧化、破坏环状结构或使某些分子聚合等方式，破坏和改变生物大分子的结构，以抑制或杀死微生物。

3. 过滤除菌

过滤除菌是将液体通过某种多孔的材料，使微生物与液体分离。最早使用的是在一个容器的两层滤板中间填充棉花、玻璃纤维或石棉，灭菌后，空气通过它就可以达到除菌的目的。为了缩小这种滤器的体积，后来改进为在两层滤板之间放入多层滤纸，灭菌后使用，也可以达到除菌的作用，这种除菌方式主要用于发酵工业。第二种是膜滤器，它是由醋酸纤维素或硝酸纤维素制成的比较坚韧的具有微孔（0.22～0.45μm）的膜，灭菌后使用，液体培养基通过它就可将细菌除去。由于这种滤器处理量比较少，主要用于科研。第三种是核孔滤器，它是由用核辐射处理的很薄的聚碳酸胶片（厚10μm）再经化学蚀刻而制成。辐射使胶片局部破坏，化学蚀刻使被破坏的部位成孔，而孔的大小则由蚀刻溶液的强度和蚀刻的时间来控制。溶液通过这种滤器就可以将微生物除去。

4. 高渗作用

一般微生物都不耐高渗透压，提高环境的渗透压即降低 a_w 值，就可以达到控制微生物生长的目的。例如，用盐（含量通常为10%～15%）腌制鱼、肉、食品，就是通过加盐使新鲜鱼肉脱水，降低它们的水活性，使微生物不能在它们上面生长；新鲜水果通过加糖（含量一般为50%～70%）制成果脯、蜜饯，也是降低水果的 a_w 值，抑制微生物的生长与繁殖，起到防止腐败变质的效果。

5. 干燥

水是微生物细胞的重要成分，占生活细胞的90%以上，它参与细胞内的各种生理活动，因此说没有水就没有生命。降低物质的含水量直至干燥，就可以抑制微生物生长，防止食品、衣物等物质的腐败与霉变。因此干燥是保存各种物质的重要手段之一。

6. 超声波

超声波处理微生物悬液可以达到消灭它们的目的。超声波处理微生物悬液时由于超声波探头的高频率振动，引起探头周围水溶液的高频率振动，当探头和水溶液两者的高频率振动不同步时能在溶液内产生空当即空穴，空穴内处于真空状态，只要悬液中的细菌接近或进入空穴区，由于细胞内外压力差，导致细胞裂解，达到灭菌的目的，超声波的这种作用称为空穴作用；另一方面，由于超声波振动，机械能转变成热能，导致溶液温度升高，使细胞产生热变性以抑制或杀死微生物。目前超声波处理技术已广泛用于实验室研究中的破碎细胞和灭菌。

二、化学法

1. 抗微生物剂

抗微生物剂是一类能够杀死微生物或抑制微生物生长的化学物质，这类物质可以是人工合成的，也可以是生物合成的天然产物。抗微生物剂又称杀菌剂，根据其作用特性通常又将它们分为消毒剂和防腐剂。消毒剂通常用来杀死非生物材料上的微生物，而防腐剂具有杀死微生物或抑制微生物生长的能力，但对于动物或人体的组织无毒害作用。抗微生物剂广泛用于热敏感的其他物质或用具，如温度计、带有透镜的仪器设备、聚乙烯管或导管等的灭菌；在食品工业、发酵工业、自来水厂等部门常用抗微生物剂杀死墙壁、楼板与仪器设备等表面和自来水中的微生物；对于空气中的微生物则用甲醛、石炭酸（酚）、高锰酸钾等化学试剂进行熏、蒸、喷雾等方式杀死它们。表 4-7 中列出了与健康有关的一些常用的消毒剂与防腐剂及其作用的机理。

2. 抗代谢物

微生物在生长过程中常需要一些生长因子才能正常生长，那么人们可以利用生长因子的结构类似物干扰机体的正常代谢，以达到抑制微生物生长的目的。例如，磺胺类药物是叶酸的组成部分对氨基苯甲酸的结构类似物，磺胺类药物被微生物吸收后取代对氨基苯甲酸，干扰叶酸的合成，抑制了转甲基反应，导致代谢的紊乱，从而抑制生长。同样，对氟苯丙氨酸、5-氟尿嘧啶和 5-溴胸腺嘧啶，分别是苯丙氨酸、尿嘧啶和胸腺嘧啶的结构类似物，由这些结构类似物取代正常成分之后造成代谢紊乱，以抑制机体的生长。因此生长因子等的结构类似物又称为抗代谢物，它在治疗由病毒和微生物引起的疾病上起着重要作用。

表 4-7　常用的防腐剂和消毒剂

抗　微　生　物　剂		作　用　范　围	作　用　机　理
防腐剂	有机汞	皮肤	与蛋白质的巯基结合
	0.1%～1%硝酸银	眼睛发炎	蛋白质沉淀
	碘液	皮肤	与酪氨酸结合，氧化剂
	70%乙醇	皮肤	脂溶剂，使蛋白质变性
	肥皂、洗液、除臭剂	玻璃器皿	破坏细胞质膜
	3%过氧化氢溶液	皮肤	氧化剂
消毒剂	$HgCl_2$	桌子、地板等	与巯基结合
	$CuSO_4$	游泳池、供水池	蛋白质沉淀
	碘液	医用器械用具	与酪氨酸结合
	氯气	供水池	氧化剂
	乙烯氧化物、甲醛剂	温度敏感的实验材料，如塑料制品等	烷化剂、交联剂
	臭氧	食用水	强氧化剂

3. 抗生素

抗生素是由某些生物合成或半合成的一类次级代谢产物或其衍生物，它们是能抑制其他微生物生长或杀死它们的化合物。抗生素主要是通过抑制细菌细胞壁合成、破坏细胞质膜、作用于呼吸链以干扰氧化磷酸化、抑制蛋白质和核酸合成等方式来抑制微生物的生长或杀死它们。

抗生素与其他一些抗代谢药物如磺胺类药物通常是临床上广泛使用的化学治疗剂。但多次重复使用，使一些微生物变得对它们不敏感，作用效果也越来越差。

抗生素在临床上用来治疗由细菌引起的疾病时，为了避免出现细菌的耐药性，使用时一定要注意以下几点：①第一次使用的药物剂量要足；②避免在一个时期或长期多次使用同种抗生素；③不同的抗生素（或与其他药物）混合使用；④对现有抗生素进行改造；⑤筛选新的更有效的抗生素，这样既可以提高治疗效果，又不会使细菌产生耐药性。

大多数抗生素是由某些生物合成或半合成的化合物。具有低浓度时就可抑制或杀死微生物的作用，是临床上经常使用的重要药物。早在三千多年前，我国劳动人民就用长了霉的豆腐处理脓肿、溃疡以及用霉来控制脚部感染，实际上是抗生素化疗的开端。随着现代科学技术的发展，现已发掘、报道了几千种抗生素，试制生产了几百种，经常使用的也有几十种之多。对抗生素的化学性质、结构，抗生素的生物合成途径以及抗生素的合理使用、扩大应用等方面都开展了广泛研究，而且对其抑菌和杀菌作用方式也进行了深入探讨。

抗生素的作用对象有一定的范围，这种作用范围就称为该抗生素的抗菌谱。氯霉素、金霉素、土霉素、四环素等可抑制多种微生物，故称为广谱抗生素；而青霉素主要作用于革兰阳性细菌，多黏菌素只能杀死革兰阴性细菌，所以称为窄谱抗生素。

抗生素的作用方式也随抗生素而异，或是可逆的（抑菌），或是不可逆的（杀菌）。同时也与抗生素使用浓度有关，低浓度时抑菌，高浓度时杀菌。现知它们的抗菌作用，主要是阻止微生物新陈代谢的某些环节，钝化某些酶的活性。一切代谢活动几乎都由酶催化。但各种微生物细菌的化学组成不同，因而催化合成细胞物质的酶也各不相同，由于抗生素只作用于某一特定的酶，这种酶对某些微生物是必需的，而对另一些微生物则不然，从而导致抗生素对生物的作用对象也具有选择性。据研究，抗生素的作用位点大致有以下几种：有的抑制细菌壁的形成，有的影响细胞膜的功能，有的干扰蛋白质的合成，有的阻碍核酸的合成等。

（1）抑制细胞壁的形成　细菌壁的生理功能之一，是保护细胞在高渗条件下不致破裂或崩解。能抑制细胞壁合成的抗生素有青霉素、杆菌肽、环丝氨酸等。用青霉素处理革兰阳性细菌，最后会引起菌体的膨胀或崩解。

青霉素的作用机制，主要是抑制细胞壁的重要组分——肽聚糖的合成。革兰阳性细菌的细胞壁主要由肽聚糖组成。例如，金黄色葡萄球菌的细胞壁，它是由 N-乙酰葡萄糖胺和 N-乙酰胞壁酸交叉连接成多糖链，每个 N-乙酰胞壁酸上连接着一条短肽链，肽链之间再通过五甘氨酸间桥相互连接，从而构成了细胞壁肽聚糖的多层网状立体结构。五甘氨酸间桥的一端与肽链的 L-赖氨酸连接，另一端则与倒数第二位的 D-丙氨酸连接，而肽链最后的一个 D-丙氨酸，通过转肽作用被解脱。因此，完整的细胞壁中，N-乙酰胞壁酸上的短肽链只带有四个氨基酸（即 L-丙氨酸-D-谷氨酸-L-赖氨酸-D-丙氨酸）而不是一条五肽链（即 L-丙氨酸-D-谷氨酸-L-赖氨酸-D-丙氨酸-D-丙氨酸）。

青霉素 β-内酰胺环结构与 D-丙氨酸末端结构很相似，从而能够占据 D-丙氨酸的位置与转肽酶结合，并将酶灭活，肽链彼此之间无法连接，因而抑制了细胞壁的合成。细胞壁失去了防止渗透压破坏的保护作用，在低渗透环境下，菌体溶解死亡。这一作用可在实验室观察到，在有青霉素存在的条件下，细菌的形态、大小往往很不正常。青霉素对人和高等动物细胞无影响，青霉素主要作用于活跃生长的细菌。

多氧霉素是一种效果好的杀真菌剂，其作用是阻碍细胞壁中几丁质的合成，因此对细胞壁主要由纤维素组成的藻类没有作用。这一族抗生素中，多氧霉素 D 是防治植物病害最好的农用抗生素之一，多氧霉素 A 对烟草花叶病毒有抑制作用。在农业上，多氧霉素防治水稻纹枯病、苹果斑点落叶病及蔬菜丝核病有极好的效果，对人及鱼类无毒害，这是一种很有前途的抗生素。

总之，能抑制细胞壁肽聚糖合成的抗生素主要作用于革兰阳性细菌，对革兰阴性细菌效果较差；另外，这类抗生素对生长旺盛的细菌有明显效果，而对静息细菌细胞则不明显，这是因为这些抗生素对完整的细胞壁无作用。

（2）影响细胞膜的功能　某些抗生素，尤其是多肽类抗生素，如多黏菌素、短杆菌素等，主要引起细胞膜损伤，导致细胞物质的泄漏。多黏菌素能与细胞膜结合，使脂多糖解体，脂蛋白部分改变，因而对革兰阴性细菌有较强的杀菌作用。在多黏菌素分子内含有极性基团和非极性部分，极性基团与膜中磷脂起作用，而非极性部分则插入膜的疏水区，在静电引力作用下，膜结构解体，菌体内的主要成分如氨基酸、核苷酸和钾离子等漏出，造成菌体死亡。这种抗生素对人和动物毒性较大，常作外用药。

作用于真菌细胞膜的大部分是多烯类抗生素，如制霉菌素、两性霉素等。它们主要与膜中的固醇类结合，从而破坏细胞的结构，引起细胞内物质泄漏，表现出抗真菌作用，但对细菌无效。

（3）干扰蛋白质的合成　能干扰蛋白质合成的抗生素种类较多，它们都能通过抑制蛋白质生物合成来抑制微生物的生长，而并非杀死微生物。不同的抗生素抑制蛋白质合成的机制不同，有的作用于核糖体亚基，如卡那霉素、链霉素、春雷霉素等主要作用于 30S 亚基；而氯霉素、林可霉素、红霉素等则作用于 50S 亚基，以抑制其活性。但不同的抗生素之间，常表现出拮抗作用，有的抗生素可以阻止另一种抗生素与核糖体结合而失去抗菌作用。不管哪种方式，最终都是抑制蛋白质的生物合成。由于细菌的核糖体与高等动物的核糖体有差别，故这类抗生素具有选择毒性，被用作化学疗剂。

（4）阻碍核酸的合成　这类抗生素都对细菌有毒。它们主要是通过抑制 DNA 或 RNA 的合成来抑制微生物细胞的正常生长繁殖。核酸是合成菌体蛋白质的基础。不同的抗生素作用的机制也不相同：有的通过与核酸上的碱基结合，形成交叉连接的复合体以阻碍双链 DNA 分解，从而影响 DNA 的复制，如丝裂霉素（自力霉素）；有的则可切断 DNA 的核苷酸链，使 DNA 分子量降低，以干扰 DNA 的复制，如博来霉素（争光霉素）；有的作用于核苷酸酶，导致酶活性降低或丧失，如利福霉素能与 RNA 合成酶结合，抑制 RNA 合成酶反应起始过程；放线菌素 D 也能与双链 DNA 结合而抑制其酶促反应。此外，丝裂霉素可以引起 DNA 酶活性提高，导致 DNA 部分裂解。

放线菌素 D（更生霉素）也是一种抗癌抗生素，属多肽类。它的作用是干扰 RNA 聚合酶的转录过程，使 RNA 链停止延长。但放线菌素 D 只能与双链 DNA 结合而不能与单链 DNA 结合，而且只能阻止依赖于 DNA 的 RNA 合成，而无碍于 DNA 的合成，所以对单链 RNA 病毒无效果。同时它也是研究大分子生物合成的有用工具，用它可以区别 RNA 的合成是否依赖于 DNA。

有的抗生素可嵌入到 DNA 分子上，破坏 DNA 分子的立体构型，影响 DNA 聚合酶同 DNA 结合，影响 RNA 聚合酶在 DNA 链上的移动，从而抑制 DNA 的复制和转录。

此外，有些抗生素可作用于呼吸链，影响能量的有效利用，从而妨碍微生物的生长。尤其是好氧微生物，通过呼吸以产生 ATP。有的抗生素如抗霉素是呼吸链电子传递系统的抑制剂，使微生物呼吸作用停止；有的是能量转移的抑制剂，使能量不能用于合成 ATP，如寡霉素；有的则是一种解偶联剂，在它的作用下，呼吸虽可进行，但不能合成 ATP。

本 章 小 结

1. 对微生物细胞数量进行测定可以了解微生物的生长情况。目前使用的方法有直接计数法和间接计数法，可按实际情况和需求选择测定方法。

2. 微生物的生长遵循一定的规律，如单细胞群体生长规律大致可以分为延滞期、指数生长期、稳定生长期、衰亡期。在生产实践中只有掌握微生物的生长规律，了解它们各时期的生长特点，才能采取相应的措施达到预期目的，提高经济效益。

3. 影响微生物生长的理化因素有温度、pH、水分、氧化还原电位、表面张力等。不同种类的微生物具有不同的形态结构、生理生化特点，以适应不同的生长环境。

4. 微生物的纯培养技术是研究和利用微生物的重要环节。最常用的单细胞分离方法有平板划线分离法、稀释倒平板法、单细胞分离法等；工业规模的培养方法有分批培养法和连续培养法，可满足实际生产不同的需求。

5. 控制微生物生长的方法很多，常用的物理控制方法有高温灭菌、辐射、过滤除菌、高渗防腐、超声波灭菌等，化学控制方法为抗微生物剂和化学疗剂。

复习思考题

1. 什么是纯培养？获得纯培养的方法有哪些？适应的范围是什么？

2. 测定微生物的生长量常用哪几种方法？试比较它们的优缺点。

3. 什么是生长曲线？单细胞微生物的典型生长曲线可分几个时期？各有何特点？

4. 何谓同步生长？获得同步生长的方法有哪些？

5. 什么叫连续培养？什么叫连续发酵？提出连续培养的依据是什么？

6. 什么叫恒浊连续培养和恒化连续培养？试加以比较？

7. 连续发酵有何优缺点？

8. 根据微生物生长的最适温度不同，可以将微生物分为几种类型？它们的最适温度范围如何？

9. 什么叫最适温度？最适温度对同一微生物的生长速率、生长量的影响是否相同？

10. 从分子氧的要求看，微生物可分为哪几种类型？它们各有何特点？

11. 试比较抑制与死亡、灭菌与消毒的异同。

12. 什么叫抗微生物剂、抗代谢物、抗生素？它们的作用机制是什么？

13. 利用热进行消毒的方法有哪些？它们的适用范围是什么？

14. 除了温度外还有哪些方法可用来灭菌或抑菌？

第五章　微生物的代谢及调控

【学习目标】

    1. 掌握微生物代谢的特点、微生物发酵的概念及其主要类型；

    2. 掌握有氧呼吸和无氧呼吸的概念、特点和主要类型；

    3. 了解微生物的特殊合成代谢途径——CO_2 固定以及固氮作用；

    4. 了解微生物代谢的调节。

微生物代谢是微生物活细胞中各种生化反应的总称。微生物的代谢分为物质代谢和能量代谢。物质代谢包括分解代谢和合成代谢。能量代谢包括产能代谢和耗能代谢。分解代谢指复杂的有机物分子在分解代谢酶系作用下形成简单分子、ATP 和还原力（用 NADH、NADPH 表示）的过程；合成代谢指简单分子、ATP 和还原力在合成代谢酶催化下合成复杂生物分子的过程。两者之间的关系如下。

$$复杂分子（有机物）\xrightarrow[\text{合成代谢酶系}]{\text{分解代谢酶系}} 简单分子 +ATP+[H]$$

第一节　微生物的能量代谢

一切生命活动都是耗能反应，因此，能量代谢是一切生物代谢的核心问题。能量代谢的中心任务，是生物体如何把外界环境中多种形式的最初能源转换成对一切生命活动都能使用的通用能源——ATP，这就是产能代谢。对于微生物而言，微生物利用的最初能源主要是有机物、日光辐射能和还原态无机物三大类。如下所示。

$$最初能源\begin{cases}有机物 & \xrightarrow{\text{化能异养菌}} \\ 日光 & \xrightarrow{\text{光能营养菌}} \\ 还原态无机物 & \xrightarrow{\text{化能自养菌}}\end{cases}通用能源（ATP）$$

一、生物氧化

分解代谢实际上是物质在生物体内经过一系列连续的氧化还原反应，逐步分解并释放能量的过程，这个过程也称为生物氧化，是一个产能代谢过程。在生物氧化过程中释放的能量可被微生物直接利用，也可通过能量转换贮存在高能化合物（如 ATP）中，以便逐步被利用，还有部分能量以热的形式被释放到环境中。不同类型的微生物进行生物氧化所利用的物质是不同的，异养微生物利用有机物或无机物，自养微生物则利用无机物，通过生物氧化来进行产能代谢。

二、异养微生物的生物氧化与产能

产能代谢与分解代谢密不可分。任何生物体的生命活动都必须有能量驱动，产能代谢是生命活动的能量保障。微生物细胞内的产能与能量贮存、转换和利用主要依赖于氧化还原反应。

异养微生物将有机物氧化，根据氧化还原反应中电子受体的不同，可将微生物细胞内发生的生物氧化反应分成发酵和呼吸两种类型，而呼吸又可分为有氧呼吸和厌氧呼吸两种方式。

1. 发酵（fermentation）

广义的发酵是指利用好氧性微生物或厌氧性微生物来生产有用代谢产物的一类生产方式。这里介绍的是生物体能量代谢中狭义的发酵概念，是指微生物细胞将有机物底物氧化释放的电子或脱下的氢原子直接交给某种中间代谢物，同时释放能量，并产生各种不同的发酵产物。在发酵条件下有机化合物只是底物水平磷酸化获取能量，因此，只释放出一小部分的能量。发酵过程的氧化是与有机物的还原偶联在一起的。被还原的有机物来自于发酵过程中的中间代谢物，即不需要外界提供电子受体或受氢体。

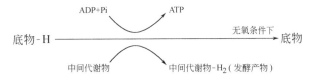

发酵的种类有很多，发酵的底物有碳水化合物、有机酸、氨基酸等，其中以微生物发酵葡萄糖最为重要。生物体内葡萄糖的降解主要有4种途径：EMP途径、HMP途径、ED途径、磷酸解酮酶途径。

（1）EMP（embden-meyerhof-parnas pathway）途径（双磷酸己糖降解途径）　又称为糖酵解，是生物体内葡萄糖被降解成丙酮酸的过程。该途径大致可分为两个阶段（图5-1）。第一阶段可认为是不涉及氧化还原反应及能量释放的准备阶段，只是生成两分子的主要中间代谢产物：3-磷酸甘油醛；第二阶段发生氧化还原反应，合成ATP并形成两分子的丙酮酸。

EMP途径可为微生物的生理活动提供ATP和NADH，其中间产物又可为微生物的合成代谢提供碳骨架，并在一定条件下可逆转合成多糖。

酵母菌是通过EMP途径发酵生成乙醇的。在发酵过程中，酵母菌将葡萄糖经EMP途径降解为两分子丙酮酸，然后丙酮酸脱羧生成乙醛，乙醛作为氢受体使NAD^+再生，发酵终产物为乙醇，这种发酵类型称为酵母的一型发酵。酵母的二型发酵、三型发酵见甘油发酵。

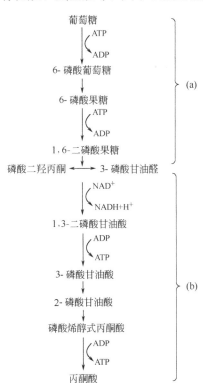

图 5-1　EMP 途径

（a）预备性反应，消耗 ATP，生成 3-磷酸甘油醛；

（b）氧化还原反应，生成 ATP 和产生发酵产物，1分子葡萄糖净产生 2分子 ATP

【阅读材料 5-1】

肠内酵母感染导致醉酒

据报道酵母感染而导致酒精中毒。这些人其实根本没有饮用任何酒精饮料，却经常呈醉酒状态。检查结果表明，生长在这些人肠道内的酵母菌能进行酒精发酵，所制造出来的酒足以让人大醉。经过抗生素治疗，这些人很快恢复了健康。

（2）HMP 途径（单磷酸己糖裂解途径）　HMP 途径（图 5-2）是从 6-磷酸葡萄糖酸开

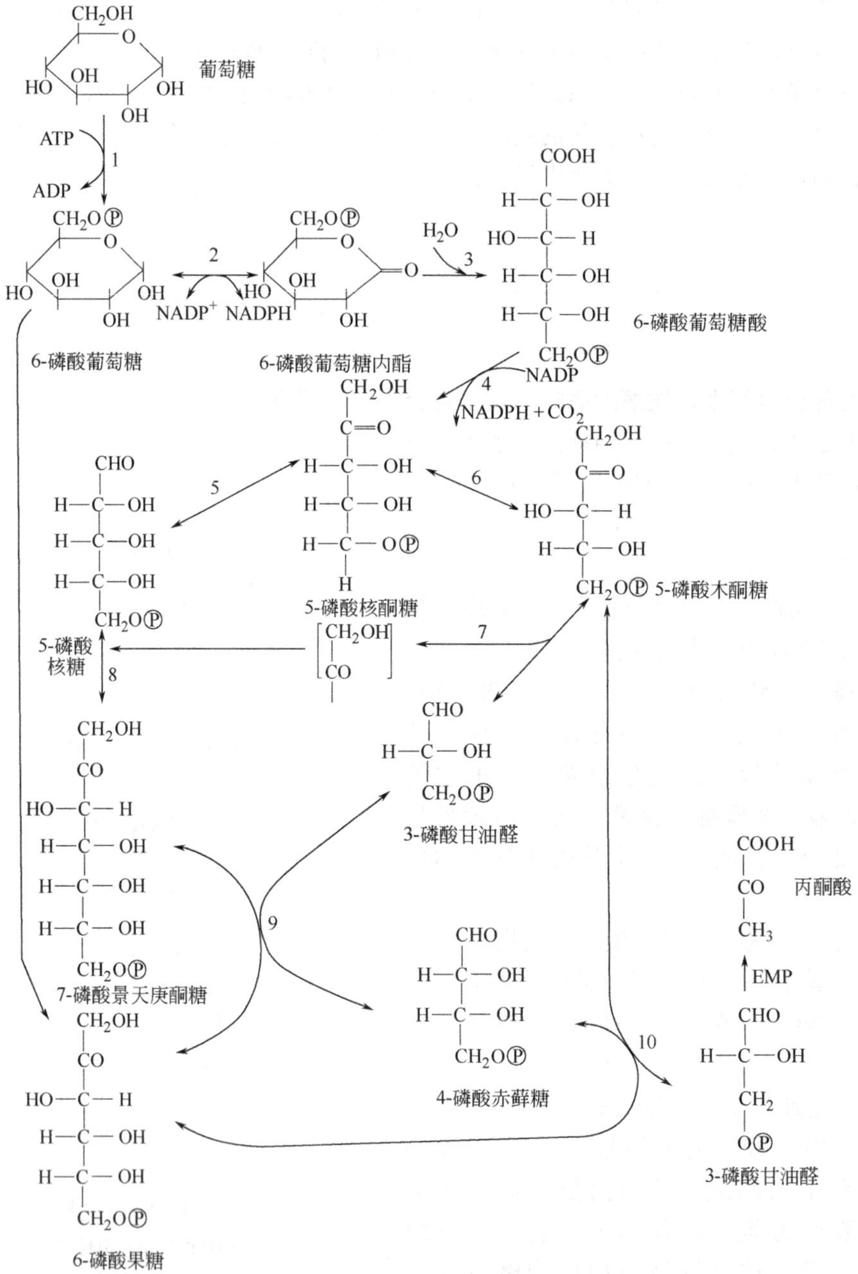

图 5-2　HMP 途径

1—己糖激酶；2—磷酸葡萄糖脱氢酶；3—内酯酶；4—磷酸葡萄糖酸脱氢酶；5—磷酸核糖差向异构酶；

6—磷酸核酮糖差向异构酶；7，8，10—转酮醇酶；9—转醛醇酶始的，即在单磷酸己糖基础上开始降解的，故称为单磷酸己糖裂解途径。HMP 途径与 EMP 途径有着密切的关系，因为 HMP 途径中的 3-磷酸甘油醛可以进入 EMP 途径，因此该途径又可称为磷酸戊糖支路。HMP 途径中一个循环的最终结果是 1 分子 6-磷酸葡萄糖转变成 1 分子 3-磷酸甘油醛、3 分子 CO_2 和 6 分子 NADPH。一般认为 HMP 途径不是产能途径，而是为生物合成提供大量的还原力（NADPH）和中间代谢产物。如 5-磷酸核酮糖是合成核酸、某些辅酶及组氨酸的原料；NADPH 是合成脂肪酸、类固醇和谷氨酸的供氢体。另外，HMP 途径中产生的 5-磷酸核酮糖，还可以转化为 1,5-二磷酸核酮糖，在羧化酶作用下固定 CO_2，对于光能自养菌、化能自养菌具有重要意义（见卡尔文循环）。许多微生物中往往同时存在 EMP 途径和 HMP 途径，单独具有 EMP 途径或 HMP 途径的微生物较少见。

（3）**ED 途径（2-酮-3-脱氧-6-磷酸葡萄糖裂解途径）**　ED（entner-doudoroff pathway）途径是在研究嗜糖假单胞菌时发现的。在 ED 途径中，6-磷酸葡萄糖首先脱氢产生 6-磷酸葡萄糖酸，接着在脱水酶和醛缩酶的作用下，产生 1 分子 3-磷酸甘油醛和 1 分子丙酮酸。然后 3-磷酸甘油醛进入 EMP 途径转变成丙酮酸。1 分子葡萄糖经 ED 途径最后生成 2 分子丙酮酸、1 分子 ATP、1 分子 NADPH 和 NADH（图 5-3）。ED 途径是存在于某些缺乏完整 EMP 途径的微生物中的一种替代途径，为微生物所特有。该途径的特征酶为 2-酮-3-脱氧-6-磷酸葡萄糖酸醛缩酶（KDPG 醛缩酶），催化 KDPG 裂解为 3-磷酸甘油醛和丙酮酸。

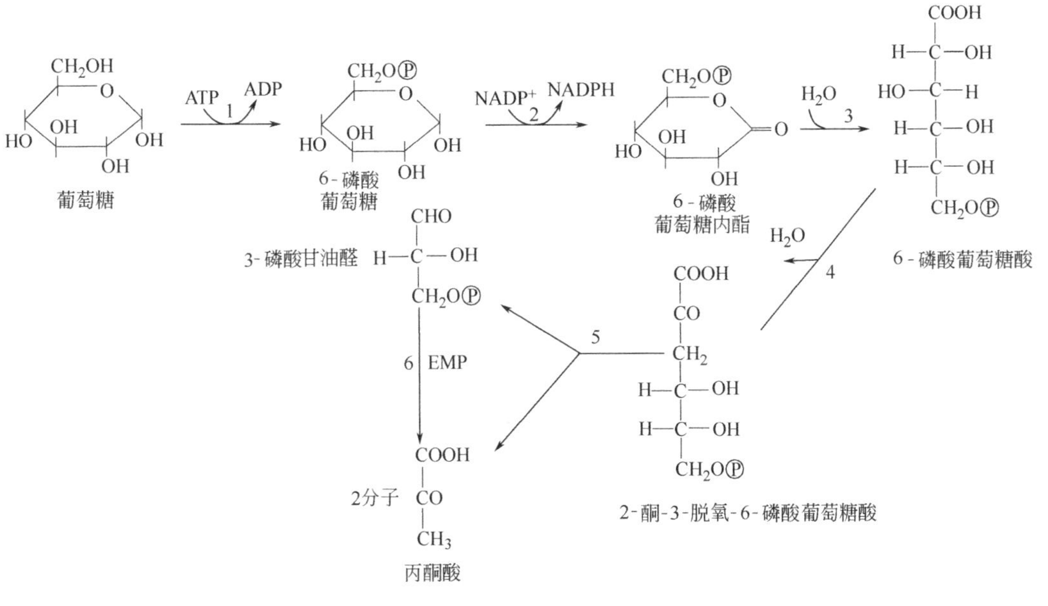

图 5-3　ED 途径

1—己糖激酶；2—磷酸葡萄糖脱氢酶；3—内酯酶；4—磷酸葡萄糖酸脱水酶；
5—2-酮-3-脱氧-6-磷酸葡萄糖酸醛缩酶；6—EMP 途径中有关的酶

ED 途径也可用来发酵生产乙醇，该方法称为细菌酒精发酵。不同的细菌进行乙醇发酵时，其发酵途径也各不相同。如运动发酵单胞菌和厌氧发酵单胞菌是利用 ED 途径分解葡萄糖为丙酮酸，最后得到乙醇；对于某些生长在极端酸性条件下的严格厌氧菌，如胃八叠球菌和肠杆菌，则是利用 EMP 途径进行乙醇发酵。

（4）**磷酸解酮酶途径**　磷酸解酮酶途径是明串珠菌在进行异型乳酸发酵过程中分解己糖和戊糖的途径。该途径的特征性酶是磷酸解酮酶。根据解酮酶的不同，把具有磷酸戊糖解酮酶的途径称为 PK 途径，把具有磷酸己糖解酮酶的途径叫 HK 途径。PK 途径有两种形式：一种是利用葡萄糖，产物是乳酸、乙醇和 CO_2，见图 5-4（a）；另一种是利用核糖，产物是乳酸和乙酸，见图 5-4（b）。其共同点是途径中都有磷酸戊糖解酮酶起作用。HK 途径又称双歧杆菌途径（如图 5-5），产物是乳酸和乙酸，其特征是由磷酸己糖解酮酶和磷酸戊糖解酮酶共同起作用。

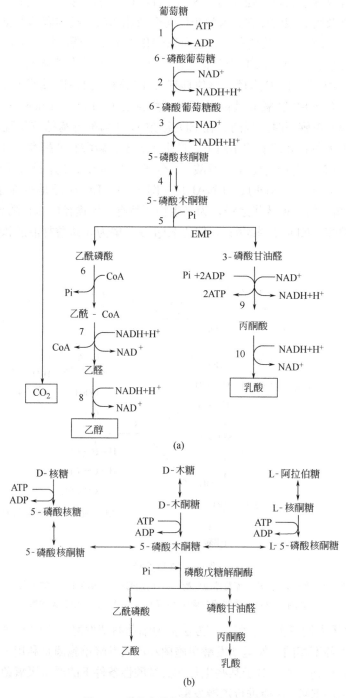

图 5-4　磷酸戊糖解酮酶（PK）途径

1—己糖激酶；2—6-磷酸葡萄糖；3—6-磷酸葡萄糖酸脱氢酶；4—表异构酶；5—磷酸解酮酶；
6—磷酸转乙酰酶；7—乙醛脱氢酶；8—乙醇脱氢酶；9—EMP 途径相应酶；10—乳酸脱氢酶

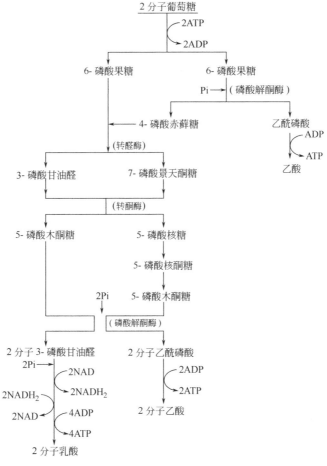

图 5-5 磷酸己糖解酮酶（HK）途径

许多细菌能利用葡萄糖产生乳酸，这类细菌称为乳酸细菌。根据产物的不同，乳酸发酵有 3 种类型：同型乳酸发酵、异型乳酸发酵和双歧发酵。同型乳酸发酵的过程是：葡萄糖经 EMP 途径降解为丙酮酸，丙酮酸在乳酸脱氢酶的作用下被 NADH 还原为乳酸。由于终产物只有乳酸一种，故称为同型乳酸发酵。在异型乳酸发酵中，葡萄糖首先经 PK 途径分解，发酵终产物除乳酸以外还有一部分乙醇或乙酸。在肠膜明串珠菌中，当发酵葡萄糖时，利用 PK 途径分解葡萄糖，产生 3-磷酸甘油醛和乙酰磷酸，其中 3-磷酸甘油醛进一步转化为乳酸，乙酰磷酸经两次还原变为乙醇；当发酵戊糖时，则是利用 PK 途径，磷酸解酮酶催化 5-磷酸木酮糖裂解生成乙酰磷酸和 3-磷酸甘油醛。双歧发酵是两歧双歧杆菌发酵葡萄糖产生乳酸的一条途径。此反应中有两种磷酸酮糖酶参加反应，即 6-磷酸果糖磷酸酮糖酶和 5-磷酸木酮糖磷酸酮糖酶分别催化 6-磷酸果糖和 5-磷酸木酮糖裂解，产生乙酰磷酸和 4-磷酸赤藓糖，以及 3-磷酸甘油醛和乙酰磷酸。

（5）其他发酵途径

① 甘油发酵途径。甘油通常由酵母菌在不同条件下发酵生成，即酵母的二型发酵与三型发酵。

a. 酵母的二型发酵。当环境中存在亚硫酸氢钠时，它可与乙醛反应生成难溶的结晶状亚硫酸钠加成物，这样使乙醛不能作为 $NADH_2$ 的受氢体，所以不能形成乙醇，迫使磷酸二羟丙酮代替乙醛作为受氢体，生成 α-磷酸甘油。α-磷酸甘油在磷酸酯酶的催化下进一步水解脱磷酸生成甘油。因此该方法又称亚硫酸盐法甘油发酵。

$$葡萄糖 \longrightarrow 1,6\text{-二磷酸果糖} \xrightarrow[EMP途径]{} \begin{array}{c} 3\text{-磷酸甘油醛} \\ Pi \updownarrow 2H \\ 磷酸二羟丙酮 \end{array} \longrightarrow \begin{array}{c} \xrightarrow{2ATP} \\ 丙酮酸 \xrightarrow{CO_2} 乙醛 \xrightarrow{NaHSO_3} 乙醛亚硫酸加成物 \\ \longrightarrow \alpha\text{-磷酸甘油} \xrightarrow[Pi]{} 甘油 \end{array}$$

　　b. 酵母的三型发酵。在弱碱性条件下（pH7.6），乙醛因得不到足够的氢而积累，两个乙醛分子间会发生歧化反应，一分子乙醛作为氧化剂被还原成乙醇，另一分子则作为还原剂被氧化为乙酸。氢受体则由磷酸二羟丙酮担任。发酵终产物为甘油、乙醇和乙酸，这种发酵方式又称为碱法甘油发酵。

$$2分子葡萄糖 \longrightarrow 2\times1,6\text{-二磷酸果糖} \xrightarrow[EMP途径]{} \begin{array}{c} 2\times3\text{-磷酸甘油醛} \\ Pi \updownarrow 2\times2H \\ 2\times 磷酸二羟丙酮 \end{array} \longrightarrow \begin{array}{c} \xrightarrow{2\times2ATP} \\ 2分子丙酮酸 \xrightarrow{2CO_2} 2分子乙醛 \begin{array}{c} \xrightarrow{H_2O} 乙酸 \\ \updownarrow 2H \\ 乙醇 \end{array} \\ \longrightarrow 2\times\alpha\text{-磷酸甘油} \xrightarrow[2\times Pi]{} 2分子甘油 \end{array}$$

　　② 丙酸发酵途径。许多厌氧菌可进行丙酸发酵。葡萄糖经 EMP 途径分解为两个丙酮酸后，再转化为丙酸（如下所示）。少数丙酸细菌还能将乳酸（或利用葡萄糖分解而产生的乳酸）转变为丙酸。

$$\begin{array}{c} 葡萄糖 \\ \downarrow \\ 丙酮酸 \xrightarrow{CO_2} 草酰乙酸 \rightarrow 苹果酸 \rightarrow 富马酸 \rightarrow 琥珀酸 \rightarrow 丙酸 + CO_2 \\ \downarrow \\ 乙酸 + CO_2 \end{array}$$

　　③ 丙酮-丁醇发酵途径。某些专性厌氧菌，如梭菌属、丁酸弧菌属、真杆菌属和梭杆菌属，能进行丁酸与丙酮-丁醇发酵。在发酵过程中，葡萄糖经 EMP 途径降解为丙酮酸，丙酮酸脱羧生成乙酰辅酶 A，然后经一系列变化生成丁酰辅酶 A 及丁醛，丁醛作为受氢体被还原生成丁醇，生成物中还有丙酮、乙醇。

　　某些肠杆菌，如埃希菌属、沙门菌属和志贺菌属中的一些菌，能够利用葡萄糖进行混合酸发酵。先通过 EMP 途径将葡萄糖分解为丙酮酸，然后由不同的酶系将丙酮酸转化成不同的产物，如乳酸、乙酸、甲酸、乙醇、CO_2 和氢气，还有一部分磷酸烯醇式丙酮酸用于生成琥珀酸；而肠杆菌、欧文菌属中的一些细菌，能将丙酮酸转变成乙酰乳酸，乙酰乳酸经一系列反应生成丁二醇。由于这类肠道菌还具有丙酮酸-甲酸裂解酶、乳酸脱氢酶等，所以其终产物还有甲酸、乳酸、乙醇等。

　　2. 呼吸作用

　　上面所述发酵过程是在没有氧等外源受氢体的条件下，底物脱氢后所产生的还原力[H] 未经呼吸链而直接交给中间代谢物接受，实现底物水平磷酸化并产生很少的能量。然而，如果有氧或其他外源电子受体存在时，底物分子可被完全氧化为 CO_2 和水，且在此过程中可合成的 ATP 的量大大多于发酵过程。微生物在降解底物的过程中，将释放出的电子交给 NAD^+、$NAPP^+$、FAD 或 FMN 等电子载体，再经电子传递系统传给外源电子受体，从而生成水或其他还原型产物并释放出能量的过程，称为呼吸作用。其中，以分子氧作为最终电子受体的称为有氧呼吸（aerobic respiration），以氧化型化合物作为最终电子受体的称为无氧呼吸（anaerobic respiration）。呼吸作用与发酵作用的根本区别在于：电子载体不是将电子直接传递给底物降解的中间产物，而是交给电子传递系统，逐步释放出能量后再交给最终电子受体。

（1）有氧呼吸　葡萄糖经过糖酵解作用形成丙酮酸，在发酵过程中，丙酮酸在厌氧条件下转变成不同的发酵产物；而在有氧呼吸过程中，丙酮酸进入三羧酸循环（tricarboxylic acid cycle，TCA 循环），被彻底氧化生成 CO_2 和水，同时释放大量能量（图 5-6）。

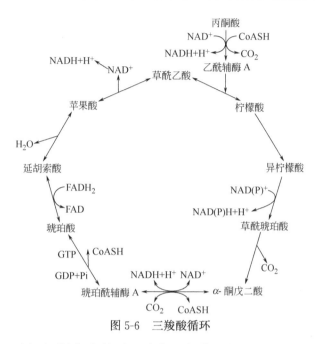

图 5-6　三羧酸循环

对于每个经 TCA 循环而被氧化的丙酮酸分子来讲，在整个氧化过程中共释放出 3 个分子的 CO_2。一个是在乙酰辅酶 A 形成过程中形成，一个是在异柠檬酸的脱羧时产生的，另一个是在 α-酮戊二酸的脱羧过程中产生的。与发酵过程相一致，TCA 循环的中间产物氧化时所释放出的电子通常先传递给含辅酶 NAD^+ 的酶分子。然而，NADH 的氧化方式在发酵及呼吸作用中是不同的。在呼吸过程中，NADH 中的电子不是传递给中间产物，如丙酮酸，而是通过电子传递系统传递给氧分子或其他最终电子受体，因此，在呼吸过程中，因有外源电子受体的存在，葡萄糖可以被完全氧化成 CO_2，从而可产生比发酵过程更多的能量。

在糖酵解和三羧酸循环过程中形成的 NADH 和 $FADH_2$ 通过电子传递系统被氧化，最终形成 ATP，为微生物的生命活动提供能量。电子传递系统是由一系列氢和电子传递体组成的多酶氧化还原体系。NADH、$FADH_2$ 以及其他还原型载体上的氢原子，以质子和电子的形式在其上进行定向传递；其组成酶系是定向有序的，又是不对称地排列在原核微生物的细胞质膜上或是在真核微生物的线粒体内膜上。这些系统具有两种基本功能：一是从电子供体接受电子，并将电子传递给电子受体；二是通过合成 ATP 把在电子传递过程中释放的一部分能量保存起来。电子传递系统中的氧化还原酶包括 NADH 脱氢酶、黄素蛋白、铁硫蛋白、醌及其衍生物、细胞色素。

（2）无氧呼吸　某些厌氧和兼性厌氧微生物在无氧条件下进行无氧呼吸。无氧呼吸是指一类呼吸链末端的氢受体为外源无机氧化物（少数是有机氧化物）的生物氧化。无氧呼吸的最终电子受体不是氧，而是像 NO_3^-、SO_4^{2-}、S、CO_2 等这类外源受体（图 5-7）。在无氧条件下，

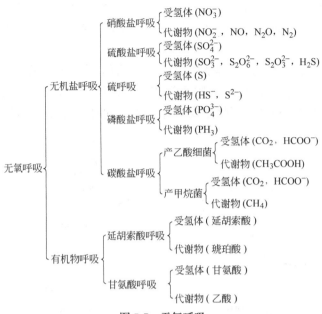

图 5-7 无氧呼吸

某些微生物在没有氧、氮或硫作为呼吸作用的最终电子受体时，可以磷酸盐代替，生成磷化氢（PH_3），这是一种易燃气体，在夜晚发出绿幽幽的光，这就是人们常称之的"鬼火"。

无氧呼吸也需要细胞色素等电子传递体，并在能量分级释放过程中伴随有磷酸化作用，也能产生较多的能量用于生命活动。但由于部分能量随电子转移传给最终电子受体，所以生成的能量不如有氧呼吸产生的多。

三、自养微生物的生物氧化与产能

一些能利用光或氧化无机物获得能量，以二氧化碳或碳酸盐为碳源生长，并具有特殊生物合成能力的微生物称为自养微生物。

1. 光能自养微生物的生物氧化和产能

光能自养微生物具有叶绿素、细菌叶绿素、类胡萝卜素和藻胆色素等光合色素，能以二氧化碳作为唯一或主要碳源进行光合作用。光合作用是自然界一个极其重要的生物学过程，其实质是通过光合磷酸化将光能转变成化学能，用于合成细胞物质。进行光合作用的生物体除了绿色植物外，还包括光合微生物，如藻类、蓝细菌和光合细菌（包括紫色细菌、绿色细菌、嗜盐菌等）。它们利用光能维持生命，同时也为其他生物（如动物和异养微生物）提供了赖以生存的有机物。

2. 化能自养微生物的生物氧化和产能

能从无机物氧化中获得能量，以二氧化碳或碳酸盐作为碳源的微生物称为化能自养微生物。化能自养微生物是好氧菌，在自然界的物质转化中起着重要的作用，主要有硝化细菌、硫化细菌、氢细菌和铁细菌等。

（1）氨的氧化（硝化作用）　NH_3 和亚硝酸（NO_2^-）是可以用作能源的最普通的无机氮化合物，能被硝化细菌所氧化。硝化细菌可分为两个亚群：亚硝酸细菌和硝酸细菌。亚硝酸细菌有亚硝酸极毛杆菌、亚硝酸球菌、亚硝酸螺菌等。硝酸细菌有硝酸杆菌属、硝酸球菌属等。硝化细菌将氨氧化，释放能量并同化 CO_2 合成细胞物质。

氨氧化为硝酸的过程可分为两个阶段，先由亚硝酸细菌将氨氧化为亚硝酸，再由硝酸细菌将亚硝酸氧化为硝酸。由氨氧化为硝酸是通过这两类细菌依次进行的（如图所示）。

$$NH_4^+ + \frac{3}{2}O_2 \xrightarrow{\text{亚硝酸细菌}} NO_2^- + H_2O + 2H^+ + \text{能量}$$

$$NO_2^- + \frac{1}{2}O_2 \xrightarrow{\text{硝酸细菌}} NO_3^- + \text{能量}$$

（2）硫的氧化（硫化作用） 硫细菌利用一种或多种还原态或部分还原态的硫化合物（包括硫化物、元素硫、硫代硫酸盐、多硫酸盐和亚硫酸盐）作能源，最后生成 H_2SO_4 的过程。H_2S 首先被氧化成元素硫，随之被硫氧化酶和细胞色素系统氧化成亚硫酸盐，放出的电子在传递过程中可以偶联产生 4 个 ATP，亚硫酸盐可直接氧化成 SO_4^{2-}。硫细菌是指引起硫化作用的微生物的总称，有硫杆菌属、贝氏硫细菌、绿紫硫细菌等。

（3）氢的氧化 氢细菌都是一些呈革兰阴性的兼性化能自养菌。它们能利用分子氢氧化产生的能量同化 CO_2，也能利用其他有机物生长。氢细菌的细胞膜上有泛醌、维生素 K_2 及细胞色素等呼吸链组分。在该菌中，电子直接从氢传递给电子传递系统，电子在呼吸链传递过程中产生 ATP。在多数氢细菌中有两种与氢的氧化有关的酶。一种是位于壁膜间隙或结合在细胞质膜上的不需 NAD^+ 的颗粒状氧化酶，它能够催化以下反应。

$$H_2 \longrightarrow 2H^+ + 2e$$

该酶在氧化氢并通过电子传递系统传递电子的过程中，可驱动质子的跨膜运输，形成跨膜质子梯度，为 ATP 的合成提供动力。另一种是可溶性氢化酶，它能催化氢的氧化，而使 NAD^+ 还原，所生成的 NADH 主要用于 CO_2 的还原。

（4）铁的氧化 从亚铁到高铁状态的铁的氧化，对于少数细菌来说也是一种产能反应，但在这种氧化中只有少量的能量可以被利用。例如，嗜酸性的氧化亚铁硫杆菌在低 pH 环境中能利用亚铁氧化时放出的能量。在该菌的呼吸链中发现了一种含铜蛋白质（rusticyanin），它与几种细胞色素 c 和一种细胞色素 a_1 氧化酶构成电子传递链。在电子传递到氧的过程中细胞质内有质子消耗，从而驱动 ATP 的合成。

第二节 微生物的合成代谢

营养物质的分解与细胞物质的合成是微生物生命活动的两个主要方面。微生物或从物质氧化或从光能转换过程中获得能量，主要用于营养物质的吸收、细胞物质的合成与代谢产物的合成和分泌、机体的运动、生命的维持，还有一部分能量用于发光与产生热。

能量、还原力与小分子前体碳架物质是细胞物质合成的三要素。微生物细胞物质合成中的还原力主要是指 NADH 和 NADPH。微生物在发酵与呼吸过程中都可产生这两种物质。小分子前体碳架物质通常指糖代谢过程中产生的中间体碳架物质，指不同个数碳原子的磷酸糖（如磷酸丙糖、磷酸四碳糖、磷酸五碳糖、磷酸六碳糖等）、有机酸（如 α-酮戊二酸、草酰乙酸、琥珀酸等）和乙酰-CoA 等。这些小分子前体碳架物质主要是通过 EMP、HMP 和 TCA 循环等途径产生，然后又在酶的作用下通过一系列反应合成氨基酸、核苷酸、蛋白质、核酸、多糖等细胞物质，使细胞得以生长与繁殖。

一、CO_2 的固定

CO_2 是自养微生物的主要碳源，异养微生物也能利用 CO_2 作为辅助的碳源。将空气中的 CO_2 同化成细胞物质的过程，称为 CO_2 的固定作用。微生物有两种同化 CO_2 的方式，一类是自养式，另一类为异养式。在自养式中，CO_2 加在一个特殊的受体上，经过循环反应，使之合成糖并重新生成该受体。在异养式中，CO_2 被固定在某种有机酸上。因此异养微生物即使能同化 CO_2，最终却必须靠吸收有机碳化合物而生存。

自养微生物同化 CO_2 所需要的能量来自光能或无机物氧化所得的化学能，固定 CO_2 的途径主要有以下 3 条。

1. 卡尔文循环（Calvin cycle）

这个途径存在于所有化能自养微生物和大部分光合细菌中。经卡尔文循环同化 CO_2 的途径可划分为 3 个阶段（图 5-8）：CO_2 的固定、被固定的 CO_2 的还原、CO_2 受体的再生。卡尔文循环每循环一次，可将 6 分子 CO_2 同化成 1 分子葡萄糖，其总反应式如下。

$$6CO_2 + 18ATP + 12NAD(P)H \longrightarrow C_6H_{12}O_6 + 18ADP + 12NAD(P)^+ + 18Pi$$

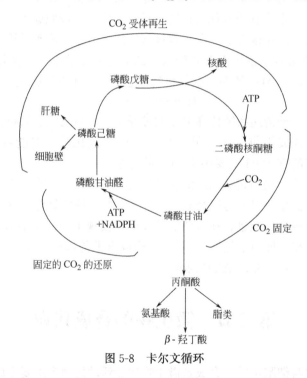

图 5-8　卡尔文循环

2. 还原性三羧酸循环固定 CO_2

这个途径（图 5-9）是在光合细菌、绿硫细菌中发现的。还原羧酸环的第一步反应是将乙酰-CoA 还原羧化为丙酮酸，后者在丙酮酸羧化酶的催化下生成磷酸烯醇式丙酮酸，随即被羧化为草酰乙酸，草酰乙酸经一系列反应转化为琥珀酰-CoA，再被还原羧化为 α-酮戊二酸。α-酮戊二酸转化为柠檬酸后，裂解成乙酸和草酰乙酸。该途径正是三羧酸循环的逆过程，因此又称逆向 TCA 循环。乙酸经乙酰-CoA 合成酶催化生成乙酰-CoA，从而完成循环反应。每循环一次，可固定 4 分子 CO_2，合成 1 分子草酰乙酸，消耗 3 分子 ATP、2 分子 NAD(P)H 和 1 分子 $FADH_2$。

3. 厌氧乙酰-CoA 途径

产甲烷菌、产乙酸菌与某些硫酸盐还原细菌不存在卡尔文循环，主要利用厌氧乙酰-CoA 途径来固定 CO_2。在厌氧乙酰-CoA 途径中，一分子 CO_2 先被还原成甲醇水平（CH_3-X），另一分子 CO_2 则被一氧化碳脱氢酶还原成 CO。然后 CH_3-X 羧化产生乙酰-X，进而形

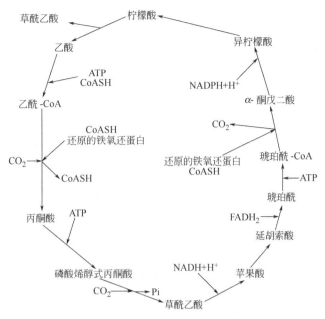

图 5-9　绿硫细菌固定 CO_2 的还原羧酸法

成乙酰-CoA 途径，再在丙酮酸合成酶的催化下，由乙酰-CoA 接受第 3 个分子 CO_2 而羧化成丙酮酸。丙酮酸就可通过已知的代谢途径去合成细胞所需要的各种有机物。

二、生物固氮

所有的生命都需要氮，氮的最终来源是无机氮。尽管大气中氮气的比例占了 79％，但所有的动植物以及大多数微生物都不能利用分子态氮作为氮源。目前仅发现一些特殊类群的原核生物能够将分子态氮还原为氨，然后再由氨转化为各种细胞物质。微生物将氮还原为氨的过程称为生物固氮。

具有固氮作用的微生物近 50 个属，包括细菌、放线菌和蓝细菌。目前尚未发现真核微生物具有固氮作用。根据固氮微生物与高等植物以及其他生物的关系，可以把它们分为 3 大类：自生固氮体系、共生固氮体系和联合固氮体系。好氧自生固氮菌以固氮菌属较为重要，固氮能力较强。厌氧自生固氮菌以巴氏固氮梭菌较为重要，但固氮能力较弱。共生固氮菌中最为人们所熟知的是根瘤菌，它与其所共生的豆科植物有严格的种属特异性。此外，弗兰克菌能与非豆科树木共生固氮。营联合固氮的固氮菌有雀稗固氮菌、产脂固氮螺菌等，它们在某些作物的根系黏质鞘内生长发育，并把所固定的氮供给植物，但并不形成类似根瘤的共生结构。

微生物之所以能够在常温常压条件下固氮，关键是靠固氮酶的催化作用。各类微生物进行固氮作用的基本反应式如下。

$$N_2 + 6H^+ + 6e^- + n ATP \xrightarrow{\text{固氮酶}} 2NH_3 + n ADP + n Pi$$

固氮酶的结构比较复杂，由铁蛋白和钼铁蛋白两个组分组成。固氮作用是一个耗能反应，固氮反应必须在有固氮酶和 ATP 的参与下才能进行。每固定 1mol 氮大约需要 21mol ATP，这些能量来自于氧化磷酸化或光能磷酸化。在体内进行固氮时，还需要一些特殊的电子传递体，其中主要的是铁氧还蛋白和含有 FMN 作为辅基的黄素氧还蛋白。铁氧还蛋白和黄素氧还蛋白的电子供体来自 NADPH，受体是固氮酶。

三、氨基酸的合成

在蛋白质中通常存在着 20 种氨基酸。对于那些不能从环境中获得几种或全部现成氨基酸的生物，就必须从另外的来源去合成它们。在氨基酸合成中，主要包含着两个方面的问题：各氨基酸碳骨架的合成以及氨基的结合。合成氨基酸的碳骨架来自糖代谢产生的中间产物，而氨有以下几种来源：一是直接从外界环境获得；二是通过体内含氮化合物的分解得到；三是通过固氮作用合成；四是由硝酸还原作用合成。另外，在合成含硫氨基酸时，还需要硫的供给。大多数微生物可从环境中吸收硫酸盐作为硫的供体，但由于硫酸盐中的硫是高度氧化状态的，而存在于氨基酸中的硫是还原状态的，所以无机硫要经过一系列的还原反应才能用于含硫氨基酸的合成。

氨基酸的合成主要有 3 种方式：①氨基化作用；②通过转氨基作用；③由糖代谢的中间产物为前体合成。在由前体转化为氨基酸的过程中，有时也有转氨基的反应。

1. 氨基化作用

氨基化作用是微生物同化氨的主要途径，指 α-酮酸与氨反应形成相应的氨基酸。能直接吸收氨合成氨基酸的 α-酮酸只有 α-酮戊二酸和丙酮酸，如谷氨酸的合成就是 α-酮戊二酸在谷氨酸脱氢酶的催化下，以 $NAD(P)^+$ 为辅酶，通过氨基化反应合成的。此外，延胡索酸和谷氨酸虽不是 α-酮酸，但前者可通过双键打开而连接 α-氨基，后者则通过酰胺键生成谷氨酰胺，这是一个需要 ATP 的耗能反应。

2. 转氨基作用

转氨基作用是指在转氨酶的催化下，使一种氨基酸的氨基转移给酮酸，形成新的氨基酸的过程。转氨基作用普遍存在于各种微生物体内，是氨基酸合成代谢和分解代谢中极为重要的反应。通过转氨基作用，微生物可以消耗一些含量过剩的氨基酸，以得到某些含量较少的氨基酸。

3. 前体转化

前体转化指 20 种氨基酸除了可以通过上述途径合成以外，还可通过糖代谢的中间产物，如 3-磷酸甘油、4-磷酸赤藓糖、草酰乙酸、3-磷酸核糖焦磷酸等，经一系列的生化反应而合成氨基酸。

第三节　微生物代谢的调节

生命活动的基础在于新陈代谢。微生物细胞内的各种代谢反应错综复杂，各个反应过程之间是相互制约、相互协调的，可随环境条件的变化而迅速改变代谢反应速率。微生物细胞代谢的调节主要是通过控制酶的作用来实现的，因为任何代谢途径都是一系列酶促反应构成的。微生物细胞的代谢调节主要有两种类型：一类是酶活性调节，调节的是已有酶分子的活性，是在酶化学水平上发生的；另一类是酶合成的调节，调节的是酶分子的合成量，这是在遗传学水平上发生的。在细胞内这两种方式协调进行。

一、酶活性调节

酶活性调节是指一定数量的酶，通过其分子构象或分子结构的改变来调节其催化反应的速率。这种调节方式可以使微生物细胞对环境变化做出迅速的反应。酶活性调节受多种因素影响，底物的性质和浓度、环境因子，以及其他酶的存在都有可能激活或控制酶的活性。酶活性调节的方式主要有两种：变构调节和酶分子的修饰调节。

1. 变构调节

在某些重要的生化反应中，反应产物的积累往往会抑制催化这个反应的酶的活性，这是由于反应产物与酶的结合抑制了底物与酶活性中心的结合。在一个由多步反应组成的代谢途径中，末端产物通常会反馈抑制该途径的第一个酶，这种酶通常被称为变构酶（allosteric enzyme）。例如，合成异亮氨酸的第一个酶是苏氨酸脱氨酶，这种酶被其末端产物异亮氨酸反馈抑制。变构酶通常是某一代谢途径的第一个酶或是催化某一关键反应的酶。细菌细胞内的酵解过程和三羧酸循环的调控也是通过反馈抑制进行的。

2. 修饰调节

修饰调节是通过共价调节酶来实现的。共价调节酶通过修饰酶催化其多肽链上某些基团进行可逆的共价修饰，使之处于活性和非活性的互变状态，从而导致调节酶的活化或抑制，以控制代谢的速率和方向。

修饰调节是体内重要的调节方式，目前已知有多种类型的可逆共价调节蛋白：磷酸化/去磷酸化、乙酰化/去乙酰化、腺苷酰化/去腺苷酰化、尿苷酰化/去尿苷酰化、甲基化/去甲基化、S—S/SH 相互转变等。

酶促共价修饰与酶的变构调节不同。酶促共价修饰对酶活性调节是酶分子共价键发生了改变，即酶的一级结构发生了变化。而在别构调节中，酶分子只是单纯的构象变化。在酶分子发生磷酸化等修饰反应时，一般每个亚基消耗 1 分子 ATP，比新合成 1 个酶分子所耗的能量要少得多。因此，这是一种体内较经济的代谢调节方式。另外，酶促共价修饰对调节信号具放大效应，其催化效率比别构酶调节要高。

二、分支合成途径调节

不分支的生物合成途径中的第一个酶受末端产物的抑制，而在有两种或两种以上的末端产物的分支代谢途径中，调节方式较为复杂。其共同特点是每个分支途径的末端产物控制分支点后的第一个酶，同时每个末端产物又对整个途径的第一个酶有部分的抑制作用。分支代谢的反馈调节方式有多种。

1. 同工酶

同工酶是指能催化同一种化学反应，但其酶蛋白本身的分子结构组成却有所不同的一组酶。同工酶对分支途径的反馈调节模式见图 5-10（a），其特点是：在分支途径中的第一个酶有几种结构不同的一组同工酶，每一种代谢终产物只对一种同工酶具有反馈抑制作用，只有当几种终产物同时过量时，才能完全阻止反应的进行。这种调节方式的著名的例子是大肠杆菌天冬氨酸族氨基酸的合成。有 3 个天冬氨酸激酶催化途径的第一个反应，这 3 个同工酶分别受赖氨酸、苏氨酸、甲硫氨酸的调节。

2. 协同反馈抑制

在分支代谢途径中，几种末端产物同时都过量，才对途径中的第一个酶具有抑制作用。若某一末端产物单独过量，则对途径中的第一个酶不产生或产生很小的抑制作用，见图 5-10（b）。例如，在多黏芽孢杆菌合成赖氨酸、甲硫氨酸和苏氨酸的途径中，终产物苏氨酸和赖氨酸协同抑制天冬氨酸激酶。

3. 累积反馈抑制

在分支代谢途径中，任何一种末端产物过量时都能对共同途径中的第一个酶起抑制作用，而且各种末端产物的抑制作用互不干扰。当各种末端产物同时过量时，它们的抑制作用是累加的，见图 5-10（c）。举例说明，末端产物 Y 单独过量时，抑制 AB 酶活性的 40%，则剩余酶活性为 60%；末端产物 Z 单独过量时，抑制 AB 酶活性的 25%；当 YZ 同时过量时，则经联合作用后，抑制活性为：$40\% + (1 - 40\%) \times 25\% = 55\%$。累积反馈抑制最早是

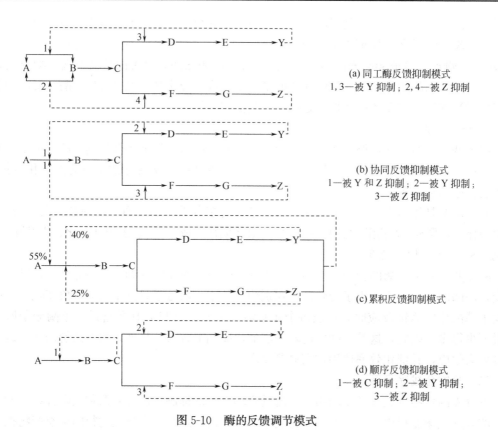

图5-10　酶的反馈调节模式

在大肠杆菌的谷氨酰胺合成酶的调节过程中发现的，该酶受8个最终产物的累积反馈抑制。每一种产物都能单独起作用，但只有联合作用才显现出累积的效果。

4. 顺序反馈抑制

分支代谢途径中的两个末端产物，不能直接抑制代谢途径中的第一个酶，而是分别抑制分支点后的反应步骤，造成分支点上中间产物的积累，这种高浓度的中间产物再反馈抑制第一个酶的活性。因此，只有当两个末端产物都过量时，才能对途径中的第一个酶起到抑制作用，见图5-10（d）。枯草芽孢杆菌合成芳香族氨基酸的代谢途径就是采取这种方式进行调节的。

三、酶合成的调节

酶合成的调节是一种通过调节酶的合成量进而调节其代谢速率的调节机制，这是一种在基因水平上的代谢调节。凡能促进酶生物合成的现象，称为诱导，而能阻碍酶生物合成的现象，则称为阻遏。与上述调节酶活性的反馈抑制相比，其优点是通过阻止酶的过量合成，来节约生物合成的原料和能量。其调节方式有两种。

1. 诱导

根据酶的生成与环境中所存在的该酶底物或其有关物的关系，可把酶划分成组成酶和诱导酶两类。组成酶是细胞固有的酶类，其合成是在相应的基因控制下进行的，它不因分解底物或其结构类似物的存在而受影响，如EMP途径的有关酶类。诱导酶则是细胞为适应外来底物或其结构类似物而临时合成的一类酶，如大肠杆菌在含乳糖培养基中所产生的 β-半乳糖苷酶和 β-半乳糖苷透性酶等。能促进诱导酶产生的物质称为诱导物，它可以是该酶的底物，也可以是难以代谢的底物类似物或是底物的前体物质。例如，能诱导 β-半乳糖苷酶的物质除了其正常底物——乳糖外，不能被其利用的异丙基-β-D-硫代半乳糖苷也可诱导，且其诱导效果要比乳糖高。

酶的诱导合成又可分为两种。一种称同时诱导，即当诱导物加入后，微生物能同时或几乎同时诱导几种酶的合成，它主要存在于短的代谢途径中。例如，将乳糖加入大肠杆菌培养基中后，即可同时诱导出 β-半乳糖苷透性酶、β-半乳糖苷酶和 β-半乳糖苷转乙酰酶的合成。另一种则称顺序诱导，即先合成能分解底物的酶，再依次合成分解各中间代谢的酶，以达到对较复杂代谢途径的分段调节。

2. 阻遏

在微生物的代谢过程中，当代谢途径中某些末端产物过量时，除可用前述的反馈抑制的方式来抑制该途径中关键酶的活性以减少末端产物的生成外，还可通过阻遏作用来阻碍代谢途径中包括关键酶在内的一系列酶的生物合成，从而更彻底地控制代谢和减少末端产物的合成。阻遏作用有利于生物体节省有限的养料和能量。阻遏的类型主要有末端代谢产物阻遏和分解代谢产物阻遏两种。

（1）末端产物阻遏　指由某代谢途径末端产物的过量累积而引起的阻遏。对直线式反应途径来说，末端产物阻遏的情况较为简单，即产物作用于代谢途径中的各种酶，使之合成受阻遏止，如精氨酸的生物合成途径。对分支代谢途径来说，情况较为复杂，每种末端产物仅专一地阻遏合成它的那条分支途径的酶。

（2）分解代谢物阻遏　指细胞内同时有两种分解底物存在时，利用快的那种底物会阻遏利用慢的底物的有关酶合成的现象。例如，有人将大肠杆菌培养在含乳糖和葡萄糖的培养基上，发现该菌可优先利用葡萄糖，并于葡萄糖耗尽后才开始利用乳糖，这就产生了两个指数生长期中间隔开一个生长延滞期的"二次生长现象"，其原因是葡萄糖的存在阻遏了分解乳糖酶系的合成，这一现象称葡萄糖效应。由于这类现象在其他代谢中普遍存在，后来人们把类似葡萄糖效应的阻遏统称为分解代谢物阻遏。

四、微生物代谢调节在工业中的应用

1. 赖氨酸发酵

赖氨酸是一种重要的必需氨基酸，由于大多数谷物蛋白缺少这种氨基酸，因此它是重要的营养添加剂，在食品、医药和畜牧业上需求量很大。赖氨酸发酵以天冬氨酸为原料，通过分支代谢途径合成出赖氨酸、苏氨酸和甲硫氨酸，如图 5-11 所示。在代谢过程中，一方面由于赖氨酸对天冬氨酸激酶（AK）有反馈抑制作用，另一方面，由于天冬氨酸除用于合成赖氨酸外，还要作为合成甲硫氨酸和苏氨酸的原料，因此，在正常细胞内，就难以累计较高浓度的赖氨酸。

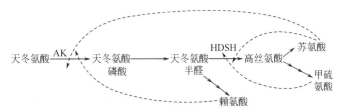

图 5-11　*C. glutamicum* 的代谢调节与赖氨酸生产

----→为反馈抑制；——→为阻遏

为了解除正常的代谢调节以获得赖氨酸的高产菌株，工业上选育了谷氨酸棒杆菌的高丝氨酸缺陷型菌株作为赖氨酸的发酵菌种。由于它不能合成高丝氨酸脱氢酶（HDSH），故不能合成高丝氨酸，也不能产生苏氨酸和甲硫氨酸，但要保证培养基内有苏氨酸和甲硫氨酸，

不然就不能生长。只要保持低水平的苏氨酸补充量，而且由于缺乏 HDSH，则苏氨酸在细胞内的浓度便会受到限制，天冬氨酸激酶就可以避开反馈抑制作用，代谢流便会流向赖氨酸支路上来。

2. 肌苷酸（IMP）的生产

肌苷酸是一种重要的呈味核苷酸，它是嘌呤核苷酸生物合成过程中的一个中间代谢物。*C. glutamicum* 的 IMP 代谢途径见图 5-12，该分支代谢过程中，产生 AMP 和 GMP，这势必影响到肌苷酸的生产。因此如果选育一个发生在 IMP 转化为 AMP 或 GMP 的几步反应中的营养缺陷型菌株，才可能积累 IMP。利用谷氨酸棒杆菌的腺嘌呤营养缺陷型菌株发酵，有利于 IMP 的积累，该菌不能合成腺苷酸琥珀酸合成酶，在培养基中补充适量的 AMP 就可累积 IMP。

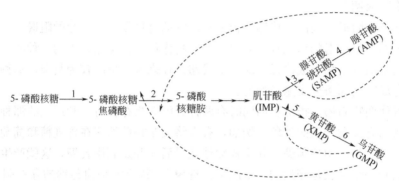

图 5-12　*C. glutamicum* 的 IMP 合成途径和代谢调节

1—5-磷酸核糖焦磷酸激酶；2—5-磷酸核糖焦磷酸转氨酶；3—腺苷酸琥珀酸合成酶；
4—腺苷酸琥珀酸分解酶；5—IMP 脱氢酶；6—XMP 转氨酶；-----→表示反馈抑制

第四节　微生物的次级代谢与次级代谢产物

一、次级代谢与次级代谢产物

一般将微生物从外界吸收各种营养物质，通过分解代谢和合成代谢，生成维持生命活动的物质和能量的过程，称为初级代谢。次级代谢是相对于初级代谢而提出的一个概念。一般认为，次级代谢是指微生物在一定的生长时期，以初级代谢产物为前体，合成一些对微生物的生命活动无明确功能的物质的过程。这一过程的产物，即为次级代谢产物。次级代谢产物大多是分子结构比较复杂的化合物。根据其作用，可将其分为抗生素、激素、生物碱、毒素及维生素等类型。

次级代谢与初级代谢关系密切，初级代谢的关键性中间产物往往是次级代谢的前体，比如糖降解过程中的乙酰-CoA 是合成四环素、红霉素的前体；次级代谢一般在菌体指数生长后期或稳定期间进行，但会受到环境条件的影响；某些催化次级代谢的酶的专一性不高；次级代谢产物的合成，因菌株不同而异，但与分类地位无关；质粒与次级代谢的关系密切，控制着多种抗生素的合成。

次级代谢不像初级代谢那样有明确的生理功能，因为次级代谢途径即使被阻断，也不会影响菌体生长繁殖。次级代谢产物通常都是限定在某些特定微生物中生成的，因此它们没有一般性的生理功能，也不是生物体生长繁殖的必需物质，虽然对它们本身可能是重要的。

二、次级代谢的调节

1. 初级代谢对次级代谢的调节

与初级代谢类似，次级代谢的调节过程中也有酶活性的激活和抑制及酶合成的诱导和阻遏。由于次级代谢一般以初级代谢产物为前体，因此次级代谢必然会受到初级代谢的调节。例如，青霉素的合成会受到赖氨酸的强烈抑制，而赖氨酸合成的前体α-氨基己二酸可以缓解赖氨酸的抑制作用，并能刺激青霉素的合成。这是因为α-氨基己二酸是合成青霉素和赖氨酸的共同前体，如果赖氨酸过量，它就会抑制这个反应途径中的第一个酶，减少α-氨基己二酸的产量，从而进一步影响青霉素的合成。

2. 碳、氮代谢物的调节作用

次级代谢产物一般在菌体指数生长后期或稳定期间合成，这是因为在菌体生长阶段，被快速利用的碳源的分解物阻遏了次级代谢酶系的合成。因此，只有在指数后期或稳定期，这类碳源被消耗完之后，解除阻遏作用，次级代谢产物才能得以合成。

高浓度的NH_4^+可以降低谷氨酰胺合成酶的活性，而后者的比活力与抗生素的合成呈正相关性，因此高浓度的NH_4^+对抗生素的生产有不利影响。而另一种含氮化合物——硝酸盐却可以大幅度地促进利福霉素的合成，因其可以促进糖代谢和 TCA 循环酶系的活力，以及琥珀酰-CoA 转化为甲基丙二酰-CoA 的酶活力，从而为利福霉素的合成提供了更多的前体；同时它可以抑制脂肪合成，使部分用于合成脂肪的前体乙酰-CoA 转为合成利福霉素脂肪环的前体；另外硝酸盐还可提高菌体中谷氨酰胺合成酶的比活力。

3. 诱导作用及产物的反馈抑制

在次级代谢中也存在着诱导作用，例如，巴比妥虽不是利福霉素的前体，也不掺入利福霉素，但能促进将利福霉素 SV 转化为利福霉素 B 的能力。同时，次级代谢产物的过量积累也能像初级代谢那样，反馈抑制其合成酶系（表 5-1）。

表 5-1　次级代谢产物的反馈调节

产　物	调 节 作 用	产　物	调 节 作 用
氯霉素	阻遏第一个酶；芳香胺合成酶	霉酚酸	抑制合成途径最后一步转甲基酶
卡那霉素	阻遏乙酰基转移酶	嘌呤霉素	抑制 O-去甲基嘌呤霉素甲基转移酶

此外，培养基中的磷酸盐、溶解氧、金属离子及细胞膜透性也会对次级代谢产生或多或少的影响。

本 章 小 结

1. 代谢是发生在所有生物体内成千上万种化学反应的总称。新陈代谢即合成代谢和分解代谢的总和。微生物的能量代谢是新陈代谢的核心。

2. 绝大多数的微生物是异养微生物，它们利用有机物作能源，通过生物氧化以及与此相连的氧化磷酸化或底物水平磷酸化形成 ATP。生物氧化必须经历脱氢、递氢和受氢 3 个阶段。根据最终氢受体等的不同，微生物产能方式分为呼吸、无氧呼吸或发酵 3 种。发酵主要分为 4 种途径：EMP 途径、HMP 途径、ED 途径、磷酸解酮酶途径，而呼吸又可分为有氧呼吸和无氧呼吸两种方式。

3. 在生物氧化过程中，将底物释放出的电子交给 NAD(P)$^+$、FAD 或 FMN 等电子载体，再经电子传递系统传给外源电子受体，从而生成水或其他还原型产物并释放出能量的过程，称为呼吸作用。以分子氧作为最终电子受体的产能代谢称为有氧呼吸。以氧化型化合物作为最终电子受体的称为无氧呼吸。发酵则是指生物产能代谢的一种方式，它是指在没有氧等外源氢受体的条件下，底物脱氢后所产生的还原力不经过电子传递链而直接交给内源性中间代谢受体，实现底物水平磷酸化的生物氧化反应。在发酵过程中有机化合物只是部分地被氧化，因此，只释放出一小部分的能量。

4. 微生物的代谢类型多种多样。异养微生物在有氧或无氧的条件下，以有机物为生物氧化的基质，氧和其他无机物为最终电子受体，通过有氧呼吸或无氧呼吸产生能量和合成细胞的前体物质。有些异养微生物在无氧的条件下以有机物为生物氧化的基质和最终氢受体，产生少量能量和乳酸、乙醇、乙酸、甲酸、丁酸等发酵产物。自养微生物通过光合作用和化能合成作用获得能量，并通过同化二氧化碳和其他无机盐合成细胞物质。

5. 微生物的代谢受到严格的调节。微生物的代谢调节主要通过对酶的调节，包括酶合成的调节和酶活性的调节。代谢调节是微生物在进化过程中建立起来的适应环境和有效利用代谢资源的机制。代谢调节对代谢产物如氨基酸和核苷酸的发酵生产具有重要的指导意义。

6. 次级代谢是指微生物在一定的生长时期，以初级代谢产物为前体，合成一些对微生物的生命活动无明确功能的物质的过程。这一过程的产物，即为次级代谢产物。次级代谢产物大多是分子结构比较复杂的化合物。根据其作用，可将其分为抗生素、激素、生物碱、毒素及维生素等类型。

复习思考题

1. 何谓新陈代谢？试图示分解代谢和合成代谢间的差别与联系。

2. 何谓发酵和呼吸作用？它们有什么区别？

3. 胃八叠球菌和运动发酵单胞菌产生乙醇的方式有什么不同？

4. 乳酸菌发酵有哪些类型？它们有什么异同？

5. 甘油发酵生产有哪些途径？

6. 什么是有氧呼吸和无氧呼吸？

7. 什么是回补途径？它在微生物代谢中具有什么重要的意义？

8. 简要叙述微生物主要细胞物质的合成。

9. 自氧微生物固定 CO_2 有哪些途径？

10. 什么是生物固氮？固氮微生物有哪些？

11. 如何人工控制谷氨酸棒杆菌的代谢过程生产赖氨酸？

12. 如何利用代谢调控提高微生物发酵产物的产量？

第六章 微生物的遗传变异和育种

【学习目标】

1. 掌握基因突变的实质、类型、特点和突变机制；
2. 掌握微生物遗传育种的几种方法；
3. 掌握菌种退化、复壮和菌种保藏的几种常用方法；
4. 了解微生物基因重组的几种基本途径；
5. 了解基因工程的基本操作步骤。

遗传和变异是生物界最基本的属性。微生物通过繁殖延续后代，使亲代与子代之间在形态、构造、生态、生理生化特性等方面具有一定的相似性，这就是微生物的遗传。虽然遗传具有相对的稳定性，但也不是一成不变的，因为在世代延续中，既有不变的内容，也有变化了的内容，所以世代之间、同代个体之间差异的现象就是变异。

遗传是相对的，变异是绝对的，遗传中有变异，变异中有遗传，遗传和变异的辩证关系促使微生物不断进化。由于遗传的保守性，保证了生物界物种的稳定，并使生产中选育出来的优良菌种的各个属性稳定地一代一代地传下去。又因为存在变异，保证了子代适应环境的能力，使子代在变化了的环境条件下也能很好地生存下去，同时，也为人类改造微生物提供了理论依据，使微生物得到发展。

在生物进化的过程中，微生物形成了愈来愈完善的代谢调节机制，使细胞内复杂的生物化学反应能高度有序地进行，并对外界环境条件的改变迅速做出反应。因此，处于平衡生长、进行正常代谢的微生物不会有代谢产物的积累。而微生物育种的目的就是要人为地使某种代谢产物过量积累，把生物合成的代谢途径朝人们所希望的方向加以引导，或者促使细胞内发生基因的重新组合来优化遗传性状，实现人为控制微生物，获得人们所需要的高产、优质菌种。

第一节　微生物遗传的物质基础

微生物的遗传物质是核酸，核酸分为脱氧核糖核酸（DNA）和核糖核酸（RNA），除少数病毒的遗传物质为 RNA 外，其余均为 DNA。

一、遗传物质在微生物细胞内存在的方式

核酸作为遗传的物质基础，它具备两个条件：首先能遗传给子代，也就是说子代能从上代获得遗传物质，并能自我复制；再则能指令生物体合成其他物质，使所传送的基因得以表达。那么，核酸是以怎样的形式存在于细胞内的呢？下面从几个方面来进行阐述。

1. 染色体

染色体是遗传信息的主要携带者，是由脱氧核糖核酸（DNA）和组蛋白组成的。不论

是真核细胞还是原核细胞，它们的大部分 DNA 都集中在细胞核或核区（核质体）中。但真核细胞的细胞核有核膜包裹，真核形态固定，核内 DNA 与组蛋白结合在一起形成一种在光学显微镜下能见的核染色体；而原核细胞只有无核膜包裹的呈松散状态存在的核区，其中的 DNA 呈环状双链结构，不能与任何蛋白质相结合。不论真核微生物的细胞核还是原核微生物细胞的核区，都是该微生物遗传信息的大本营和信息库，因此被称为核基因组、核染色体组，或简称基因组。再从细胞内的染色体数目来看，不同的微生物的染色体数目差别很大，真核微生物常有较多的染色体，如酵母菌属中有的种有 17 条之多，而原核微生物中常只有 1 条裸露的环状 DNA 大分子核酸，即 1 条染色体。

2. 核酸

核酸是由数十个至数以万计的单核苷酸聚合而成的生物大分子。在真核微生物中，DNA 总是与缠绕的组蛋白同时存在的，而原核微生物的 DNA 都是单独存在的。从核酸的组成、结构和长度来看，不管是 DNA 还是 RNA，绝大多数是双链的。此外，同是双链 DNA，其存在状态有的呈环状（如原核微生物和部分病毒），有的呈线状（如部分病毒），而有的则呈麻花状（如细菌质粒）。而对于 DNA 长度（基因组的大小），不同的微生物其基因组大小的差别很大。一般可用 bp（碱基对）、kb（千碱基对）和 Mb（兆碱基对）作单位。

3. 基因和密码子

基因是生物体内具有自主复制能力的最小遗传功能单位。基因的实质是一条具有特定核苷酸序列的核酸分子片段。染色体是由众多基因所构成的。每个基因大体在 $1000\sim1500$ bp 的范围，相对分子质量约为 6.7×10^5。有关基因的概念和种类是遗传学中内容最丰富、发展最迅速的热点之一。

遗传密码是指 DNA 链上各个核苷酸的特定排列顺序。遗传密码的信息单位是密码子，每个密码子是由 3 个核苷酸顺序即 1 个三联体所组成，它是负载遗传信息的基本单位。

4. 核苷酸

各种遗传密码子贮存着各自对应的信息，而单个核苷酸或碱基则是密码子的组成单位，是基因突变的最小单位。从绝大多数微生物的 DNA 组分来看，其分别由腺苷酸、胸苷酸、鸟苷酸和胞苷酸 4 种脱氧核苷酸组成。其上的碱基分别为腺嘌呤（A）、胸腺嘧啶（T）、鸟嘌呤（G）和胞嘧啶（C）。

二、DNA 的结构与复制

1. DNA 的结构

1953 年，Watson 和 Crick 首先提出 DNA 的结构模型，认为 DNA 是由两条反向平行的多核苷酸组成的双螺旋结构，两条多核苷酸链通过碱基间的氢键相结合。此结构已经扫描隧道显微镜所证实。

2. DNA 的复制

在细胞分裂和代代的过程中，作为微生物遗传物质的 DNA 必须准确无误地复制，才能使子代细胞含有相同的遗传信息，以保持物种的稳定。1958 年，Meselson 和 Stahl 用 ^{15}N 标记的碱基培养大肠杆菌，并定时取样分离 DNA，进行密度梯度离心。研究结果证明，DNA 是以独特的半保留方式进行复制的，即每一子代 DNA 分子的一条链来自亲代，另一条链是新合成的。

三、基因表达

在所有的生物中，基因的主要功能是把遗传信息转变为特定氨基酸顺序的多肽，从而决

定生物性状的过程，这一过程称为基因表达。基因表达
包括以下两个步骤，首先以 DNA 为模板，通过 RNA 聚
合酶转录出 mRNA（信使 RNA），然后将 mRNA 的碱基
顺序翻译成由相应氨基酸顺序组成的蛋白质（图 6-1）。

图 6-1　基因表达的过程

由此可见，DNA 间接控制着蛋白质的合成，即由信使 RNA（mRNA）作中间媒介。
mRNA 是在核内或核区中以 DNA 为模板，在依赖于 DNA 的 RNA 多聚酶的参与下合成的。
mRNA 全盘转录了 DNA 的全套信息。而在参与蛋白质合成的翻译过程中，则以信使 RNA
为模板，在核糖体上由 tRNA 携带特定氨基酸到核糖体上，与其上所附着的 mRNA 分子的
密码子一一对号入座，从而将一个个氨基酸在核糖体上以信使 RNA 的信息翻译成氨基酸的
序列，直至终止密码为止，多肽从核糖体上脱下来，形成具有活性的蛋白质分子。

【阅读材料 6-1】

慢性杀手——朊病毒

1986 年 11 月至 1995 年 5 月，英国饲养的大约 15 万头牛感染了一种神经疾病，病牛从发病到死亡仅数
周到数月的时间，这种病被称为疯牛病。通过流行病学研究发现，疯牛病的起病原因既不是传染性病毒，
也不是细菌，更不是真菌或寄生虫。它是能起传播作用并且非常稳定的一种物质，这种物质用普通的烹调
温度无法将其杀死，甚至连消毒、冷冻和干燥也无法将其消灭，它就是朊病毒。"朊病毒"最早是由美国加州大
学 Prusiner 等提出的，大量实验研究表明，它是具有传染性的蛋白质致病因子。迄今为止，未发现朊病毒蛋白质
内含有核酸。但已知的传染性疾病的传播因子必须含有核酸（DNA 或 RNA）组成的遗传物质，才能感染宿主并
在宿主体内自然繁殖。但朊病毒的发现对"蛋白质不是遗传物质"的定论带来了一些疑云。那么朊病毒是生命界
的又一特例呢？还是目前人们的认识和技术所限而尚未揭开的生命之谜？这还有待科学家去认识和探索。

第二节　菌　种　分　离

自然界中微生物资源极其丰富，土壤、水、空气、动植物及其腐败残骸都是微生物的主
要栖居和生长繁殖场所。微生物种类之多，至今仍是一个难以估测的未知数。从微生物的营
养类型和代谢产物及其能在各种极端环境条件（高热、高压、低温、强碱、强酸及高渗透压
等）下生存的角度分析，微生物种类应大大超过所有动植物之和。随着微生物学研究工作的
不断深入，微生物菌种资源开发和利用的前景十分广阔。新的微生物菌种需要从自然生态环
境中混杂的微生物群中挑选出来，因此必须要有快速而准确的新种分离和筛选方法。典型的
微生物新种分离筛选的具体过程大体可分为采样、增殖、纯化和筛选等步骤。

一、采样

采样就是从自然界中采集含有目的菌的样品。采样应根据筛选的目的、微生物分布情
况、菌种的主要特征及其生态关系等因素，确定具体的时间、环境和目标物。土壤是微生物
的大本营，土壤中微生物的数量和种类受土壤的营养环境、土壤表面的植被、温度、湿度、
通风情况、养分、水分、酸碱度和光照等多种因素的影响，故在采样时应予以重视。

土壤的营养环境影响着微生物数量和种类的分布。一般菜园和耕作层土壤是有机质较多
的土层，常以细菌和放线菌为主；果园树根土层中，酵母菌含量较高；动植物残体及霉腐土
层中，分布着较多的霉菌。此外，河流湖泊的淤泥中能分离到产甲烷菌；油田和炼油厂周围
土层中常见分解石油的微生物等。

土壤的植被情况与微生物的类型有着一定的关系。如豆科植物根系土中，往往存在着根瘤菌；瓜田、果树下的土壤中酵母菌较多。

土壤的深度不同，其通风、养分、水分、光照等情况就不同，表层土由于日光直接照射，水分较少，不利于微生物生长，所以微生物数量较少，一般离表层5～15cm深处的土层含微生物最多。

季节和温湿度对微生物的生长也有很大的影响。由于春秋季节温度、湿度对微生物的生长繁殖最合适，因此，土壤中微生物数量最多，所以春秋两季适合于采样。

采集土样时，应在选好适当的地点后，用不锈钢采样铲去除表土，取离地面5～15cm处的土样几十克，盛于预先灭菌的牛皮纸袋、塑料袋或玻璃瓶中，密封好，并标明时间、地点和环境情况等，以备查考。

各种水体也是工业微生物菌种的重要来源，许多具有光合作用能力的微生物及兼性或专性厌氧微生物都能从各种水体中筛选得到。

二、增殖

在采集的样品中，一般待分离的菌种在数量上并不占优势，为提高分离的效率，可以对采集到的样品进行一次甚至多次增殖培养。增殖培养也称富集培养，就是在培养基中投放和添加特殊的养分或抗菌物质，使所需菌种的数量相对增加。其实质是使天然样品中的劣势菌转变为人工环境中的优势菌，便于将它们从样品中分离。

三、纯化

增殖培养的结果并不能获得微生物的纯种。即使在增殖培养过程中设置了许多限制因素，但其他微生物并没有死去，只是数量相对减少，一旦遇到适宜条件就会快速生长繁殖。故增殖后得到的微生物培养物仍是一个各类微生物的混合体。为了获得某一特定的微生物菌种，必须进行微生物的纯化即纯培养。常用的菌种纯化方法很多，大体可将它们分为两个层次。一个层次较粗放，一般只能达到"菌落纯"的水平，从"种"的水平来说是纯的，其方法有划线分离法、涂布分离法和稀释分离法。划线分离法简便而快速，即用接种针挑取微生物样品在固体培养基表面划线，适当条件下培养后，获得单菌落；涂布分离法与划线法类似，用涂布棒蘸取培养液，或先将少量培养液滴在固体培养基表面，再用涂布棒在固体培养基表面均匀涂布；稀释分离法所获得的单菌落更加分散均匀，获得纯种的概率较大，该法是将降温至60℃左右的固体培养基与少量培养液混匀后，再浇注成平板以获取单菌落。另一层次是较为精细的单细胞或单孢子分离法，它可达到"细胞纯"即"菌株纯"的水平。这种方法的具体操作方法很多，最简便的方法是利用培养皿或凹玻片等分离小室进行细胞分离，也可以利用复杂的显微操作装置进行单细胞挑取。如果遇到不长孢子的丝状菌，则用无菌小刀切取菌落边缘稀疏的菌丝尖端进行分离移植，也可用无菌毛细管插入菌丝尖端，以获取单细胞。在具体的工作中，究竟采取哪种方法，应视微生物的实际情况和实验条件而定。为了提高分离筛选工作的效率，除增殖培养时控制增殖条件外，在纯种分离时，也应控制适宜的培养条件，并选用特异的检出方法和筛选方案。

四、筛选

筛选是对分离获得的纯培养菌株进行生产性能的测定，从中选出适合生产要求的菌株。在菌种纯化过程中能获得大量的目标菌株，它们都具备一些共性，但只有经过进一步的筛选，才能确定哪些菌株更符合生产要求。筛选分为初筛和复筛两步：初筛以量为主，对所有分离菌株进行粗略的生产性能测试；复筛以质为主，对经初筛所获得的少量生产潜力较大的菌株进行比较精确的生产性能测试。

直接从自然界分离得到的野生型菌株往往低产甚至不产所需的产物，只有经过进一步的人工改造才能真正用于工业发酵生产。所以，常将这些自然界中直接获得的新菌株称为进一步育种工作的原始菌株或出发菌株，以别于经人工育种改造后得到的变异菌株或重组菌株。

第三节　基因突变和诱变育种

微生物菌种的选育是建立在遗传和变异基础上的。基因突变是微生物变异的主要源泉。人工诱变又是加速基因突变的重要手段。以人工诱变为基础的微生物诱变育种，具有速度快、收效大、方法简单等优点，它是菌种选育的一个重要途径，在发酵工业菌种选育上具有卓越的成就。迄今为止国内外发酵工业中所使用的生产菌种绝大部分是人工诱变选育出来的。诱变育种在抗生素工业生产上的作用更是无可比拟，几乎所有的抗生素生产菌都离不开诱变育种的方法。中国微生物工业的发展，是与菌种的选育工作的发展紧密联系的。随着菌种选育取得重要的成就，发酵工业的生产也得以迅速的发展、扩大和提高。

一、基因突变

基因突变是最基本的遗传变异现象之一。由于微生物内部因素和自然环境的影响，遗传物质在不断地发生变异，同时微生物本身还具有对基因突变的修复能力，从而保持了物种的稳定性。

1. 突变的概念

基因突变简称突变，是变异的一类，泛指细胞内（或病毒颗粒内）遗传物质的分子结构或数量突然发生的可遗传的变化。狭义的突变专指基因突变，也称点突变；而广义的突变分为染色体畸变和基因突变。突变的概率一般很低，约为 $10^{-9} \sim 10^{-6}$。从自然界分离到的菌株一般称野生型菌株，简称野生型。野生型经突变后产生的带有新性状的菌株称突变型菌株，简称突变株、突变体或突变型。

突变是工业微生物产生变种的根源，是选种育种的基础，但也是菌种发生退化的主要原因。所以自然界形形色色的菌种是生物长期进化，即通过变异和自然选择的结果。

2. 突变型的类型

表型是指具有一定遗传型的生物体，在特定环境条件下通过生长发育所表现出来的一切外表特征和内在特性的总和。基因突变的类型很多，从筛选菌株的实用目的出发，按突变体表型特征的不同，可把突变型分成以下几种类型。

（1）形态突变型　形态突变型是指由突变引起的个体形态或菌落形态的变异。如细菌的鞭毛、芽孢或荚膜的有无，霉菌或放线菌的孢子有无或颜色变化，菌落的大小，菌落表面的光滑、粗糙，以及噬菌斑的大小或清晰度等的突变。

（2）营养缺陷型　野生型菌株因发生基因突变而丧失合成一种或几种生长因子、碱基或氨基酸的能力，因而无法再在基本培养基上正常生长繁殖，只能在补充了相应生长因子的补充培养基上或在含有天然营养物质的完全培养基上才能生长的变异类型，称为营养缺陷型。营养缺陷型突变株在遗传学、分子生物学、遗传工程和工业微生物育种等工作中有着重要的应用。

（3）抗性突变型　指野生型菌株因发生基因突变而产生的对某种化学药物、致死物理因素或噬菌体具有抗性的变异类型。根据其抵抗的对象可分为耐药性突变型、抗紫外线突变型或抗噬菌体突变型等。它们十分常见且极易分离，一般只需要在含抑制生长浓度的某药物、相应的物理因素或在相应噬菌体平板上涂上大量的敏感细胞群体，经一定时间培养后即可获得。抗性突变型在遗传学基本理论的研究中十分有用，它常作为选择性标记菌株。

（4）致死突变型　致死突变型是指由于基因突变而造成菌体死亡的突变类型。通常可分为显性致死和隐性致死。杂合状态的显性致死和纯合状态的隐性致死都会导致个体的死亡，在单倍体生物中两种类型都会引起个体的死亡。

（5）条件致死突变型　突变后的菌体在某种条件下可以正常地生长、繁殖并呈现其固有的表型，而在另一种条件下则发生死亡，这种突变型称为条件致死突变型。温度敏感突变型是最典型的条件致死突变型。有些菌体发生突变后对温度变得敏感了，在较窄的温度范围内才能存活，超出此温度范围则死亡。其原因是突变使某些重要蛋白质的结构和功能发生改变，以致会在某特定温度下具有的功能，而在另一温度下则无此功能。如有些大肠杆菌突变菌株能在37℃下生长，但不能在42℃下生长；噬菌体 T_4 的几个突变株在25℃下有感染力，而在37℃下则失去感染力。

（6）产量突变型　通过基因突变而产生的在代谢产物产量上明显有别于原始菌株的突变株称为产量突变型。若产量显著高于原始菌株的称为正变株；而把产量显著低于原始菌株的称为负变株。筛选高产正变株的工作对生产实践极为重要，但由于产量高低是由多个基因决定的，因此在育种实践上，只有把诱变育种与重组育种和遗传工程育种很好地结合起来，才能取得良好的效果。

以上几种突变类型的划分并不是绝对的，只是关注的角度不同，它们并不彼此排斥，往往会同时出现。如营养缺陷型突变也可以认为是一种条件致死突变型，而且它常伴随着菌体形态的变化，即形态突变型。

3. 突变的类型

根据突变涉及的范围，可以把突变分为染色体畸变和基因突变。

（1）染色体畸变　染色体畸变指的是染色体结构的改变，包括缺失、重复、倒位和易位等。缺失指的是染色体片段的丢失；重复是指染色体片段的二次出现；倒位是指染色体的片段发生了180°的位置颠倒；易位则是指一个染色体的一个片段连接到另一个非同源染色体上。如果是两个非同源染色体之间相互交换了部分片段，则称相互易位。图6-2中每组线的上面一条染色体是正常的，下面一条染色体是发生畸变的。

（2）基因突变　基因突变也称点突变，指的是染色体局部点位内的变化，涉及一对或少数几对核苷酸的增加、减少或替换。

① 碱基置换。在DNA链上的碱基序列中一个碱基被另一个碱基代替的现象称为置换。碱基置换分为两种类型：一类称为转换，是指 DNA 链中嘌呤与嘌呤（A 与 G）之间或嘧啶与嘧啶（T 与 C）之间发生互换；另一类为颠换，是指 DAN 链中一个嘌呤被一个嘧啶或一个嘧啶被一个嘌呤所替换（图 6-3）。

② 移码突变。在DNA序列中由于一对或少数几对核苷酸的插入或缺失而使其后全部遗传密码的阅读框架发生移动，进而引起转录和翻译错误的突变叫移码突变（图 6-4）。由移码突变所产生的突变株，称为移码突变株。移码突变只属于 DNA 分子的微小损伤，其结果只涉及有关基因中突变点后面的遗传密码阅读框架发生错误。

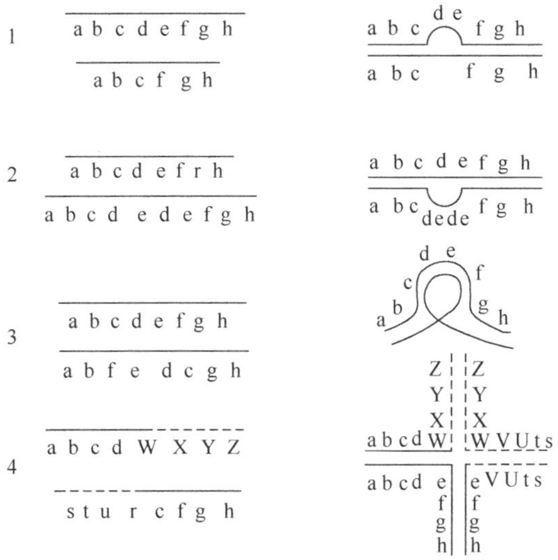

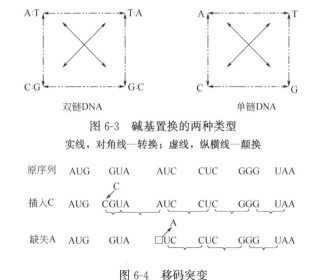

图 6-2　常见的几种染色体畸变
1—缺失；2—重复；3—倒位；4—相互易位

图 6-3　碱基置换的两种类型
实线，对角线—转换；虚线，纵横线—颠换

图 6-4　移码突变

4.基因突变的机制

基因突变的机制是多样性的，按突变的条件和原因划分，可分为自发突变和人工诱发突变两大类。

（1）自发突变　自发突变是指微生物在无人工干预下自然发生的突变。引起自发突变的原因很多，一般有如下几个。

① 背景辐射和环境因素。如宇宙间的短波辐射、紫外线及高温、病毒等。这些因素多为环境中自然存在的一些低剂量的物理、化学诱变因素。随着环境的恶化、臭氧层的减薄，这些因素的作用日渐加强。

② 微生物自身有害代谢产物的诱变。如过氧化氢是微生物的一种正常代谢产物，它对脉孢菌具有诱变作用。它可因同时加入过氧化氢酶而降低突变率，如果再同时加入过氧化氢酶抑制剂，则又可提高突变率。由此可说明过氧化氢可能是自发突变中的一种内源诱变剂。

除过氧化氢外，咖啡碱、硫氰化物、二硫化二丙烯、重氮丝氨酸等，微生物所产生的这些物质同样会作用于 DNA 分子，引发突变。

③ 由 DNA 复制过程中的碱基错误配对所引起。据统计，在 DNA 分子的复制过程中，每个碱基错误配对发生的频率为 $10^{-11}\sim10^{-7}$，而 1 个基因的平均长度约为 1000bp，故由于碱基错误配对引起的自发突变率约为 $10^{-8}\sim10^{-4}$。因此，若对细菌进行一般液体培养时，因其细胞浓度常可达到 10^8 个/mL，故经常会在其中产生自发突变株。

（2）诱发突变　简称诱变，是指通过人为的方法，利用物理、化学和生物因素处理微生物而引起的突变。将这些能使突变率提高到自发突变水平以上的物理、化学和生物因素统称为诱变剂。诱发突变与自发突变在效应上几乎没有差异，突变基因的表现型和遗传规律在本质上也是相同的。只是与自发突变相比，诱发突变速率快、时间短、突变频率高。诱发突变在工业微生物菌种选育与改造方面已经取得了惊人的效果。

① 物理诱变。利用物理因素引起基因突变的称为物理诱变。物理诱变因素很多，有非电离辐射类的紫外线、激光和离子束等，有能够引起电离辐射的 X 射线、γ 射线和快中子等。诱变育种工作中常用的有紫外线和 γ 射线等。

紫外线是波长范围为 136～390nm 的射线，它是一种非电离辐射。紫外线波长虽较宽，但诱变有效范围是 200～300nm，其中又以 260nm 左右效果最好。各种微生物对紫外线的敏感性是不相同的，有些甚至差异很大。一般诱变用 15W 低功率的紫外灯，而高功率紫外灯由于放出的光谱分布比较均匀，范围较宽，因此效果不如低功率的紫外灯。紫外线诱变育种已沿用多年，目前仍普遍使用，育种效果比较好，操作方便。例如，糖化酶产生菌黑曲霉变异株的出发菌株产酶不到 1000U/mL，经过紫外线诱变选育后的突变株，产量提高到 3000U/mL。

② 化学诱变。利用化学物质对微生物进行诱变，引起基因突变的称为化学诱变。通过对上千种化学物质的诱变作用进行研究，发现从简单的无机物到复杂的有机物，包括金属离子、一般试剂、生物碱、生长刺激素、抗生素、农药、灭菌剂、色素、染料等，都可以诱发突变，但是诱变效果好的种类并不多。根据化学诱变剂对 DNA 作用方式的不同，可以将它们分为以下三类。

第一类是能够改变 DNA 化学结构的诱变剂，如亚硝酸和烷化剂等。亚硝酸具有氧化脱氨作用，它能使腺嘌呤（A）脱去氨基变成次黄嘌呤（H），胞嘧啶（C）脱去氨基变成尿嘧啶（U）。在 DNA 分子第 1 次复制时，H 与 C 配对，U 与 A 配对；第 2 次复制时，C 与 G 配对，A 与 T 配对。于是，经过两次复制，原来的 A-T 碱基对就变成了 G-C 碱基对，而 G-C 碱基对却变成了 A-T 碱基对。

常见的烷化剂有硫酸二乙酯、乙烯亚胺、甲基磺酸乙酯、亚硝基甲基脲等。烷化剂有一个或几个不稳定的烷基，能够与 DNA 分子的碱基发生化学反应，置换其中某些基团的氢原子，从而改变碱基的化学结构，使 DNA 分子复制时出现碱基配对的差错，最终导致基因突变。

第二类是碱基类似物，是指与 DNA 的 4 种碱基 A、T、G、C 在化学结构上相似的一类物质。在 DNA 分子复制时，这些碱基类似物能够作为 DNA 的组成成分加入到 DNA 分子中，从而引起基因突变。常见的碱基类似物有 5-溴尿嘧啶、5-溴脱氧尿核苷（是胸腺嘧啶结构类似物）、2-氨基嘌呤（是腺嘌呤的结构类似物）等。

第三类是移码诱变剂，它们可以插入 DNA 分子结构中，使 DNA 分子在复制或转录时出现差错而导致突变。如吖啶类化合物、溴化乙锭和一系列 ICR（一类由烷化剂与吖啶类化合物相结合的化合物）类化合物。

5. 基因突变的特点

由于所有微生物遗传物质的化学本质都是核酸，除部分病毒的遗传物质为 RNA 外，绝大部分为 DNA。因此，在遗传变异特性上都遵循着共同的规律，这在基因突变水平上非常明显。基因突变具有以下特点。

（1）基因突变的自发性及不对应性　各种性状的突变都可以在没有任何人为诱变因素的作用下自发产生，这就是基因突变的自发性。基因突变的性状与引起突变的因素之间无直接的对应关系。就是说，在紫外线诱变下可以出现抗紫外线菌株，通过自发或其他诱发因素也可以获得同样的抗紫外线菌株。

（2）基因突变的稀有性　虽然自发突变随时都可能发生，但自发突变发生的概率是很低的，一般在 $10^{-9} \sim 10^{-6}$ 之间。

（3）基因突变的独立性　突变对每个细胞是随机的，对每个基因也是随机的。每个基因的突变是独立的，既不受其他基因突变的影响，也不会影响其他基因的突变。

（4）基因突变的可诱变性　通过人为的诱变剂作用，可以提高菌株的突变率，一般可以将突变率提高 $10 \sim 10^5$ 倍。因为诱变剂仅仅是提高突变率，所以自发突变与诱发突变所获得的突变株并没有本质区别。

（5）基因突变的稳定性　因为基因突变的原因是遗传物质的结构发生了变化，所以突变产生的新的变异性状是稳定的，也是可遗传的。

（6）基因突变的可逆性　由原始的野生型基因变异成为突变型基因的过程称为正向突变，相反的过程称为回复突变。实验证明，任何遗传性状都可发生正向突变，也可发生回复突变。

二、诱变育种

诱变育种是指利用物理或化学等因素处理微生物细胞，提高基因的随机突变频率，并通过一定的筛选方法获得所需要的高产优质菌株。诱变育种在工业微生物育种上有多种用途。首先，通过诱变育种能提高产物的产量，即可以获得高产突变株；其次，通过诱变育种可以改善菌种特性、提高产品质量、扩大品种和简化生产工艺，降低成本。由于诱变育种具有方法简单、快速和收效显著等特点，故仍是目前被广泛使用的主要育种方法之一。

诱变育种的基本步骤包括：出发菌株的选择、菌株的培养、菌悬液的制备、诱变处理、中间培养、突变株的分离与筛选等。

1. 出发菌株的选择

诱变育种的目的是提高产物的产量，改进产品的质量或改变原有的代谢途径，产生新的代谢产物。那么，选好出发菌株对提高诱变效果有着极其重要的意义。用作诱变育种的出发菌株常有以下几类。

① 从自然界分离的野生型菌株。这类菌株虽然产量较低，但对诱变因素敏感，变异幅度大，正突变率高。

② 选取生产中由于自发突变或长期在生产条件下驯化而筛选得到的菌株。这类菌株与野生型菌株较相像，容易达到较好的诱变效果。

③ 选取每次诱变处理都有一定提高的菌株。这类菌株在育种工作中经常采用。对于这类菌株，由于情况比较复杂，必须根据情况，区别对待。一般认为最合理的做法是在每次诱

变处理后选取 3～5 个较高产的菌株作为出发菌株，继续诱变。如果是产量特别高的菌株，可先行重组育种，再作为诱变的出发菌株，就有可能得到好的效果。

总之，在诱变育种的实际工作中，如何选择一个好的出发菌株，不仅要积累很多实际经验，而且还需要和选取诱变方法密切配合，才能得到好的结果。

2. 菌株的培养

在诱变育种中，处理材料一般采用生理状态一致的单倍体、单核细胞，即菌悬液的细胞应尽可能达到同步生长状态，这称为同步培养。细菌一般要求培养至指数生长期，此时群体生长状态比较同步，比较容易变异，重复性较好。如亚硝基胍诱变时作用于复制叉处，生长旺盛的细胞中复制叉点较多，碱基类似物也在此时期比较容易进入 DNA 链中。霉菌处理使用分生孢子，应该将分生孢子在液体培养基中短时间培养，使孢子孵化，处于活化状态，并恰好未形成菌丝体，此时易于诱变。

3. 菌悬液的制备

为使每个细胞均匀接触诱变剂并防止长出不纯菌落，就要求作诱变的菌株必须以均匀而分散的单细胞悬液状态存在。由于某些微生物细胞是多核的，即使处理其单细胞，也会出现不纯菌落；又由于一般 DNA 都是以双链状态存在的，而诱变剂通常仅作用于某一单链的某一序列，因此，突变后的性状往往无法反映在当代的表型上，而是要通过 DAN 的复制和细胞分裂后才表现出来，于是出现了不纯菌落。上述两类不纯菌落的存在，也是诱变育种工作中初分离的菌株经传代后会很快出现生产性状"退化"的原因之一。鉴于以上原因，用于诱变育种的细胞应尽量选用单核细胞，如霉菌或放线菌的分生孢子或细菌的芽孢等。

菌悬液是直接供诱变处理的，其质量的好坏将直接影响诱变效果。菌悬液一般可用生理盐水或缓冲溶液配制，如果是用化学诱变剂处理，因处理时 pH 会变化，必须要用缓冲溶液。除此之外，还应注意分散，方法是先用玻璃珠振荡分散，再用脱脂棉或滤纸过滤，经处理，分散度可达 90% 以上。这样，可以保证菌悬液均匀地接触诱变剂，获得较好的诱变效果。最后制得的菌悬液，霉菌孢子或酵母菌细胞的浓度大约为 $10^6 \sim 10^7$ 个/mL，放线菌和细菌的浓度大约为 10^8 个/mL。菌悬液的细胞数可用平板计数法、血球计数板或光密度法测定，但以平板计数法较为准确。

4. 诱变处理

诱变处理包括诱变剂的选择和使用剂量的确定。各种诱变剂都有其各自作用的特殊性，但由于目前对绝大多数微生物所呈现各种性状的相应基因了解得还很不够，所以在选择诱变因素的时候，需做大量的预备性试验。在实际的工作中，一般都先采用一些效果好的诱变剂，如化学因素中的甲基磺酸乙酯，用它处理棒杆菌和枯草杆菌，处理时间延长至 18h，在存活率为 1.0×10^{-7} 时，突变率达 82.7%；处理黑曲霉 6～7h，存活率在 0.01% 以下时，营养缺陷型多达 3% 以上。就物理诱变因素而言，目前使用较多的是紫外线和 γ 射线等。

要确定一个合适的剂量，通常要经过多次试验。就一般微生物而言，诱变频率往往随剂量的增大而增大，但达到一定剂量后，再提高剂量会使诱变频率下降。根据对紫外线、γ 射线及乙烯亚胺等诱变剂诱变效应的研究，发现正突变较多地出现在较低的剂量中，而负突变则较多地出现在高剂量中，同时还发现经多次诱变而提高产量的菌株中，高剂量更容易出现负突变。因此，在诱变育种工作中，目前较倾向于采用较低剂量。

在诱变育种时，有时可根据实际情况，采用多种诱变剂复合处理的办法。复合处理方法主要有 3 类：①两种或多种诱变剂先后使用；②同一种诱变剂的重复使用；③两种或多种诱变剂的同时使用。如果能使用不同作用机制的诱变剂来进行复合处理，可能会取得更好的诱变效果。诱变剂的复合处理常呈现一定的协同效应，这对诱变育种的工作是很有价值的。

5. 中间培养

对于刚经诱变剂处理过的菌株，有一个表现迟滞的过程，需 3 代以上的繁殖才能将突变性状表现出来。据此应让变异处理后的细胞在液体培养基中培养几小时，使细胞的遗传物质复制，繁殖几代，以得到纯的变异细胞。这样，稳定的变异就会显现出来。若不经液体培养基的中间培养，直接在平皿上分离就会出现变异和不变异细胞同时存在于一个菌落内的可能，形成混杂菌落，以致造成筛选结果的不稳定和将来的菌株退化。

6. 突变株的分离和筛选

经过中间培养，分离出大量的较纯的单个菌落，接着，要从几千万个菌落中筛选出几个所谓性能良好的正突变菌株，这将要花费大量的人力和物力。怎样设计才能花费较少的工作量达到最好的效果，这是筛选工作中的一条原则。一般采用一些方法加以简化，如利用形态突变直接淘汰低产变异菌株，或利用平皿反应直接挑取高产变异菌株等。平皿反应是指每个变异菌落产生的代谢产物与培养基内的指示物在培养基平板上作用后表现出一定的生理效应，如变色圈、透明圈、生长圈、抑菌圈等，这些效应的大小表示变异菌株生产活力的高低，以此作为筛选的标志。常用的方法有纸片培养显色法、透明圈法、琼脂块培养法等。

第四节　基因重组和杂交育种

微生物变异是由于遗传物质的成分和结构的改变引起的。遗传物质的这些改变，可以通过突变发生在一个细胞内部，也可以通过两个细胞间遗传物质的重组而实现。将两个不同性状个体内的基因转移到一起，经过重新组合后，形成新的遗传型个体的过程称为基因重组。基因重组是生物体在未发生突变的情况下，产生新的遗传型个体的现象。

杂交育种一般是指人为利用真核微生物的有性生殖、准性生殖，或原核微生物的接合、转导和转化等过程，促使两个具有不同遗传性状的菌株发生基因重组，以获得性能优良的生产菌株。尽管一些优良菌种的选育主要是采用诱变育种的方法，但是某一菌株长期使用诱变剂处理后，其生活能力一般要逐渐下降，如生长周期延长、孢子量减少、代谢减慢、产量增加缓慢、诱变因素对产量基因影响的有效性降低等，因此，需采用杂交育种的方法进一步优化菌株；另外，由于杂交育种是选用已知性状的供体和受体菌种作为亲本，因此不论在方向性还是自觉性方面，都比诱变育种前进了一大步，所以它是微生物菌种选育中一种重要的方法。

一、原核微生物的基因重组

原核微生物缺乏有性生殖系统，在进行基因重组时，它们的两个亲本细胞并不给子代提供等量的遗传信息，彼此间能互相交换小部分的遗传信息，通常称提供交换 DNA 的原核微生物为供体，而获得 DNA 的原核微生物为受体。原核微生物的基因重组可以通过转化、转导和接合等方式进行。以下主要介绍转化及转导两种重组方式。

1. 转化

受体细胞从周围介质中吸收来自供体细胞的 DNA 片段（常称为转化因子），并把它整合到自己的基因组中，从而获得新的遗传性状的现象，称转化。经转化所得的供体性状的子代叫转化子。转化主要通过 3 个步骤完成，如图 6-5 所示。

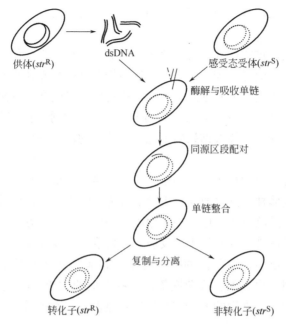

图 6-5　转化过程示意

（1）感受态细胞的建立　只有处于感受态的细胞才能作为转化的受体。所谓的感受态是指细胞能够从周围环境中吸收 DNA 分子片段进行转化的生理状态。感受态的出现与菌株的遗传特性和培养条件等因素有关。不同的菌株感受态持续的时间也不同，如枯草芽孢杆菌可持续几个小时，而肺炎双球菌只能持续几分钟。现在人们也可以用人工的方法提高受体菌感受态的水平，如用 cAMP 处理嗜血杆菌细胞群体，可使其感受态水平提高 10000 倍。

（2）转化因子的吸附和吸收　首先是供体双链 DNA 与受体细胞壁上的吸附位点相结合。对于不同的受体细胞而言，其细胞壁上的吸附位点数是不同的，而且对转化因子吸附的专一性也不同。如肺炎双球菌上的位点数有 30～80 个，而且肺炎双球菌对于转化因子的吸附没有专一性；流感嗜血杆菌上的位点数则有 4～10 个，并且具有高度的专一性，只能吸附同种不同菌株的 DNA，不能吸附大肠杆菌的 DNA。随后其中一条 DNA 链被细胞表面上的核酸酶降解，降解产生的能量协助把另一条 DNA 链推进受体细胞。到目前为止，亦发现有完整的双链被摄取的情况，如革兰阴性菌——嗜血杆菌。

（3）转化因子的整合与转化子的形成　当单链转化因子 DNA 进入受体细胞后，便与双链结构的受体染色体 DNA 同源片段配对，接着受体染色体 DNA 上的相应单链片段被切除，并被转化因子 DNA 交换、整合和替换。被替换下来的受体染色体 DNA 片段被酶所降解，缺口部分被修复合成及连接，形成部分杂合双链，再通过 DNA 复制和细胞分裂即得重组子代，经选择性培养基分离可获得转化子。

能够发生转化的微生物有许多，如肺炎链球菌属、嗜血杆菌属、芽孢杆菌属、假单胞杆菌属、奈瑟球菌属、葡萄球菌属和根瘤菌属等。转化性状也多样，如形态、荚膜物质、糖发酵、耐药性、抗原性、致病力、代谢产物、营养需要等性状的变化。

2. 转导

通过完全缺陷或部分缺陷噬菌体为媒介，把供体细胞的 DNA 片段携带到受体细胞中，通过交换与整合，从而使后者获得前者部分遗传性状的现象，称为转导。获得部分新性状的受体细胞，称为转导子。转导可分为普遍性转导和局限性转导两种类型。在普遍性转导中，噬菌体可以转导供体染色体的任何部分到受体细胞中；而在局限性转导中，噬菌体总是携带同样的片段到受体细胞中。

二、真核微生物的基因重组

在真核微生物中，基因重组的方式很多，主要有有性杂交和准性杂交两种。

1. 有性杂交

杂交是指在细胞水平上进行的一种遗传重组方式。有性杂交，一般是指不同遗传型的两性细胞间发生的接合和随之进行的染色体重组，进而产生新的遗传型后代的一种育种方式。凡能产生有性孢子的酵母菌或霉菌都有与动植物类似的有性杂交现象。现以工业上常用的酿酒酵母为例来加以介绍。

酿酒酵母有其完整的生活史（图 6-6）。从自然界分离到的或在工业生产中应用的菌株，一般都是双倍体细胞。把不同生产性状的甲、乙两个亲本菌株（双倍体）分别接种到产孢子培养基斜面上，使其产生子囊孢子（单倍体）。经洗涤、去壁和涂布而得到单倍体菌落。把来自不同亲本、不同性别的单倍体细胞通过离心等方式使之密集地接触，就有更多的机会出现种种双倍体的有性杂交后代。它们的双倍体细胞和单倍体细胞有明显的差别，易于识别（表 6-1）。在这些双倍体杂交子代中，通过筛选，就可以选到优良性状的杂种。

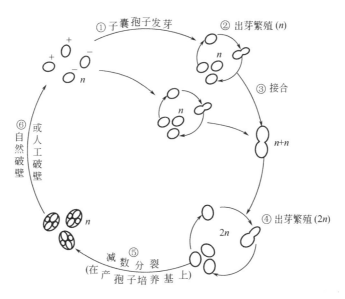

图 6-6　酿酒酵母的生活史

表 6-1　酿酒酵母的双倍体和单倍体细胞的区别

项　目	双倍体	单倍体	项　目	双倍体	单倍体
细胞大小	大,椭圆形	小,球形	液体培养状态	繁殖较快,细胞较分散	繁殖较慢,细胞常聚集成团
菌落形态	大,形态均一	小,形态变化较大	在孢子培养基上	形成子囊	不形成子囊

2. 准性杂交

准性生殖是部分真菌中存在的不通过减数分裂而产生低频率的基因重组的特殊方式。它包括异核体的形成、体细胞双倍体的产生和细胞在有丝分裂过程中的染色体交换。与单倍体化,这3个过程在准性生殖过程中是相互关联的,各阶段的发生与产物形成的频率都对基因重组有很大影响。

准性生殖对一些没有有性生殖过程但有重要生产价值的半知菌类育种工作来说,提供了一个杂交育种的手段。现将灰黄霉素生产菌——荨麻青霉的准性杂交育种方法简介如下(图6-7)。

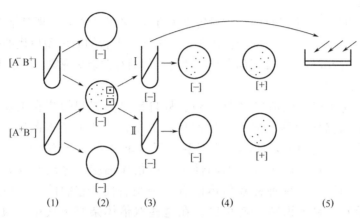

图 6-7　荨麻青霉的准性杂交育种步骤示意

(1) 选择亲本　由于荨麻青霉不产生有性孢子,只有在极个别的体细胞间才发生菌丝联结,而且联结后的细胞在形态上并无显著的特征可寻,因此,必须借助于营养缺陷型这类绝好的选择性标记作为准性杂交亲本的筛选指标,如图6-7中的 [A⁻B⁺] 和 [A⁺B⁻]。

(2) 强制异合　用人为的方法强制 [A⁻B⁺] 和 [A⁺B⁻] 菌株所产生的分生孢子(约 $10^6 \sim 10^7$)混合形成异核体。用基本培养基 [-] 来检测由 [A⁻B⁺] 和 [A⁺B⁻] 体细胞联结所形成的异核体或杂合二倍体菌落。

(3) 移单菌落　将平板上长出的单菌落移种到基本培养基 [-] 的斜面上。

(4) 检测稳定性　利用夹层法检测获得的菌株的稳定性。

(5) 促进变异　把稳定菌株产生的孢子用紫外线、γ射线等理化因子进行处理,以促使其染色体发生重组交换,经一系列生产性状的测定,就能筛选出优良的准性杂交菌株。

三、基因工程

基因工程是指在基因水平上的遗传工程,它是用人为方法将所需要的某一供体生物的遗传物质DNA提取出来,在离体条件下用适当的酶进行切割后,把它与载体DNA分子连接起来形成具有自我复制能力的DNA分子——复制子,并将它转移到宿主细胞中扩增和表达。基因工程是20世纪70年代初诞生的一门崭新的生物技术科学。基因工程与当前发展的蛋白质工程、酶工程和细胞工程共同构成了当代新兴的学科领域——生物技术工程。生物技术工程的兴起为现代科学技术的发展和工农业、医药卫生事业的进步提供了巨大潜力。

基因工程操作过程大致可归纳为以下主要步骤:目的基因的获得、载体的选择、目的基因与载体DNA的体外重组、重组载体导入受体细胞以及重组菌的筛选与鉴定(图6-8)。

1. 目的基因的获得

利用各种不同的限制性内切酶切割下人们所需要的基因,也就是某些DNA片段。那里面含有一种或几种遗传信息的全套遗传密码。目的基因的获得是基因工程操作的关键。

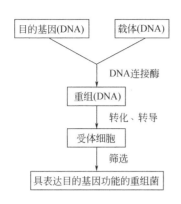

图 6-8 基因工程操作的主要过程

2. 载体的选择

载体是携带目的基因并将其转移至受体细胞内复制和表达的运载工具。作为载体DNA分子，应具备以下几个条件。

① 是一个有自我复制能力的复制子。

② 能在受体细胞内大量繁殖，即有较高的复制率。

③ 载体上最好只有一个限制性内切核酸酶的切口，使目的基因能固定地整合到载体DNA的一定位置上。

④ 载体上必须具有可供选择的遗传标记。

到目前为止，基因工程中使用的载体基本上均来自微生物，主要包括 6 大类：质粒载体、λ噬菌体载体、柯斯质粒载体、M_{13}噬菌体载体、真核细胞的克隆载体和人工染色体等。

3. 目的基因与载体DNA的体外重组

目的基因用DNA连接酶连接到合适的载体上，是DNA重组技术的关键。采用限制性核酸内切酶处理含有酶切位点的目的基因DNA分子和载体DNA分子，可使两种DNA分子上产生相同的黏端。所以当两者混合时，凡是与黏端碱基互补的片段，就会因氢键的作用而彼此吸引，重新形成双链。这时，在外界连接酶的作用下，目的基因的DNA与载体的DNA片段之间进行共价连接，形成一个完整的有复制能力的环状重组载体。

4. 重组载体导入受体细胞

上述由体外操纵手续构建成的重组载体，只有将它导入受体细胞内，才能使其中的目的基因获得增殖和表达。把重组载体导入受体细胞有多种途径。如若以重组质粒作为载体时，可以用转化的手段；若以噬菌体作为重组载体时，可以用转导的途径将重组载体导入受体细胞。只是含目的基因的DNA与噬菌体载体的重组DNA分子导入受体细胞，一般先需用噬菌体的蛋白质外壳对重组载体进行体外包装。

5. 重组受体细胞的筛选和鉴定

受体细胞经转化、转导处理后，真正获得目的基因并能有效表达的重组受体细胞一般来说只是一小部分，而绝大部分仍是原来的受体细胞或者是不含目的基因的重组受体细胞。为了得到真正的重组受体细胞，需要对其进行筛选和鉴定。经过筛选所获得的受体细胞就是所谓的"工程菌"。

基因工程育种技术为动植物和微生物间进行任意、定向和超远缘的分子杂交提供了有效方法，从而大大加快了育种的速率。基因工程在工业微生物育种应用中的设想很多。例如，通过设计增加控制代谢产物产量的基因拷贝数来大幅度提高产量；将动植物或某些微生物特有产物的控制基因经转化和转导植入细菌细胞，而大规模地进行微生物的发酵生产；同时利用"工程菌"在清除污染及以非粮物质为原料进行发酵生产等方面也出现了可喜的突破。除此以外，基因工程在食品、化工、环保、采矿、冶炼、能源和材料等众多领域的广泛应用，必将在人类实践中发挥重大作用和贡献。当然，它也和其他所有新生事物一样，在它给人们带来巨大利益的同时也面临着严峻的挑战。基因工程与传统生物技术的最根本区别就在于前者是在基因水平上进行操作，改变了已有的基因，甚至创造了新的物种，这是一项前无古人的崭新工作。因此，基因工程是否具有潜在的危害性，特别是转移至人体的基因是否会激活原癌基因，基因工程是否会导致出现新型病原生物等问题也必然成为人们关心和争议的焦点。但有一点可以肯定，人们既然能发明一种新技术，必然也将会有能力掌握这门新技术，使它朝着有利于人类进步的方向发展。

第五节　菌种的退化与复壮及其保藏技术

菌种是微生物工作的重要研究对象和材料，是工农业生产的宝贵资源。因此，通过各种技术手段得到的具有优良生产性状的菌种，还必须通过各种保藏技术使其在一定时间内不丢失重要的生物学性状，防止其退化、死亡、被其他微生物污染，或发生变异，使其能长期使用，为人类造福。

一、菌种的退化与复壮

1. 菌种的退化与防止

（1）菌种退化的现象　菌种的退化是指由于自发突变的结果，而使某物种原有的一系列生物学性状发生量变或质变的现象。菌种退化的具体表现有以下几个方面。

① 形态方面，包括分生孢子减少或颜色改变等。如放线菌和霉菌在斜面上多次传代后产生"光秃"现象，从而造成生产上用孢子接种的困难。

② 生产速率变慢。

③ 代谢产物的生产能力下降，即出现负突变。如黑曲霉的糖化力下降、放线菌抗生素的发酵单位下降，所有这些都对生产不利。

④ 致病菌对宿主侵染能力的下降，如白僵菌对寄主致病能力的降低。

⑤ 对外界不良环境条件（抗噬菌体、抗低温和抗高温等）抵抗能力的下降等。

（2）菌种退化的原因　菌种退化的原因是多方面的，但是在生产实践中，必须将由于培养条件的改变导致菌种形态和生理上的变异与菌种退化区别开来。因为优良菌株的生产性能是和发酵工艺条件紧密相关的。培养条件发生变化会影响菌种的生产力，如培养基中缺乏某些元素，会导致产孢子数量减少，也会引起孢子颜色的改变；温度、pH 的变化也会使发酵产量发生波动等。所有这些，只要条件恢复正常，菌种原有性状就能恢复正常，因此这些原因引起的菌种变化不能称为菌种退化。菌种退化的原因主要有以下几个方面。

① 基因突变。菌种退化的主要原因是有关基因的负突变。若控制产量的基因发生负突变，就会引起产量下降；若控制孢子生成的基因发生负突变，则使菌种产孢子的性能下降等。一般而言，菌种的退化是一个从量变到质变的逐步演变过程。开始时，在群体中只有个别细胞发生负突变，这时如不及时发现并采用有效措施，就会造成群体中负突变个体的比例逐渐增高，最后其会发展成为优势群体，从而使整个群体表现出严重的退化现象。因此，突变在数量上的表现依赖于传代，即菌株处于一定条件下，群体多次繁殖，可使退化细胞在数量上逐渐占优势，于是退化性状的表现就更加明显，逐渐成为一株退化了的菌体。同时，对某一菌株的特定基因来讲，突变频率比较低，因此群体中个体发生生产性能的突变不是很容易的，但就一个经常处于旺盛生长状态的细胞而言，发生突变的概率比处于休眠状态的细胞大得多。因此，细胞的代谢水平与基因突变关系密切，应设法控制细胞保藏的环境，使细胞处于休眠状态，从而减少菌种的退化。

② 分离现象。通过遗传育种获得的多核（或是单核）菌种，由于其 DNA 双链中仅一条单链发生突变，随着传代，其生产性状也将发生退化。这种退化是由于诱变获得的高产菌株

本身不纯，高产突变只发生在一个核和一条 DNA 单链上，随着细胞分裂，核发生分离，因而突变基因与未突变基因发生分离，于是就出现了突变的高产菌株和未突变的低产菌株。

③ 环境条件。环境条件是影响菌种退化的一个重要原因。如培养条件对菌种退化的影响，可用糖化酶产生菌泡盛曲霉来说明。泡盛曲霉经诱变得到的突变株，在 3 种不同培养基上连续传代 10 次，发现不同培养基和传代次数对淀粉葡萄糖苷酶的产量有不同影响。环境温度也是影响菌种退化的重要因素，例如，温度高，基因突变率也高，温度低，则突变率也低，因此菌种保藏的重要措施就是低温。

（3）防止菌种退化的措施　由于菌种退化问题的复杂性，各种菌种退化的情况又不同，因此，防止菌种退化的措施也就显得复杂化和多样化。根据对菌种退化原因的分析，可以制定出以下一些防止菌种退化的措施。

① 合理的育种。选育菌种时，应尽可能使用孢子或单核菌株，避免使用多核细胞；合理选择诱变剂的种类和剂量，以减少分离回复现象的发生；同时，在诱变处理后进行充分的后培养及分离纯化，以保证所获得的保藏菌种的纯度。这些可有效地防止菌种的退化。

② 选择适合菌种生长的培养条件和外界环境。菌种培养基的培养条件应适宜，才能使菌种生长健壮，减少退化的发生。营养不足和过于丰富对菌种生长均不利。比如芳香族化合物，能诱发绒毛状菌丝体形成扇形菌落，这种菌丝体在料床上易形成致密的白斑，导致产量下降；栖土曲霉 3.942 在培养时，发现培养温度从 28～30℃提高到 33～34℃，可防止它产孢子能力的退化。

此外，由于微生物生长过程积累的有害代谢产物也会引起菌种退化，故不应使用陈旧的培养物作为种子。

③ 控制传代次数。由于微生物存在着自发突变，而突变都是在繁殖过程中发生而表现出来的，所以应尽量避免不必要的移种和传代，并将必要的传代降低到最低限度，以减少发生自发突变的概率。菌种传代次数越多，产生突变的概率就越高，因而菌种发生退化的机会就越多。对于生产菌种，要尽可能利用它们的有效保藏期，可以采取一次接种足够数量的原种进行保藏，在整个保藏期内使用同一批原种。

④ 采用有效的菌种保藏方法。用于工业生产的一些微生物菌种，其主要性状都属于数量性状，而这类性状恰好是最容易退化的。因此，在实验室或生产上，选用合适的菌种保藏方法也可以有效防止菌种的退化。

⑤ 对菌种可能遭受的病毒感染应保持足够的警惕。对有疑问的菌种要及时检验，确定已感染病毒，尤其是病毒粒子含量大、菌丝体及子实体性状已受到严重影响的菌种，应及时淘汰。

2. 退化菌种的复壮

菌种退化是指群体中退化细胞在数量上占一定优势后，所表现出群体性能变劣的现象。因此，在已经退化的群体中，仍有一定数量尚未退化的个体。

狭义的复壮是指在菌种已经发生退化的情况下，通过纯种分离和筛选，从已经退化的群体中筛选出尚未退化的个体，以达到恢复菌种的原有典型性状的措施。而广义的复壮是在菌种的典型特征或生产性状未退化前，就经常而有意识地进行纯种分离和生产性能的测定工作，以期从中选择到自发的正突变个体。由此可见，狭义的复壮是一种消极的措施，而广义的复壮才是一种积极的措施。具体的菌种复壮措施如下。

（1）纯种分离法　纯种分离法是指通过纯种分离和性能测定，从已经退化的菌种群体中把仍保持原有典型优良性状的个体分离出来。在进行纯种分离前，可将待分离的退化菌种先接触一些恶劣环境，如药物、低温、高温等，往往可以起到淘汰生活力弱的菌株、留下强壮菌株的作用，因而能提高纯种分离的效果。

（2）通过宿主进行复壮　对于一些寄生型微生物，特别是一些病原菌，长期在实验室人工培养会发生致病力降低的退化。可将退化菌株接种到相应宿主体内以提高菌株的活力。

（3）淘汰已退化的个体　有人发现，若对细黄链霉菌"5406"农用抗生素的分生孢子采用−30～−10℃的低温处理5～7天，使其死亡率达到80%左右，结果会在抗低温的存活个体中留下未退化的个体，从而达到了复壮的效果。

二、菌种的保藏技术

菌种是一种极其重要和珍贵的生物资源，菌种保藏就是根据菌种特性及保藏目的的不同，给微生物菌种创造一个有利于它们长期休眠的良好环境条件（如干燥、低温、缺氧、避光、缺乏营养以及添加保护剂或酸度中和剂等），使菌株的代谢水平降低，乃至完全停止，达到半休眠的状态，而在一定时间内得到保存，有的保藏几十年或更长时间，在需要时再通过提供适宜的生长条件使保藏物恢复活力。菌种保藏的常用方法有如下几个。

1. 斜面低温保藏法（定期移植保藏法）

将菌种接种在不同成分的斜面培养基上，待菌种生长完全后，置于4℃左右的冰箱中进行保藏，每隔一定时间再转接至新的斜面培养基上，生长后继续保藏。细菌、放线菌、霉菌和酵母菌均可采用此种保藏方法。由于这种方法简单、存活率高，故应用较普遍。

斜面低温保藏法由于是在较低的温度下进行的，所以既可大大减缓微生物的代谢繁殖速率，降低突变概率，也可减少培养基的水分蒸发，不致干裂。斜面保藏培养基一般含有机氮多，少含或不含糖分，这样既满足了菌种生长繁殖的需要，又防止产酸过多而影响菌种保藏。此法的缺点是菌种仍有一定强度的代谢活动，传代多则菌种易变异，故不宜长时间保藏菌种。

2. 普通冷冻保藏法

大多数微生物均可在−20℃以下的低温中保藏。其方法是将菌种培养在小的试管或培养瓶斜面上，待生长适度后，将试管或瓶口用橡胶塞严格封好，置于冰箱的冷藏室中贮藏，或于温度范围在−20～−5℃的普通冰箱中保存。用此方法可以维持若干微生物的活力1～2年。但应注意的是，加了保护剂的细胞混合物其融点处在−30～−20℃范围内，常会由于冰箱可能产生的微小温度变化引起培养物的反复融化和再结晶，而对菌体形成强烈的损伤。因此采用普通冰箱冷冻保存菌种的效果较差，应注意经常检查保藏物的存活情况，随时转种。

3. 超低温冷冻保藏法

要求长期保藏的微生物菌种，一般都应在−60℃以下的超低温冷藏柜中进行保藏。超低温冷冻保藏的一般方法是：先离心收获指数生长中期至后期的微生物细胞，再用新鲜培养基重新悬浮所收获的细胞，然后加入等体积的20%甘油或10%二甲基亚砜冷冻保护剂，混匀后分装入安瓿管中，于−70℃超低温冰箱中保藏。超低温冰箱的冷冻速率一般控制在1～2℃/min。干细菌和真菌菌种可通过此保藏方法保藏5年而活力不受影响。

4. 液氮超低温保藏法

液氮超低温保藏法简称液氮保藏或液氮法。液氮超低温保藏法是把菌种装在含有冷冻保护剂的安瓿管内，将该安瓿管放入液氮（−196℃）中进行保藏。由于菌丝体处于−196℃，其代谢降低到完全停止的状态，因此，从适用的微生物范围、存活期限、性状的稳定性等方面来看，该方法在迄今使用的各种微生物保藏方法中是较理想的一种。但液氮保藏需使用专用器具，且液氮消耗较多，操作费用较高。一般仅适合一些专业保藏机构采用。

5. 沙土管保藏法

主要适用于产孢子的霉菌、放线菌及形成芽孢的细菌等，对于一些对干燥敏感的细菌如奈氏球菌、弧菌和假单胞杆菌则不适用。

其方法是将菌种接种至斜面，培养至长出大量的孢子后，洗下孢子，制备孢子悬液，加入无菌的沙土试管中，减压干燥，直至将水分抽干，最后用石蜡、胶塞等封闭管口，置冰箱保存。此法由于制作简单，保藏时间可达数年至数十年，移接又方便，所以应用范围很广。

6. 冷冻真空干燥保藏法

冷冻真空干燥又称冷冻干燥法，简称冻干法。它是将加有保护剂的细胞样品预先冷冻，使其冻结，然后在真空下通过冰的升华作用除去水分。达到干燥的样品可在真空或惰性气体的密闭环境中置低温保存，从而使微生物处于干燥、缺氧及低温的状态，生命活动处于休眠，而得以长期保藏。用冰升华的方式除去水分，手段比较温和，细胞受损伤的程度相对较小，存活率及保藏效果均不错，而且经抽真空封闭的菌种安瓿管的保存、邮寄、使用均很方便。因此冷冻真空干燥保藏是目前使用最普遍，也是最重要的微生物保藏方法，大多数专业的菌种保藏机构均采用此法作为主要的微生物保存手段。其具体操作程序如下。

（1）安瓿管的准备　选用内径 8mm、长 120mm 的中性玻璃管作为制安瓿管的材料。将玻璃管用 2％盐酸浸泡 8～10h，再用蒸馏水洗净、烘干。将印有菌号、编号、制作日期的标签放入安瓿管中，塞好棉塞，进行干热灭菌以备用。

（2）保护剂的准备　由于在制作过程中需先在 $-40～-20℃$ 低温下使菌悬液成冻结态，然后减压抽干，而微生物在此条件下易于死亡，故需加入保护剂。常用的保护剂有脱脂牛奶和血清。保护剂在使用之前先采用适当的方法灭菌。在采用脱脂牛奶时，可由新鲜牛奶制备，最好先将鲜奶冷藏过夜，除去表面脂肪皮膜，再用 3000r/min 的离心机离心 20～30min，离心 2～3 次，彻底去除脂肪，分装后以116℃灭菌 15～20min。也可用脱脂奶粉制备，方法是以蒸馏水配制成 10％或 20％（质量分数）的浓度，而后分装灭菌备用。

（3）菌悬液的制备　为获得良好的培养物用于长期保藏，应采用最适的培养条件培养菌种。培养时间应培养至稳定期，因为处于指数生长期的细胞对冷冻干燥的抵抗力较弱；产孢子的微生物要适当延长培养时间以获得成熟的孢子。一般细菌培养 24～48h，酵母菌 72h，放线菌和霉菌 7～10 天以上。菌种培养成熟后，在无菌条件下将 2～3mL 的保护剂加入斜面试管内，用接种针轻轻刮下斜面上的菌苔和孢子，制成菌悬液，其细胞浓度以 $10^8～10^{10}$ 个/mL 为宜。而后用毛细滴管将菌悬液分装于灭好菌的安瓿管内（每管装 0.2mL），并加上棉塞。

（4）冷冻真空干燥　为防止菌体沉淀为不均匀的菌悬液以及微生物的再次生长或孢子萌发，装入菌悬液的安瓿管应在 1h 内放到 $-40～-35℃$ 的低温冰箱或冻干装置中进行预冻。预冻的目的是使水分在真空干燥时直接由冰晶升华为水蒸气。

冷冻干燥好的安瓿管要进行真空熔封。可用一个顶端多歧管或一个 Z 形管，每个分支口都接入真空橡皮管，以便将安瓿管接在橡皮管内，然后抽真空，边抽真空边用煤气喷灯熔封。熔封的安瓿管要进行检漏，可用高真空火花检漏仪检查，安瓿管内呈蓝色荧光，说明真空封口良好；也可用微带红或蓝的清水浸泡安瓿管，经一昼夜安瓿管内无颜色水浸入，则为封口合格。

(5) 安瓿管的保藏　冻干管应避光保藏，尤其是要避免直射光。当菌种安瓿管经无菌检查和存活率检查合格后，置于2～8℃冰箱内保藏。

复苏培养时，可在开启的安瓿管内注入0.3～0.5mL的无菌生理盐水或1%麦芽汁。菌种安瓿管开启时，应先将安瓿管的封端加热，在浸有来苏尔等消毒液的湿布上擦一下，使管壁形成裂缝，然后再轻轻敲碎。切忌猛烈割断，以免空气骤然冲入，导致污染。安瓿管加入生理盐水后菌种即自行溶化，摇动后即成孢子悬浮液，可接种于适宜该菌种生长的斜面上适温培养。

7. 液体石蜡覆盖保藏法

这种方法是在培养好的菌种斜面上，在无菌条件下加入已经灭过菌并已将水分蒸发掉的液体石蜡，油层高出斜面末端1cm，然后蜡封管口，并以垂直状态放在室温下或置于冰箱中保藏。液体石蜡可以置温度为150～170℃的烘箱内灭菌1h；也可以用121℃蒸汽灭菌30min，再在110℃的烘箱内将水分烘干。使用的液体石蜡要求优质无毒，一般为化学纯规格。

由于该法既可防止培养基水分蒸发，又能使菌种与空气隔绝，因而能延长保藏时间至数年。主要适用于霉菌、酵母菌、放线菌、好氧型细菌等的保存。霉菌和酵母菌可保存几年，甚至长达10年。本法的优点是方法简单，不需特殊装置。其缺点是对很多厌氧细菌或能分解烃类的细菌的保藏效果较差。也有试验指出此法保藏红曲霉很适合，保藏1～2年后存活率为100%。

8. 传代培养保藏法

传代培养与培养物的直接使用密切相关，是进行微生物保藏的基本方法。采用传代培养保藏法保藏微生物应注意针对不同的菌种而选择使用适宜的培养基，并在规定的时间内进行移种，以免由于菌株接种后不生长或超过时间不能接活，丧失微生物菌种。在琼脂斜面上保藏微生物的时间因菌种的不同而有较大差异，有些可保存数年，而有些仅数周。一般来说，通过降低培养物的代谢或防止培养基干燥，可延长传代保藏的保存时间，例如，在菌株生长良好后，改用橡皮塞封口或在培养基表面覆盖液体石蜡，并放置低温保存。将一些菌的菌苔直接刮入蒸馏水或其他缓冲液后，密封置4℃保存，也可以大大提高某些菌的保藏时间及保藏效果，这种方法有时也被称为悬液保藏法。

除上述方法外，各种微生物菌种保藏的方法还有很多，如纸片保藏、薄膜保藏、寄主保藏等。由于微生物的多样性，不同的微生物往往对不同的保藏方法有不同的适应性，迄今为止尚没有一种方法能被证明对所有的微生物均适宜。因此，在具体选择保藏方法时必须对被保藏菌株的特性、保藏物的使用特点及现有条件等进行综合考虑。对于一些比较重要的微生物菌种，则要尽可能多地采用各种不同的手段进行保藏，以免因某种方法的失败而导致菌种的丧失。

本 章 小 结

1. 基因突变泛指细胞内的遗传物质的分子结构或数量突然发生的可遗传的变化。突变往往导致产生新的基因及新的表现型。突变是微生物产生变种的根源，是育种的基础，同时也是菌种发生退化的主要原因。按突变体表型特征的不同，可把突变分为形态突变型、营养缺陷型、抗性突变型、致死突变型、条件致死突变型、产量突变型等；从分子水平上可将突变分为染色体畸变和基因突变两类。突变具有自发性、不对应性、稀有性、独立性、可诱变性、稳定性和可逆性等特点。基因突变的机制是多样性的，按突变的条件和原因划分，可分为自发突变和人工诱发突变两大类。基因自发突变的频率很低，一般为 $10^{-9} \sim 10^{-6}$。

2. 自然界中微生物资源极其丰富，从中分离筛选微生物的主要步骤包括采样、增殖、纯化和筛选等。常将从自然界中直接获得的菌株称为原始菌株或出发菌株，原始菌株经过诱变获得所需要的高产优质菌株的过程称为诱变育种。诱变育种的基本步骤包括出发菌株的选择、诱变菌株的培养、诱变菌悬液的制备、诱变处理、后培养、突变株的分离与筛选等。

3. 基因重组是比基因突变更高层次、更为复杂的变异方式。原核微生物基因重组的类型有转化和转导，真核微生物则有有性杂交和准性杂交。基因工程是一种定向地改变菌种的遗传特性或创造新菌种的现代育种技术。

4. 菌种退化现象可表现在形态上或生理上。菌种退化的主要原因是有关基因发生负突变。处于旺盛生长状态的细胞、繁殖传代次数多的群体发生突变的概率较高。培养、保藏条件不当也会影响到菌种退化。控制传代次数、利用不易退化的细胞进行传代和采用有效的菌种保藏方法是防止菌种退化的有效措施。

5. 菌种的保藏方法有很多，主要有斜面低温保藏法、普通冷冻保藏法、低温冷冻保藏法、液氮超低温保藏法、沙土管保藏法、冷冻真空干燥保藏法、液体石蜡覆盖保藏法和传代培养保藏法等，其中冷冻真空干燥保藏法和液氮超低温保藏法是目前认为保藏效果最好的方法。

复习思考题

1. 名词解释：转换、颠换、移码突变、染色体畸变、有性杂交、准性生殖、转化、转导。

2. 试简述微生物遗传物质在细胞内存在的方式。

3. 基因突变的特点有哪些？

4. 微生物变异的实质是什么？微生物基因突变的类型有哪几种？

5. 自然界微生物菌种的筛选程序是什么？

6. 诱变育种的关键步骤有哪些？

7. 什么是基因工程？试图示并简述其基本操作过程。

8. 什么叫菌种退化？菌种退化的原因有哪些？如何防止菌种退化？

9. 何谓菌种复壮？如何达到菌种复壮？

10. 菌种保藏的基本原理是什么？简述冷冻真空干燥保藏法的基本过程及其原理？

11. 微生物菌种的保藏方法有哪些？举例说明。

第七章　微生物在食品工业中的应用

【学习目标】

1. 掌握酱油、腐乳、食醋等调味品生产用菌种及发酵机制；
2. 掌握面包生产用菌种及发酵机制；
3. 了解啤酒、葡萄酒的生产用菌种和发酵机制；
4. 了解啤酒的生产工艺流程以及葡萄酒的酿造工艺；
5. 了解发酵乳制品的种类，掌握相关概念、生产时采用的菌种以及发酵机制。

第一节　传统发酵食品

一、酱油

酱油是中国以及包括日本在内的其他东方国家的传统发酵食品。酱油在中国已有2000多年的历史。

酱油是用蛋白质原料（如豆饼、豆粕等）和淀粉质原料（如麸皮、面粉、小麦等），利用曲霉及其他微生物的共同发酵作用酿制而成的液体调味品。其色泽红褐，有独特酱香，富含氨基酸和肽的一类调味品，具有肉样风味，有助于促进食欲。是人们常用的一种食品调味料，营养丰富，味道鲜美。

1. 酱油酿造的原料

（1）蛋白质原料　传统酱油生产常选用大豆作为蛋白质原料，但大豆含有大量脂肪，用大豆做原料，有些脂肪仍留在酱渣内，造成很大浪费。目前多数厂家以脱脂大豆（豆饼或豆粕）做原料生产酱油，也可采用花生、葵花籽、蚕豆的饼粕或醪糟作为蛋白质原料。

（2）淀粉质原料　传统的酱油生产都以面粉和小麦为淀粉质原料，为了节约粮食，目前已用麸皮全部或部分取代了小麦。麸皮是小麦制粉的副产品，含大量粗淀粉、蛋白质、维生素及钙。酱油香气及色素是由蛋白质水解产物氨基酸与糖分特别是戊糖结合形成的，因此使用富含戊糖类的麸皮可提高产品质量。另外使用麸皮可增加曲内酶的活性，更重要的是因为它含有大量营养价值高的氨基酸和维生素。

除小麦和麸皮外，还可用米糠、碎米、玉米、甘薯渣等作为淀粉质原料。

（3）食盐　食盐除了使酱油有适当的咸味，并与氨基酸共同作用产生鲜味外，尚有防腐作用。

（4）水　自来水、井水、清洁河水都可用来酿造酱油，水的质量要求虽不如酿造酒用水严格，但如含有大量铁质，也会有损酱油的香气和风味。

2. 酱油酿造的微生物

酱油营养物质及风味成分主要是由微生物及其酶利用发酵基质形成的，筛选和培育酱油酿造的微生物是酱油酿造过程的重要环节。工业上常用的酱油酿造微生物有曲霉、酵母菌、乳酸菌等。

（1）曲霉　用于酱油生产的曲霉主要有米曲霉、黄曲霉和黑曲霉等。生产用曲霉菌株应符合以下条件：不产黄曲霉毒素；蛋白酶、淀粉酶活力高，有谷氨酰胺酶活力；生长快速，培养条件粗放，抗杂菌能力强；不产生异味，制曲酿造的酱制品风味好。

酱油生产上常用的米曲霉菌株有 AS 3.951（沪酿 3.042）、UE 328、UE 336、AS 3.863、渝 3.811 等。生产中常由两种以上菌种复合使用，以提高原料蛋白质及碳水化合物的利用率，提高成品中还原糖、氨基酸、色素以及香味物质的水平。

常用的黑曲霉主要有黑曲霉 AS 3.350、黑曲霉 AS 3.4309（UV-11）、宇佐美曲霉 AS 3.758（乌沙米曲霉或邬氏曲霉）。黑曲霉可以分泌蛋白酶、糖化酶，与米曲霉混合制曲，发酵后可以增加酱油的鲜味。

（2）酵母菌　与酱油质量关系密切的酵母菌有鲁氏酵母、球拟酵母等。酵母菌主要进行酒精发酵，赋予成品醇香。

（3）乳酸菌　常见的乳酸菌有嗜盐片球菌、酱油片球菌、酱油四联菌、植物乳杆菌等。乳酸菌可以利用发酵基质生成乳酸，与乙醇作用生成乳酸乙酯，是呈香物质。

3．酱油酿造的机理

酱油是通过曲霉、酵母、细菌等微生物经过一系列复杂的生化反应而得到的产物。主要通过蛋白质分解、淀粉糖化、酸类发酵、酒精发酵、色素形成和风味物质产生等一系列复杂的变化，使酱油最终具有特有的色、香、味。

4．生产工艺

酱油是从豆酱演变和发展而成的。其生产原料是植物性蛋白质和淀粉质。植物性蛋白质普遍取自大豆榨油后的豆饼，或溶剂浸出油脂后的豆粕，也有以花生饼、蚕豆代用，传统生产中以大豆为主。淀粉质原料普遍采用小麦及麸皮，也有以碎米和玉米代用，传统生产中以面粉为主。原料经蒸熟冷却，接入纯培养的米曲霉菌种制成酱曲，酱曲移入发酵池，加盐水发酵，待酱醅成熟后，以浸出法提取酱油。酱油工业正在打破传统的方法而逐步采用新方法。此外，诱变育种出优良突变新菌株及液体曲的应用，也是重要的发展方向。

酱油酿造工艺主要包括原料预处理、制曲、发酵、浸提、灭菌等工序。其工艺流程见图 7-1。

（1）制曲　制种曲的原料是麸皮、面粉和水。先将原料混匀、蒸煮，冷却到40℃左右时，将米曲霉接入，在 28～32℃ 条件下培养 3～4h 即成种曲。

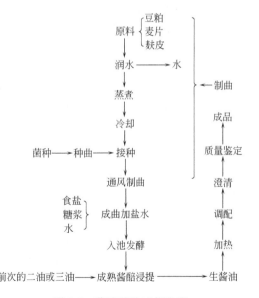

图 7-1　酱油酿造工艺流程

制曲的原料是豆饼、面粉和水。先将种曲打散搓碎，拌和麸皮，充分拌匀。接种量为 2％～3％，曲料要保持松散，厚薄一致，四角边沿铺严，防止跑风，料层厚度 25～30cm。室温升至 34～35℃ 时，开始打风，等降到30℃时停止吹风，如此反复通风培养，相对湿度

90％以上，至菌丝大量繁殖有结块现象开始翻曲，一般翻曲 2 次，培养时间 1～2 天，冬季会比夏天长一些。待曲料表面长满浅黄绿色的孢子时，即成曲。好的成曲松散柔软、润滑不扎手、无硬块、曲舌无异味、菌丝密而粗壮、无长毛、无花曲、不过老、上中下层基本一致。制曲工艺的重点是严格控制制曲室内的温度和湿度，防止杂菌污染。

（2）发酵　将成曲粉碎，与盐水拌和，入发酵池后制成酱醅。盐水浓度为 12～13°Bé；盐水温度夏季要求在 45～50℃之间，冬季要求 50～55℃；拌盐水量以酱醅含水量的 50％～53％为宜。酱醅发酵采用水浴保温法，发酵温度为 42～45℃，发酵的时间一般为 10 天，酱醅已基本上成熟。为了增加风味，需延长发酵期 12～15 天，发酵温度前期为 42～44℃，中间为 44～46℃，后期为 46～48℃。

（3）浸提、加热及成品配制　将成熟的酱醅装入浸出池（30～40cm 厚），要求松散、平整、疏密一致，缓慢加入抽提液（80～90℃），抽提过程中酱醅不宜露出液面。一般采用多次浸泡，分别依序淋出头油、二油及三油，循环套用，才能把酱油成分基本上全部提取出来。原料中的淀粉经发酵转化为乙醇、有机酸、醛等物质；蛋白质分解形成多种氨基酸。乙醇与有机酸结合生成酯，具有香味，糖的分解产物与氨基酸结合产生褐色。滤出生酱油后，采用热交换器，加热条件一般为90℃、5min，灭菌率可达 85％；若为超高温瞬间灭菌，则为135℃、0.78MPa、3～5s，灭菌率可达 100％，以防霉和长醭而变质。在成品中可添加 0.1％～1％的助鲜剂（味精或肌苷酸和鸟苷酸）、甜味剂（砂糖、饴糖、甘草）和防腐剂。

二、食醋

食醋是人们饮食生活中不可缺少的一种调味品，是中国劳动人民在长期的生产实践中制造出来的一种酸性调味品。食醋按加工方法可分为合成醋、酿造醋、再制醋三大类。其中产量最大且与人们关系最为密切的是酿造醋，它是用粮食等淀粉质为原料，经微生物制曲、糖化、酒精发酵、醋酸发酵等阶段酿制而成。其主要成分除醋酸（3％～5％）外，还含有各种氨基酸、有机酸、糖类、维生素、醇和酯等营养成分及风味成分，具有独特的色、香、味。它不仅是调味佳品，长期食用对身体健康也十分有益。

1. 食醋酿造微生物及机理

传统工艺酿醋是利用自然界中的野生菌制曲、发酵，涉及的微生物种类繁多。新法制醋均采用人工选育的纯培养菌株进行制曲、酒精发酵和醋酸发酵，相比较而言发酵周期短、原料利用率高。

食醋发酵是复杂的生化过程。第一步是将淀粉原料水解成糖，即糖化作用；第二步是将糖在厌氧条件下发酵生成酒精；最后将酒精氧化成醋。在各阶段都有不同的微生物起作用。

（1）淀粉液化、糖化微生物　使淀粉液化、糖化并适合于酿醋的主要是曲霉菌。常用的曲霉菌种有甘薯曲霉 AS 3.324、东酒一号、黑曲霉 AS 3.4309（UV-11）、宇佐美曲霉 AS 3.758、沪酿 3.040、沪酿 3.042（AS 3.951）、AS 3.863、黄曲霉菌株 AS 3.800、AS 3.384 等。

（2）酒精发酵微生物　生产上一般采用酵母菌，但不同的酵母菌株其发酵能力不同，产生的滋味和香气也不同。北方地区常用 1300 酵母，上海香醋选用工农 501 黄酒酵母；K 字酵母适用于以高粱、大米、甘薯等为原料而酿制普通食醋；AS 2.109、AS 2.399 适用于淀粉质原料；AS 2.1189、AS 2.1190 适用于糖蜜原料。

（3）醋酸发酵微生物　醋酸菌是醋酸发酵的主要菌种。醋酸菌在充分供给氧的情况下生长繁殖，具有氧化酒精生成醋酸的能力。醋厂选用醋酸菌的原则为：氧化酒精速率快、耐酸性强、不再分解醋酸制品、菌种发酵产品风味良好。

目前国内外在生产上常用的醋酸菌有：奥尔兰醋杆菌、许氏醋杆菌、恶臭醋杆菌、AS 1.41 醋酸菌、沪酿 1.01 醋酸菌。

醋酸菌没有孢子，易被自己所产生的酸杀死。在培养基中加入碳酸钙，以中和产生的酸，延长保藏时间。在醋酸菌中，特别能产生香酯的菌种每过十几天即死亡，因此宜保藏在 0～4℃冰箱内备用。

2. 生产原料

食醋生产原料分为主料和辅料。

中国食醋酿造的主料有含淀粉原料、含糖原料、含酒精原料等，普遍采用含淀粉原料，主要有薯类、粮谷类、粮食加工下脚料、果蔬类、野生植物等。

酿醋的辅料有细谷糠和麸皮。除主料和辅料外，食醋生产还需要填充料、疏松材料如谷壳、玉米芯、花生壳等，可以调整淀粉浓度，吸收酒精和浆液，使发酵料通透性好，能使好氧微生物生长良好。

食醋酿造时还添加一些添加剂如食盐、蔗糖、香料、炒米色等，可使食醋具有较好的色香味。

在具体生产时，还需根据选用的不同原料采用相应的预处理工艺。

3. 食醋生产工艺

食醋的酿造工艺可分为固态发酵和液态发酵两大类。下面以麸曲醋为例介绍固态发酵酿醋工艺流程。

薯干（或碎米、高粱等）→粉碎→加麸皮、谷糠混合→润水→蒸料→冷却→接种→入缸糖化发酵（加麸曲、酵母、水）→拌糠接种（醋酸菌）→醋酸发酵→翻醅→加盐后熟→淋醋→贮存陈醋→配兑→灭菌→包装→成品。

三、酒类

我国是一个酒类生产大国，具有悠久的酿酒历史，产品种类繁多，按其制造方法不同可分为：酿造酒、蒸馏酒和配制酒三类。

酿造酒，又称为发酵原酒或压榨酒，它是以酒母进行酒精发酵后所得的发酵液，可以直接饮用。这类酒的酒精度较低，通常在 20% 以下，并含有较多的各种可溶性固形物，刺激性小。酿造酒主要有啤酒、黄酒、葡萄酒等。

蒸馏酒是原料经发酵后蒸馏而制成的，如白酒、威士忌、白兰地等。这类酒含酒精度较高，固形物较少，具刺激性。

配制酒是用酿造酒、蒸馏酒或食用酒精与一定比例的着色剂、香料、甜味剂、药材或其他调味料混合而制成的。

以下简要介绍啤酒和葡萄酒的生产工艺。

1. 啤酒

啤酒是以麦芽为主要原料，先将其制成麦汁，添加酒花，再经酵母发酵酿制而成的酿造酒。它是世界上产量最大的酒种之一。世界上啤酒产量最大的是美国，其次是中国。

（1）酿造啤酒的主要原料

① 大麦。大麦是生产啤酒的主要原料。大麦的成分除了水分（11%～12%）外，其他成分有碳水化合物（主要是淀粉，还有纤维素、半纤维素、麦胶物质、糖类）、蛋白质和酶

类、脂肪、无机盐、多酚物质等。

② 啤酒花（简称酒花）。酿造用酒花是成熟雌花的花腺体（金黄色、黏稠性胶状物）。选择酒花应以色泽黄绿、有清香味为好。在啤酒生产中的主要作用是：赋予啤酒香气和爽口的苦味、香味；提高啤酒泡沫的持久性；使蛋白质沉淀，有利于啤酒的澄清；酒花本身有抑菌作用，可增强麦芽汁和啤酒的防腐能力。工业上多采用的是酒花颗粒，也有使用酒花浸膏等酒花制品的。

③ 辅助原料。辅助原料主要有大米和玉米。中国习惯上采用大米，用量为 25%～45%。欧美国家普遍采用玉米，使用时应除去其胚芽。也有国家采用小麦或大麦以及糖类作为辅料。

④ 水。啤酒的主要成分就是水，所以水的好坏对啤酒的风味和质量影响很大。啤酒生产用水主要有酿造水和洗涤、冷却用水。酿造水直接参与酿造，应符合饮用水标准，还要符合啤酒专业上的要求。

（2）生产菌 用于啤酒生产的微生物是啤酒酵母。根据酵母在啤酒发酵液中的性状，可将它们分成两大类：上面啤酒酵母和下面啤酒酵母。上面啤酒酵母在发酵时，酵母细胞随 CO_2 浮在发酵液面上，发酵终了形成酵母泡盖，即使长时间放置，酵母也很少下沉。下面啤酒酵母在发酵时，酵母悬浮在发酵液内，在发酵终了时酵母细胞很快凝聚成块并沉积在发酵罐底。国内啤酒厂一般都使用下面啤酒酵母生产啤酒。

（3）啤酒的酿造工艺 啤酒的酿造工艺大致如下：大麦→浸泡→发芽→烘焙→去根，贮存→粉碎→糖化→加酒花煮沸过滤→麦芽汁→接种酵母→主发酵→后发酵→过滤或离心，使酒液澄清透明→灌装→成品。

【阅读材料 7-1】

啤 酒 历 史

啤酒的渊源可以追溯到人类文明的摇篮——东方世界的两河流域（底格里斯河与幼发拉底河）、尼罗河下游和九曲黄河之滨。最原始的啤酒可能出自居住在两河流域的苏美尔人之手，距今至少已有 9000 年的历史。中国古代的原始啤酒可能也有 4000～5000 年的历史了。1837 年，在丹麦的哥本哈根城里诞生了世界上第一个工业化生产瓶装啤酒的工厂，啤酒从此进入工业化生产。1900 年俄国人建立了中国境内第一座啤酒厂，中国啤酒工业由此肇始。但在此后的近 80 年里，中国啤酒工业发展十分缓慢，20 世纪 80 年代改革开放使中国的啤酒工业得到迅猛发展，啤酒厂如雨后春笋般不断涌现，遍及神州大地，燕京也是在这 20 年中发展成长起来的。现在中国啤酒总产量已连续 7 年稳居世界第二，2004 年中国啤酒总产销量达 2540 万吨，连续两年超过美国，居世界第一。

2. 葡萄酒

葡萄酒是由新鲜葡萄或葡萄汁通过酵母的发酵作用而制成的一种低酒精含量的饮料。葡萄酒质量的好坏与葡萄品种及酵母有着密切的关系。酿造葡萄酒所用的酵母，因酒的品种而异。如中国张裕 7318 酵母、法国香槟酵母、匈牙利多加意（Tokey）酵母等。

优良葡萄酒酵母具有以下特性：除葡萄（其他酿酒水果）本身的果香外，酵母也产生良好的果香与酒香；能将糖分完全发酵，残糖在 4g/L 以下；具有较高的对二氧化硫的抵抗力；具有较高的发酵能力，一般可使酒精含量达到 16% 以上；有较好的凝集力和较快的沉降速率；能在低温（15℃）或果酒适宜温度下发酵，以保持果香和新鲜清爽的口味。

葡萄酒的酿造工艺如下。

（1）红葡萄酒酿造工艺　红葡萄酒必须由红葡萄来酿造，品种可以是皮红肉白的葡萄，也可采用皮肉皆红的葡萄。酒的红色均来自葡萄皮中的红色素，绝不可使用人工合成的色素。

中国酿造红葡萄酒主要以干红葡萄酒为原酒，然后按标准调配成半干、半甜、甜型葡萄酒。

红葡萄酒的酿造方法有很多，共同特点都是去梗、压榨，再将果肉、果核、果皮统统装进发酵桶中发酵，发酵过程中酒精发酵和色素、香味物质的提取同时进行。其发酵方式按发酵中是否隔氧可分为开放式发酵和密闭发酵。发酵容器过去多为开放式水泥池，近年来逐步被新型发酵罐所取代。

红葡萄酒发酵分为前发酵（主发酵）和后发酵。前发酵是进行酒精发酵、浸提色素物质和芳香物质。后发酵要进行残糖的继续发酵、澄清、陈酿、降酸。后发酵室温一般控制在18～25℃，还需补加二氧化硫、隔绝空气及保持卫生。

发酵生产中应注意：发酵容器充满系数为80%，发酵时需皮渣浸渍，红葡萄酒发酵温度一般控制在25～30℃。同时为达到较好的效果要进行葡萄汁的循环。此外，在红葡萄酒发酵时添加二氧化硫是必不可少的，可实现杀菌、溶解、澄清、抗氧化的作用，还可调节、控制发酵，制取半发酵的葡萄汁。

以上介绍的是红葡萄酒发酵的传统浸提发酵法。此外，还有热浸提法、旋转罐法等红葡萄酒发酵工艺。

（2）白葡萄酒酿造工艺　白葡萄酒可用白葡萄来酿造，也可用去掉葡萄皮的红葡萄的果汁来酿造，无需经过果汁与葡萄皮的浸渍过程，而是用果汁单独进行发酵。

白葡萄酒的酿制过程是：将葡萄分选去梗→压榨→将果汁与皮分离并澄清→经低温发酵、贮存陈酿及后加工处理，最终酿制成干白葡萄酒。

【阅读材料 7-2】

葡萄酒的起源

关于葡萄酒的起源众说纷纭。但可以确切地说，至少在7000多年前，人类就已经饮用葡萄酒了。

考古学家考证，最早栽培葡萄的地方是小亚细亚的里海和黑海之间的地区。大约在7000年以前，南高加索、中亚细亚、叙利亚、伊拉克等地区就开始了葡萄的栽培。在这些地区，葡萄栽培经历了3个阶段，即采集野生葡萄果实阶段、野生葡萄的驯化阶段以及葡萄的栽培阶段。随着旅行者和移民的脚步，这些技术逐渐传入埃及等其他地区。

多数历史学家认为波斯（即今日伊朗）是最早酿造葡萄酒的国家。最近的考古发现有力地支持了这一观点。据报道，考古学家在伊朗北部扎戈罗斯山脉的一个石器时代晚期的村庄里，从挖掘出的一个罐子可以证明，人类在距今7000多年前就开始饮用葡萄酒，因为罐中还有残余的葡萄酒和防止葡萄酒变成醋的树脂。

在埃及的古墓中所发现的大量珍贵文物中清楚地描绘了当时古埃及人栽培、采收葡萄和酿造葡萄酒的情景。最著名的是 Phtah-Hotep 墓址中的壁画内容，距今已有5000年的历史。西方学者认为，这是葡萄酒酿造的开始。

欧洲最早开始种植葡萄并进行葡萄酒酿造的国家是希腊。一些旅行者和征服者把葡萄栽培和酿造技术，从小亚细亚和埃及带到希腊的克里特岛，逐渐遍及希腊及其诸海岛。3000年前，希腊的葡萄种植已极为兴盛。

四、腐乳

腐乳是大豆制品经过多种微生物及其产生的酶，将蛋白质分解为胨、多肽和氨基酸类物质以及一些有机酸、有机醇和酯类而制成的具有特殊色香味的豆制品。其历史悠久，工艺独特，品质细腻，营养丰富，鲜香可口，深受广大群众喜欢。

1. 生产原料

制造豆腐乳的原料可分为主要原料与辅助原料两类，主要原料是指制豆腐坯及腌坯所需的原料，辅助原料是指配料中所需的原料。

（1）主要原料　大豆或冷榨豆片、盐卤与石膏、食盐水。

（2）辅助原料　黄酒、烧酒、红曲、面曲、糟米、砂糖、花椒、辣椒、玫瑰及其他香料。

2. 腐乳制造中的微生物

制作腐乳的菌种很多，涉及的微生物主要霉菌，如毛霉中的腐乳毛霉、鲁氏毛霉、五通桥毛霉、总状毛霉、华根霉等，另外也有利用微球菌或枯草芽孢杆菌酿造的。

在腐乳制造中，这些微生物可以分泌大量的酶，尤其是蛋白酶，可以分解蛋白质。

3. 发酵机理

腐乳的酿造过程，是几种微生物及其所产生的酶不断作用的过程。在发酵前期，主要是毛霉利用基质中的营养物质进行繁殖并分泌各种酶，将豆坯中蛋白质和少量淀粉逐步分解的过程。在毛霉生长的过程中空气中的细菌和酵母也会随之在坯上繁殖，当前发酵结束，加入食盐、红曲、黄酒等辅料，装坛后，即开始进行厌氧的后发酵。在毛霉产生的蛋白酶、醇化酶和细菌、酵母的发酵作用下，经过复杂的生物化学变化，将蛋白质分解为氨基酸等物质，同时生成一些有机酸、醇类、酯类，最后制成具有特殊色、香、味的腐乳成品。

4. 工艺流程

大豆→浸泡→磨浆→过滤→点浆→压榨→豆腐→切坯→接种→培养→凉花→腌坯→装坛→后熟→成品。

5. 工艺过程

（1）制豆腐坯　大豆经浸泡、磨浆、过滤、煮沸、点浆、压榨，最后划块而成，要求厚薄均匀，大小为红方 4.2cm×4.2cm×1.8cm，小红方 4.1cm×4.1cm×4.1cm。水分在春秋季为 72%，冬季 73%，夏季 70%。

（2）接种　将豆腐坯均匀竖立于蒸笼或木框竹底盘内，用喷枪把菌种孢子悬液喷在豆腐坯上，也可用喷筒代替喷枪。

（3）前发酵　豆腐坯接种好后置于 12～20℃环境中培养 3～7 天。春秋季一般接种后约 14h，菌丝开始生长；至 22h 已全面生长，可进行一次翻笼；至 28h，大部分菌丝生长成熟，需进行第二次翻笼；至 32h 可以扯开菌丝进行凉花，使其老化；至 45h 进行搭笼凉花。前期发酵结束。

冬季因气温较低前发酵时间则较长，约需 68h 才可搭笼凉花；夏季气温高，菌丝生长快，22h 即可搭笼凉花。

（4）后发酵

① 腌坯　有缸腌和箩腌之分。缸腌是：将腐乳坯分层放入垫有孔板的大缸中，放一层坯加一层盐，用盐量及腌坯时间因不同季节而不同，一般腌坯后 3～4 天后要压坯即加盐水，再经 10 天腌制后装坛。箩腌是将腐乳坯放在箩中，分层撒盐，腌两天即可装坛，但用盐量大。

② 配料装坛　将腌坯擦干，再点块计数，装入洗净干燥的坛内，并根据不同的品种加入不同配料。

③ 包装与贮藏　豆腐乳按品种配料装坛后，加盖严封。豆腐乳的后熟发酵主要在贮存期内进行，一般 6 个月成熟。

第二节　现代发酵食品

一、面包

面包是产小麦国家的主食，它是以面粉为主要原料，以酵母菌、糖、油脂和鸡蛋为辅料生产的发酵食品，其营养丰富，组织蓬松，易于消化吸收，食用方便，深受消费者喜爱。

1. 面包制作中的微生物

（1）酵母菌种　酵母是生产面包必不可少的生物松软剂。面包酵母是一种单细胞生物，属真菌类，学名为啤酒酵母。有圆形、椭圆形等多种形态，生产以椭圆形的较好。酵母为兼性厌氧微生物，在有氧及无氧条件下都可以进行发酵。

目前，生产上多采用鲜酵母、活性干酵母及即发干酵母。鲜酵母是酵母菌种在培养基中经扩大培养和繁殖、分离、压榨而制成。鲜酵母发酵力较低，且速率慢，不易贮存运输，0~5℃可保存 2 个月，使用受到一定限制。活性干酵母是鲜酵母经低温干燥而制成的颗粒酵母，发酵活力及发酵速率都比较快，且易于贮存运输，使用较为普遍。即发干酵母又称速效干酵母，是活性干酵母的换代用品，使用方便，一般无需活化处理，可直接生产。

（2）酵母菌在面包制作中的作用　酵母在发酵时利用原料中的葡萄糖、果糖、麦芽糖等糖类以及面粉中的淀粉，经 α-淀粉酶转化后得到的糖类进行发酵，产生 CO_2，使面团体积膨大，结构疏松，呈海绵状结构。发酵后的面包有发酵制品的香味，这种香气的构成极其复杂，可改善面包的风味。此外，酵母中的各种酶与面团中的各种有机物发生生化反应，将结构复杂的高分子物质转变成结构简单的、分子量较低的、能为人体直接吸收的中间生成物和单分子有机物。酵母本身蛋白质含量甚高，且含有多种维生素，使面包的营养价值增高，最终可增加面包的营养价值。

2. 面包生产工艺

面包是用鲜酵母调制面团，经搓条、下剂、成形，最后烘烤而成。面包生产工艺流程主要包括面团调制→第一次发酵（醪头）→第二次发酵（大粉）→成型→醒发→烘烤→冷却和包装等工序。

（1）面团调制　生产面包的关键工序之一是调制面团，它是将经过处理的原辅料按配方用量和工艺要求，通过和面机的机械作用调制成发酵面团的过程。面团调制的主要作用是使酵母、水和其他各种辅料与面粉混合均匀，使和好的面团具有良好的工艺性能和组织结构，以利于发酵和烘烤。

（2）面团发酵　先将 1/3 的面粉加水和酿酒酵母混合成面团，发酵 2h，称为第一次发酵。然后，将其余面粉加水，再加入经过第一次发酵的面团，混合均匀，进行大发酵。发酵温度30℃，发酵时间 1~4h。在发酵过程中，面粉中的葡萄糖、果糖或蔗糖，再加上淀粉酶与转化酶的作用，为酵母菌提供营养物质。酵母菌分解糖产生 CO_2、醇和一些有机酸等物质。CO_2 气体由于被面团中的面筋包围，不容易溢出来，因而面团逐渐涨大。成熟时面团膨大，弹性下降，表面略呈薄感，手感柔软。

（3）成型与醒发 发酵成熟的面团应立即进入整形工序。整形工序包括面团的切块、称量、搓圆、静置、整形和入盘。

醒发就是将整形后的面包坯在较高温度下经最后一次发酵（酵母快速呼吸，放出更多的气体），使面包坯迅速起发到一定程度，形成松软的海绵状组织和面包的基本形状，以保证成品体积大而丰满且形状美观。

（4）烘烤 面包的焙烤过程大致可分为3个阶段：膨胀阶段的特点是上火略小、下火强，时间占总烘烤时间的25%～30%；定型阶段的特征为上火及下火都强，时间占35%～40%；最后为上色阶段，上火下火均弱，上火高于下火，时间占30%～40%。

（5）面包的冷却与包装 烘烤完毕的面包，应采用自然冷却或通风的方法使中心温度降至35℃左右，再进行切片或包装。经包装的面包可以避免水分的大量损失，防止干硬，保持面包的新鲜度，同时可以减少微生物的侵染，保持面包的清洁卫生，还能使产品美观，便于出售。

二、发酵乳制品

1. 概述

发酵乳制品是一个综合性名称，是指以哺乳动物的乳为原料，经过杀菌作用，接种特定的微生物进行发酵作用，生产具有特殊风味的食品。包括经由乳酸菌为主的微生物发酵而制成的各种乳品，如酸乳、酸牛乳酒、发酵酪乳、干酪等。发酵乳制品通常具有良好的风味和较高的营养价值，具有一定的保健作用，深受消费者欢迎。发酵乳制品因各地风俗习惯不同，采用的菌种、原料乳或加入的添加剂不同，其风味也不尽相同。

（1）发酵乳制品的分类 根据所用微生物种类及发酵作用的特点，可将发酵乳制品分为两类。一是酸性发酵乳制品（酸乳），以新鲜乳或奶油为主要原料，经自然发酵或采用纯培养的乳酸菌进行乳酸发酵，分解乳糖产生乳酸等物质，并赋予酸乳独特的风味。根据所用微生物与生产工艺的不同，又可分为酸奶、乳酸菌饮料、发酵酪乳（酸性乳酪）、干酪、乳酪。二是醇型发酵乳制品，以牛乳为原料，利用乳酸菌和酵母菌共发酵制成的一类产品，如牛乳酒、马奶酒等。

（2）发酵乳制品生产菌种 发酵乳制品生产菌种主要是乳酸菌。乳酸菌的种类较多，常用的有干酪乳杆菌、保加利亚乳杆菌、嗜酸乳杆菌、植物乳杆菌、乳酸乳杆菌、乳酸乳球菌、嗜热链球菌等。

近年来，随着人们对双歧乳酸杆菌在营养保健作用认识的逐渐提高，已将其引入酸奶制造，使酸奶在原有的助消化、促进肠胃功能作用的基础上，又具备了防癌、抗癌的保健作用，即提高了人体的免疫力，增强了人体对癌症的抵抗和免疫能力，并使传统的单株发酵，转变为双株或三株共生发酵。

在发酵乳制品中，常采用发酵剂接种。发酵剂也叫菌种，是在生产酸奶制品时所用的特定微生物培养物。它的作用为分解乳糖，并转化成乳酸，产生挥发性物质。发酵过程可以用一种菌，也可以用两种以上的菌作发酵剂。生产中常用保加利亚杆菌和嗜热链球菌作为混合发酵剂。一般嗜热链球菌和保加利亚杆菌的比例为1:1或者1:2，另外在果料酸奶中可以先接种球菌，发酵1.5h后再接种杆菌，这样的组织状态和口感都比较好。

发酵剂的种类主要有：①液体发酵剂，是一种传统的发酵剂，主要为商品发酵、母发酵剂、中间发酵剂和工作（生产）发酵剂；②浓缩冷冻发酵剂；③冷冻干燥发酵剂。

（3）发酵过程原料的物质变化

① 乳糖的变化。乳糖经乳酸菌的同型或异型发酵生成乳糖、乙醇、乙酸、二氧化碳等物质。

② 蛋白质的变化。蛋白质在蛋白酶的作用下分解为多肽，后者在肽酶的作用下分解为氨基酸。

③ 脂肪的变化。脂肪在脂肪酶的作用下分解为脂肪酸和甘油。

④ 柠檬酸的变化。经嗜柠檬酸明串珠菌或丁二酮乳酸链球菌作用，转变成具有香味的3-羟基丁酮和丁二酮。

2. 酸奶

酸奶，一般指酸牛奶，以新鲜的牛奶、奶粉、白糖为主要原料，经过巴氏杀菌后，再向牛奶中添加有益菌（发酵剂），经发酵后，再冷却灌装的一种牛奶制品。酸奶不但保留了牛奶的所有优点，而且某些方面经加工过程还扬长避短，成为更加适合于人类的营养保健品。

目前酸乳主要有两种类型：凝固型酸乳和搅拌型酸乳。凝固型酸乳是在接种发酵剂后，立即进行包装，并在包装容器内发酵、成熟。搅拌型酸乳是在发酵罐中接种和培养后，在无菌条件下进行分装、冷却。

酸奶的生产工艺如下。

（1）凝固型酸乳 原料鲜奶→净化→脂肪含量标准化→配料（蔗糖、脱脂奶粉）→过滤→预热、均质、杀菌、冷却→接种→分装→发酵→冷却→后熟。

（2）搅拌型酸乳 净化的脱脂或脂肪含量标准化的奶→配料（蔗糖、脱脂奶粉）→过滤→预热、高压均质、杀菌、冷却→接种→发酵→破乳→冷却→分装→后熟。

【阅读材料 7-3】

酸奶的营养价值与功效

酸奶的营养价值高，易于消化吸收，是因为酸奶中发酵乳含有活力强的乳酸菌，能增强消化，促进食欲，加强肠的蠕动和机体的物质代谢，因此经常饮用酸奶有益于增强人体的健康。

酸奶中含有的3-羟-3-甲基戊二酸和乳酸可明显降胆固醇，所以常饮酸奶可降低胆固醇，预防心血管疾病。酸奶中产生的有机酸可增加肠蠕动，刺激胃液分泌，并抑制肠内有害病菌，因此酸奶对便秘和细菌性腹泻有预防作用。酸奶对治癌也有一定的效果，癌的发生主要是细胞的突变，即异常增殖。如何防止增殖就是对癌症预防的方法，许多动物试验证明，酸奶具有抑制癌细胞增殖的作用。酸奶也具有美容作用，常饮酸奶能够润肤、明目、固齿、健发。

3. 干酪

联合国粮农组织（FAO）和世界卫生组织（WHO）制定了国际上通用的干酪定义：干酪是以牛乳、奶油、部分脱脂乳、酪乳或这些产品的混合物为原料，经凝乳后分离乳清而制得的新鲜或发酵成熟的乳制品。

干酪中含有丰富的蛋白质和脂肪，糖类，有机酸，常量矿物元素钙、磷、钠、钾、镁，微量矿物元素铁、锌，以及脂溶性维生素 A、胡萝卜素和水溶性维生素等。

（1）生产菌 干酪所用发酵剂是由多种菌组成的，除乳酸菌外，有的干酪还用丙酸菌和丝状菌。常用作干酪发酵剂的乳酸菌有乳酸乳球菌、嗜热链球菌、保加利亚乳杆菌、干酪乳杆菌等。发酵剂添加量一般为 $0.05\%\sim2\%$。加发酵剂后，在 $30\sim32℃$ 下保温，待 pH 降至

4.6～4.7,即酪蛋白的等电点时,加凝乳酶和色素,搅匀,静置,使牛乳凝固。此外,还需添加 $CaCl_2$ 和色素。

（2）生产工艺　干酪制造的简单工艺过程为：原乳加热杀菌→加入凝乳酶、发酵剂及色素→形成凝块→切割凝块、搅拌、加热→排除乳清→粉碎凝块→入模压榨成型→盐浸（3～7天）→干燥、涂外膜→发酵成熟→产品。

4. 马奶酒

马奶酒又称酸马奶酒,与牛奶酒一样是酒精发酵乳饮料,由马奶发酵而成。由于马奶与其他奶类相比,其蛋白质含量较少而酒精含量较高,故很适合制造酒精性发酵饮料。制成的马奶酒有一定的浓度,没有乳清分离的现象。酸马奶酒的价值在于治疗肺结核等疾病。蒙古、前苏联、中国新疆一些地区生产马奶酒。

（1）生产菌　制作马奶酒使用的微生物有乳球菌、保加利亚乳杆菌等乳酸菌以及克鲁维酵母属的菌种。

（2）生产工艺　马奶酒的简单生产工艺是：新鲜马奶加热后晾凉到28℃→接种发酵剂（一般接种量为30%）→发酵约2h（摇动几次有利于酵母菌生长）→装瓶封盖→20℃下再培养2h→4℃下贮存并尽快出售。

制成的马奶酒含有1.8%的乳酸、1.0%～2.5%的酒精以及脂肪、酪朊、灰分等。

本 章 小 结

1. 在不同食品（酱油、酒类、奶制品）的发酵生产中需要不同种类的微生物。用于酱油生产常用的微生物主要为曲霉,有米曲霉、黄曲霉和黑曲霉等；酒类生产常用的微生物主要为酵母；用于奶制品生产常用的微生物主要为乳酸菌。

2. 酱油是通过曲霉、酵母、细菌等微生物经过一系列复杂的生化反应而得到的产物。主要通过蛋白质分解、淀粉糖化、酸类发酵、酒精发酵、色素形成和风味物质产生等一系列复杂的变化,使酱油最终具有特有的色、香、味。

3. 制作腐乳的菌种很多,涉及的微生物主要是毛霉中的腐乳毛霉、鲁氏毛霉、五通桥毛霉、总状毛霉、华根霉等,另外也有利用微球菌或枯草芽孢杆菌酿造的。在腐乳制造中,这些微生物可以分泌大量的酶,尤其是蛋白酶,可以分解蛋白质。

4. 发酵乳制品是指经由乳酸菌为主的微生物发酵而制成的各种乳品,如酸乳、酸牛乳酒、发酵酪乳、干酪等。

复习思考题

1. 酱类与酱油酿造常用微生物有哪些？

2. 酱及酱油酿造过程中发生了什么生化反应？

3. 在酱油生产中对生产原料有什么要求？

4. 为什么说食醋生产是多种微生物参与的结果？

5. 食醋酿造工艺有哪些？

6. 近年来生产发酵乳制品时,在菌种开发方面有哪些进展？

7. 简述啤酒生产的工艺过程。

8. 在发酵生产葡萄酒的过程中应注意的问题有哪些？

9. 白葡萄酒与红葡萄酒在酿造工艺上的不同点有哪些？

10. 在食品制造应用中微生物菌种扩大培养有哪些共同特点？

11. 酵母菌在面包制造过程中起哪些作用？

12. 面包制造原料的选择要求有哪些？

13. 发酵乳制品是如何分类的？

14. 发酵乳制品生产用菌种有哪些？

15. 简述酸奶的生产工艺流程。

16. 如何生产干酪？

第八章 微生物在医药方面的应用

【学习目标】

1. 理解微生物在疾病诊断上的应用；
2. 掌握重要抗生素及常用的生产菌；
3. 了解微生物在医药上的应用；
4. 了解生物制品的微生物生产。

微生物与医疗卫生的关系十分密切，在疾病的预防、诊断、治疗等方面的应用越来越多，其发酵产品也越来越丰富。

第一节　生　物　制　品

凡是人工免疫中用于预防、治疗和诊断传染病的抗原和抗体制品均称为生物制品（biologic products），可分为疫苗、类毒素和免疫血清三大类。预防制品主要是疫苗，包括菌苗和疫苗、类毒素。治疗制品多是利用细菌、病毒和生物毒素免疫动物制备的抗血清或抗毒素及人特异丙种球蛋白。单克隆抗体在诊断、治疗方面都有应用。目前常用的诊断制品大多数仍属于抗原或抗体。

一、疫苗

1. 疫苗分类

疫苗（vaccine）是由病原微生物本身制备而成的制剂，广义的疫苗包括细菌、病毒和立克次体等病原微生物制成的疫苗，注射后使机体产生抗体或致敏淋巴细胞，达到特异性免疫的效果。为了便于区别，习惯上将细菌、螺旋体、支原体等制成的制品称为菌苗（bacterial vaccine），狭义地将病毒、立克次体和衣原体制品统称为疫苗。

（1）死菌（疫）苗（killed vaccine）　通常是将人工培养的病原微生物用物理方法（如加热）或化学方法（如甲醛处理）杀死制成，使其失去毒力，而保留其抗原性。这种菌（疫）苗的特点是不能在体内繁殖，维持抗原刺激的时间短，产生免疫力不高，所以接种量要大。对人体的副作用也很大，有时还会引起机体发热、全身或局部肿痛等反应。常需以小剂量进行多次注射。但它容易保存，保存期长。制备死菌（疫）苗的菌种一般选用抗原性高且毒性强的菌株。常见的死菌（疫）苗有百日咳、伤寒、副伤寒、霍乱、流行性乙型脑炎和斑疹伤寒、狂犬疫苗等。

（2）活菌（疫）苗（live vaccine）　用失去毒力或减弱毒力但仍保持抗原性的病原体突变株制成。这类菌（疫）苗有卡介苗（预防结核病的菌苗）、炭疽菌苗、牛痘疫苗、鼠疫菌苗、脊髓灰质炎疫苗以及麻疹疫苗等。

活菌（疫）苗比死菌（疫）苗更有效，因为接种后，它在体内能生长繁殖一定时间，刺激机体产生免疫力。只需一次接种，用量小，免疫力保持时间久，副作用小，但难保存，易失效。制备活菌（疫）苗所用菌株的来源有两种：一是从具有免疫力的带菌机体中选择弱毒株（如鼠疫活疫苗）；二是用人工培养法使病原体变异以降低毒力（如麻疹疫苗、卡介苗）。制备活疫苗所用菌株，其无毒或减毒性状必须很稳定，即使反复进入易感机体也不会恢复毒力，否则就不能用于制备活疫苗。

（3）自身疫苗 是从患者病灶中分离的病原菌制成的死菌苗，进行多次皮下注射后，可治疗那些反复发作并经抗生素治疗无效的慢性细菌性感染疾病。如葡萄球菌引起的慢性化脓性感染、大肠杆菌引起的慢性肾炎等。

（4）亚单位疫苗 每一种病原微生物均有多种性质不同的抗原成分，其中只有一小部分能使机体产生有保护性的免疫力。因此，整体微生物制成的疫苗有很多无效成分，副作用也强。若将有效成分提出来制成疫苗，既可提高免疫效果，又可减少副作用，此种疫苗称作亚单位疫苗。如腺病毒的衣壳亚单位疫苗、乙型肝炎的表面抗原亚单位疫苗以及大肠杆菌菌毛亚单位疫苗等。亚单位疫苗效果好，又无毒副作用，是疫苗的发展方向之一。

（5）化学疫苗 用化学方法提取微生物体内有效免疫成分而制成的疫苗，其成分一般比亚单位疫苗更简单，如肺炎链球菌的荚膜多糖或脑膜炎球菌的荚膜多糖都可制成多糖化学疫苗。

（6）合成疫苗 用人工合成的肽抗原与适当载体和佐剂配合而成的疫苗，称为合成疫苗。如人工合成的白喉毒素的 14 肽以及流感病毒血凝素的 18 肽等加上适当载体和佐剂后，都可制成合成疫苗。

（7）基因工程疫苗 这是一类通过 DNA 重组技术获得的新型疫苗，又称 DNA 重组疫苗。利用基因工程新技术已获得了一系列有实用价值的疫苗，如编码乙型肝炎病毒表面抗原（HBsAg）基因插入酿酒酵母基因组中表达成功的 DAN 重组乙型肝炎疫苗等。DNA 重组疫苗可用于治疗癌症等疑难病症。

（8）抗独特型疫苗 抗体分子（Ab1）作为抗原时可产生抗抗体（Ab2），若此 Ab2 是针对 Ab1 的独特型决定簇，则称为抗独特型抗体。抗独特型抗体可能在构象上模拟原始抗原（与 Ab1 对应的抗原），因此可作为原始抗原的替代物，刺激机体产生抗原始抗原的免疫应答，又避免了原始抗原的致病性。

（9）核酸疫苗 将病原体的一段具有保护效应的核酸片段导入体内，通过在体内的表达激发机体产生抗感染免疫，称为核酸疫苗，又称基因疫苗或 DNA 疫苗。核酸疫苗比传统疫苗安全，比亚单位疫苗制备简单，是疫苗研制的重点之一。

2. 疫苗生产基本技术

（1）菌种的选育培养 疫苗生产中使用的菌种范围很广泛。按菌种的毒力分类，可以分为强毒菌种和弱毒菌种。强毒菌种是指具有强大致病力的菌种，一般免疫原性也良好，常用于制造某些灭活疫苗、抗血清以及疫苗效力检验；弱毒菌种是指对动物无致病力而具有一定免疫性的菌种，主要用于制造弱毒活苗。

菌种是决定疫苗质量的最重要因素，选育培养好的菌种也是疫苗生产中最重要的一环。好的菌种应具备良好的免疫原性、可靠的安全性、典型的生物学性状、遗传稳定性和一致性、清楚完整的历史及有关资料。

菌种的选育培养可采用多种方法：自然选育培养法、人工选育培养法、基因重组选育培养法等。自然选育培养法是对自然界已存在的菌株进行分离，从中选育适合的菌株；人工选育培养法是采用物理方法（温度、射线）、化学方法（改变培养气体环境、改变培养基成分）、生物方法（通过动物机体、通过细胞培养物）等诱变其变异，使菌株毒力减弱但仍保持一定的免疫原性；基因重组选育培养菌种是 20 世纪 80 年代发展起来的一项新技术，是将编码保护性抗原的目的基因导入载体中，使之得到表达，产生大量保护性抗原蛋白，并可用作疫苗。

（2）疫苗生产的基本程序与原则

① 细菌性疫苗。细菌性疫苗是用来给健康动物接种预防细菌性疾病的。细菌性疫苗生产必须遵循以下原则：一是安全，即生产的疫苗不应有明显的副作用；二是达标，即疫苗应使机体产生坚强保护性免疫力，免疫效果理想，而且针对性强，符合效力检验和安全检验标准；三是方便，即便于运输、保存和使用。

细菌性疫苗生产的基本程序大致如下：菌种继代→制造培养基的选择→培养增殖→活菌分装及冻干、死疫苗灭活及配制→检定。

② 病毒性疫苗。病毒性疫苗是用以防治病毒性传染病的最有效方法。为了提供安全有效的疫苗，在生产时必须遵循以下原则：一是安全，即疫苗必须做到安全，接种后不应有副作用和引发相应的疾病，使用培养材料时保证无污染；二是免疫原性强，即使用后能产生坚强的免疫力；三是便于贮存、运输和使用。

病毒性疫苗生产的基本程序：毒种检定→选择和制作病毒培养材料→病毒增殖→收毒→分装及冻干、死疫苗的灭活及配制→疫苗检验。

（3）疫苗成品检验方法　疫苗的质量检验，从用于生产的菌种毒种和原材料、半成品的检查，直至最终的成品检验，都属于质量检查范围，应贯穿于生产的始终。疫苗成品检验主要包括无菌或纯粹检验、安全检验、效力检验、物理性状检查，以及外源病原体检验、一致性检验、活菌计数或病毒含量测定、残余水分检查、真空度测定等。

无菌检验主要检查杂菌、病原菌、支原体等，各种产品都要按制造规程严格抽样检验。

安全检验主要检查外源性污染，杀菌、灭活或脱毒情况，残余毒力或毒性物质。成品的安全检验主要采用动物试验的方法。

效力检验主要检验疫苗的免疫原性、免疫持续期、抗原的热稳定性、抗原量的测定。效力检验主要采用动物保护力试验、菌计数与病毒量的测定、血清学试验等方法。

二、类毒素

用 0.3%～0.4% 的甲醛处理外毒素，可使外毒素脱毒，但仍保持其抗原性，这种经脱毒处理的外毒素叫类毒素。注射类毒素可使机体产生对应外毒素的抗体（即抗毒素），故可预防该病发生。最常用的类毒素有白喉类毒素和破伤风类毒素。类毒素可与死疫苗联合使用。

三、免疫血清

含有特异抗体的血清叫免疫血清。利用免疫血清对人体进行人工被动免疫，可使机体立即获得免疫力以达到治疗或紧急预防的目的。但因抗体非自身产生，耗完后就无补充，所以其免疫时间甚短（仅维持 2～3 周）。

1. 抗毒素

如白喉抗毒素或破伤风抗毒素等，通常是马的免疫血清制品。抗毒素可中和相应外毒素的毒性，主要用于由外毒素所致疾病的治疗或应急预防。

2. 胎盘球蛋白及血清球蛋白

胎盘球蛋白是从健康产妇的胎盘中提取的丙种球蛋白，血清丙种球蛋白是从血清中提取的，主要用于预防麻疹和传染性肝炎等。

生物制品在控制传染病方面发挥了巨大作用。除了在安全、效力、特异、敏感、快速、简便、副反应和自动化等方面进行深入研究外，还要发展多价疫苗和多功能生物制品，以减少免疫针次和费用。生物制品剂型和使用方法也应多样化，如喷雾型、缓释型等。应大力发展基因工程、细胞工程和蛋白质工程的生物制品。如利用基因工程技术将抗原克隆到大肠杆菌或酵母菌中，利用工程菌生产疫苗，产量提高，工艺简单，操作安全，免疫时间延长。

第二节　抗　生　素

抗生素的显著特点是化学结构具有多样性。它是一类重要的化学治疗剂，其作用不仅是抑制或杀灭微生物，有的还能用于临床治疗肿瘤以及用于疾病的早期诊断等。有些抗生素还具有其他生物性。例如，利福霉素具有降低胆固醇的功能，红霉素能够诱导胃的运动性，瑞斯托霉素能够促进血小板凝固等。对保障人类健康起着重要作用。

一、抗生素的发现及发展

1929 年，英国微生物学家弗来明（A. Fleming）发现了青霉素，后经他人继续研究，终于成为世界上最早用于临床的抗生素。

1944 年，美国学者瓦克斯曼（S. Waksman）从放线菌中发现了链霉素，它是由灰色链霉菌产生的，能有效地抑制使用青霉素无效的革兰阴性的结核菌，使许多结核病患者得到救治。青霉素和链霉素发现以后，四环素、氯霉素、螺旋霉素、卡那霉素等相继发现，还发现了丝裂霉素 C、博来霉素等对癌症有疗效的抗生素。据统计，现已发现 9000 多种抗生素。临床上经常使用的有 50 多种，常见的抗生素见表 8-1，抗生素已成为各国最重要的药物。随着现代科学技术的发展，对抗生素的化学性质、结构、生物合成途径以及作用机制等方面都开展了广泛的研究。中国生产的抗生素已有 40 多种，产量位居世界第一。其中，创新霉素等的生产菌种是中国首先筛选到并组织生产的。目前中国无论是抗生素品种还是数量，均已跨入世界先进行列。

由于抗生素的大量使用，病原微生物的耐药性随之增强。近年来，通过抗生素的化学改造，研制出新的衍生物，即半合成抗生素。利用基因工程技术可以大大提高微生物的抗生素生产能力。基因重组既可能采用传统的接合、转导、转化及原生质体融合等方法，也可以通过现代基因工程技术对基因进行直接操纵。例如，通过重组 DNA 技术增加微生物中编码某种影响抗生素合成的关键酶的基因剂量，就可以提高这种酶的表达量，提高抗生素的产量。利用现代基因工程技术还可以改善抗生素的组分、改进抗生素的生产工艺、产生杂合抗生素等。此外，由于对抗癌抗生素的研制，使抗生素的生产迅速发展。

表 8-1　常见抗生素

抗 生 素	发现年代	产 生 菌	抗 菌 谱	作 用 方 式
青霉素(penicillin)	1929 年	产黄青霉,点青霉	G^+,部分 G^-	抑制细菌细胞壁合成
灰黄霉素(griselfulvin)	1939 年	灰黄青霉	病原真菌	干扰真菌细胞壁与核酸合成
链霉素(streptomycin)	1944 年	灰色链霉菌	G^+,G^-,结核分枝杆菌	干扰蛋白质合成
氯霉素(chloromycetin)	1947 年	委内瑞拉链霉菌	G^+,G^-,立克次体及部分病毒	干扰蛋白质合成
放线菌素 D(actinomycin D)	1957 年	产黑链霉菌	癌(恶性葡萄胎及绒毛膜上皮癌)	抑制 RNA 合成
卡那霉素(kanamycin)	1957 年	卡那霉素链霉菌	G^+,G^-,结核分枝杆菌	干扰蛋白质合成
多氧霉素(polyoxin)	1961 年	可可链霉菌	许多植物病害真菌	阻碍真菌细胞壁合成
丝裂霉素 C(mitomycin C)	1956 年	头状链霉菌	抗癌及 G^+	抑制 RNA 合成
利福霉素(rifamycin)	1957 年	地中海链霉菌,诺卡菌	G^+ 及结核分枝杆菌,病毒,肿瘤	抑制 RNA 合成
四环素(tetracycline)	1952 年	抗生素链霉菌、金色链霉菌	G^+,G^-,立克次体,部分病毒及原虫	干扰蛋白质合成
红霉素(erythromycin)	1952 年	红霉素链霉菌	G^+,G^-,立克次体及部分病毒	干扰蛋白质合成
环丝氨酸(cycloserine)	1955 年	淡紫灰链霉菌	G^+,G^-,结核分枝杆菌	抑制细胞壁合成
头孢霉素 C(cephalosporin C)	1955 年	头孢霉菌	G^+,G^-	抑制细胞壁合成
多黏菌素(polymyxin)	1947 年	多黏芽孢杆菌	G^-(包括铜绿假单胞菌)	破坏细胞膜
金霉素(aureomycin)	1948 年	金霉素链霉菌	G^+,G^-,立克次体,部分病毒及原虫	干扰蛋白质合成
新霉素(neomycin)	1949 年	费氏链霉菌	G^+,G^-,结核分枝杆菌	干扰蛋白质合成
土霉素(terramycin)	1950 年	龟裂链霉菌	G^+,G^-,立克次体,部分病毒及原虫	干扰蛋白质合成
制霉菌素(nystatin)	1950 年	诺尔斯链霉菌	白色念珠菌,酵母菌	破坏细胞膜
光神霉素(mithranycin)	1962 年	一种链霉菌	G^+,抗癌	抑制 RNA 合成
庆大霉素(gentamycin)	1963 年	棘孢小单孢菌	G^+,G^-	抑制蛋白质合成
春日霉素(kasugamycin)	1964 年	小金色链霉菌	铜绿假单胞菌,稻瘟病菌,G^-	抑制蛋白质合成
博来霉素(bleomycin)	1965 年	轮丝链霉菌	抗癌	抑制 DNA 合成
庆丰霉素	1970 年	庆丰链霉菌	G^+,G^-,一些酵母菌及植物病原真菌	
井冈霉素	1970 年	吸水链霉菌	防治水稻纹枯病	

　　在目前市售的 50 多种抗生素中,由放线菌产生的有 40 种,由细菌和霉菌产生的分别有 6 种和 5 种。作为抗生素研究对象的微生物,首先是放线菌,其次是霉菌和细菌。进行抗生素的生产,首先要进行生产菌的分离、筛选,找出生产能力高的菌株,一般以土壤作为分离对象;再按生产目的进行抗菌性试验。例如,研究抗癌抗生素时,需将培养液注射入小白鼠的吉田肉癌或艾氏腹水癌中,观察腹水肿癌细胞数量和形态的变化、体重的变化以及延长寿命的效果等,判断培养液中有没有抗癌物质。经抗菌试验的菌液,需经提取、精制、鉴定才能确定其理化和生物学性质,确定是否是新的抗生素,最后还要经过毒性试验和动物治疗、药理和临床试验。农用抗生素必须经过由盆栽试验到大田试验的长期而大规模的试验。

【阅读材料 8-1】

青霉素的发现

弗来明在培养葡萄球菌时偶然发现由空气中掉入培养皿平板上生长的青霉菌落的周围，因葡萄球菌被溶解而产生透明圈。这种由青霉产生的抑制细菌作用已被证实，但在此后的 10 年间却并未受到注意。1940 年，英国微生物学家弗洛里（Florey）和柴恩等一次分离到了青霉素结晶。由于第二次世界大战中对治疗创伤药物的迫切需要，1941 年美国和英国共同研究生产青霉素。1943 年，采用通气搅拌深层发酵生产，使大战中许多战伤者得救。青霉素的发现，推动了其他抗生素的研究。

二、常见抗生素的种类及生产菌

1. β-内酰胺抗生素

它们属于氨基酸肽类抗生素，青霉素及头孢霉素是天然的 β-内酰胺抗生素，是临床上最为重要的化学治疗剂，几乎无毒性，有较广的抗菌谱。另还有肽类或缩肽类抗生素，如杆菌肽 A、瑞斯托菌素（A、B）、万古霉素、放线菌素、多黏菌素等。它们有较广的抗菌谱，但毒性较大，常限制使用。

青霉素的生产菌主要是产黄青霉系列菌及点青霉，另还发现有不整齐青霉、灰褐青霉菌、赤迹青霉菌、荧光青霉菌、玫瑰青霉菌及黄曲霉菌、巨大曲霉菌、黑曲霉菌、构巢曲霉菌、黄柄白曲霉菌、米曲霉菌、寄生曲霉菌。此外，须发藓霉、絮状表皮藓霉、头孢霉、翅孢壳霉、桃色拟青霉及链霉菌都能产生青霉素。

头孢霉素的生产菌主要是头孢霉菌，可由顶头孢霉产生。

杆菌肽 A 由枯草杆菌地衣形芽孢杆菌生产，对很多革兰阳性菌有抗性，并可抑制细胞反常增长，也可作为食物添加剂，但对肾脏有毒性。

瑞斯托菌素 A 和瑞斯托菌素 B 由诺卡菌生产，对革兰阳性菌、结核分枝杆菌、棒状杆菌等有作用，但毒性很强，能使白细胞、血小板减少，因此限制使用。

万古霉素由东方链霉菌生产，对金黄色葡萄球菌、肺炎球菌等有作用，但能引起血栓性静脉炎。

放线菌素由各种链霉菌产生，有抗肿瘤作用，但对肝、肾有毒。

多黏菌素（B1、B2）的生产菌主要是多黏芽孢杆菌，对革兰阳性菌有强烈作用，特别是对大肠杆菌。另外多黏菌素 E1、多黏菌素 E2 对嗜血杆菌、铜绿色极毛杆菌有作用。

2. 氨基糖苷类抗生素

它们基本上是由氨基糖、放线菌胺或脱氧放线菌胺一起组成的物质，主要有链霉素、双氢链霉素、卡那霉素 A、卡那霉素 B、卡那霉素 C、托普霉素、新霉素 B、新霉素 C 等，是对革兰阳性菌、革兰阴性菌有作用的广谱抗生素。但不能口服，并对肾和听觉有毒性。

链霉素、双氢链霉素的生产菌主要是灰色链霉菌；卡那霉素 A、卡那霉素 B、卡那霉素 C 的生产菌主要是卡那霉素链霉菌；托普霉素的生产菌主要是黑暗链霉菌；新霉素 B、新霉素 C 的生产菌主要是费氏链霉菌。

3. 大环内酯抗生素

它们是由内酯环通过葡萄糖苷键与糖连接的物质，主要有红霉素、株晶白霉素、竹桃霉素、螺旋霉素等。对革兰阳性菌和某些革兰阴性菌有作用。

红霉素的生产菌主要是红霉素链霉菌；株晶白霉素的生产菌主要是北里链霉菌；竹桃霉

素的生产菌主要是抗生链霉菌；螺旋霉素的主要生产菌是产二素链霉菌。它们可用于治疗，也可用于动物饲料添加剂。

4. 多烯烃抗生素

这类抗生素有的具内酯环，如制霉菌素、匹马霉素、制酵母菌素、哈霉素等；有些没有内酯环，如烟曲霉素。主要对真菌和酵母菌有作用，常用于治疗真菌的感染。

制霉菌素的主要生产菌是诺尔斯链霉菌；匹马霉素的主要生产菌是 *Streptomyces albulus*、*S. natalensis*、*S. gilveosporus*、恰塔努加链霉菌；制酵母菌素的主要生产菌是制酵母菌链霉菌；哈霉素的主要生产菌是 *S. primprina*。烟曲霉素的主要生产菌是烟曲霉，能有效治疗阿米巴痢疾。

5. 四环素

四环素是具全氢并四苯骨架结构的物质，主要有四环素、土霉素、金霉素、强力霉素，属于广谱抗生素。

四环素的主要生产菌是抗生素链霉菌、金色链霉菌。金霉素的主要生产菌是金霉素链霉菌，用于治疗葡萄糖球菌及肠道球菌的感染。土霉素的主要生产菌是龟裂链霉菌，特别用于治疗结核病、阿米巴痢疾、梅毒、蛲虫病。

6. 芳香族抗生素

它们是含有芳香族基本结构的一类抗生素，主要有氯霉素、灰黄霉素、新生霉素。

氯霉素的主要生产菌是委内瑞拉链霉菌和依州链霉菌，它对革兰阳性细菌、革兰阴性菌及立克次体有抗菌作用，特别是对肠道寄生细菌（如沙门菌）有抗菌作用。灰黄霉素可由多种产青霉素的种生产，如灰黄青霉、黑青霉、展开青霉、金氏青霉、瑞氏青霉，是一种有效的抗真菌抗生素，但对细菌无作用。新生霉素可由白链霉菌、浑球链霉菌及亚热带链霉菌生产，对革兰阳性菌、革兰阴性菌有作用，特别对白喉棒状杆菌、嗜血杆菌、胸膜肺炎双球菌有作用。

7. 其他重要的抗生素

利福霉素的主要生产菌是地中海链霉菌，对革兰阳性菌、革兰阴性菌有作用，它能抑制真核生物 RNA 的合成，对 DNA 病毒及一些衣原体有作用。

利福平可通过利福霉素化学转化制备，对分枝杆菌有特效。

梭链孢酸（福西丁酸）的生产菌主要是 *Fusiolium coccineum*，对葡萄球菌、梭状芽孢杆菌、奈氏球菌、白喉棒状杆菌、结核分枝杆菌有效。可抑制蛋白质合成。

丝裂霉素（特别是丝裂霉素 C）的生产菌主要是头状链霉菌、金色链霉菌，对革兰阳性细菌、革兰阴性菌、分枝杆菌有较强的作用。特别有抗癌作用，可抑制 DNA 的合成，是一种抗肿瘤抗生素。

道诺霉素、道诺红霉素的生产菌主要是波赛链霉菌、天蓝淡红链霉菌，对革兰阳性菌有弱的作用，能抑制 RNA 的形成，有抗分裂的作用，是一种抗肿瘤抗生素。

光神霉素的主要生产菌是田无链霉菌，对革兰阳性菌有作用，能抑制 RNA 的形成，有抗分裂的作用，有强烈毒性。是一种抗肿瘤抗生素。

链脲霉素的主要生产菌是不产色链霉菌，对革兰阳性菌、革兰阴性菌有作用，能有限地抗有丝分裂，但易诱发糖尿病，是一种抗恶性胰岛细胞瘤的抗生素。

博来霉素（主要有博来霉素 A_2、博来霉素 B_2）的生产菌主要是轮丝链霉菌，对革兰阳性菌、革兰阴性菌有作用，有很好的抗有丝分裂作用，能抑制 RNA 的形成，是一种抗肿瘤抗生素。

链黑霉素的主要生产菌是团片链霉菌，是一种广谱抗生素，能抗有丝分裂，抑制 DNA 的形成，有强毒性，是一种抗肿瘤抗生素。

第三节　微生物在医药方面的其他应用

一、葡萄糖酐及其他多糖

葡萄糖酐又称葡聚糖，是葡萄糖的聚合物。它是肠膜明串珠菌和葡聚糖明串珠菌在含蔗糖的培养基中发酵生成原葡聚糖，然后用葡聚糖酶分解为医用葡聚糖。工业上生产葡聚糖酶的微生物主要是产丝真菌，特别是绳状青霉和产紫青霉。

生产葡聚糖的培养基必须含氮量低，其组成为蔗糖、蛋白胨和生长因子（如酵母膏）等。细菌将蔗糖分解为果糖和葡萄糖，仅利用果糖，并将葡萄糖以 α-1,6-糖苷键联结成相对分子质量达数百万的葡萄糖聚合物，称为粗右旋糖酐，再经酸水解和不同浓度乙醇沉淀，分步取出相对分子质量不同的右旋糖酐。各种规格的右旋糖酐由于相对分子质量不同，其生物效应也不同，目前常用的有低分子右旋糖酐和中分子右旋糖酐。

低相对分子质量的右旋糖酐可维持血液渗透压和扩充血容量，葡聚糖相对分子质量为 75000 时其渗透压与血液等值，没有毒性，又有良好的胶体性的渗透压，输入血管后可迅速补充血容量。其次是改善微循环，相对分子质量较小者可使已经聚集的红细胞解聚。这可能与改变血液胶体状态和红细胞表面电荷有关，同时也使血液黏度减低。它还有抗血栓作用，右旋糖酐可包绕在血小板表面和覆盖在受损伤的血管内膜上，抑制血小板的黏附和聚集。葡聚糖相对分子质量太小（40000 以下），从肾脏排出速率太快；相对分子质量太大（30 万以上）会潴留在体内，有潜在危险；相对分子质量适中的可用于临床治疗。

右旋糖酐主要在医疗方面用来替代血浆，用于创伤失血或其他应急情况。用于临床治疗的葡萄糖酐不得含有机溶剂，一般为 6%～10% 的水溶液，其中含有 0.9% 氯化钠或 5% 葡萄糖，需经高压蒸汽灭菌。每批制品使用前需抽样进行热原、毒性和无菌等检验。

二、干扰素

干扰素（inteferon，IFN）是人体细胞分泌的一种活性蛋白质，具有广泛的抗病毒、抗肿瘤和免疫调节活性，是人体防御系统的重要组成部分。现已临床用于人类癌症治疗，如骨瘤、乳瘤等。根据其分子结构和抗原性的差异分为 α、β、γ、ω 四种类型。早期干扰素是用病毒诱导人体白细胞产生的，产量低，价格贵，远远不能满足需要。现在工业生产干扰素是利用基因工程技术培育大肠杆菌，通过工业发酵进行生产。发酵产物再经提取、纯化后，产品不含杂蛋白，效价、活性、纯度、无菌试验、安全毒性试验、热原质试验等均符合标准。

三、核苷酸

微生物发酵生产核苷酸主要用作食品风味强化剂。核苷、核苷酸及其衍生物的另一个重要用途是作为临床治疗药物。嘌呤类似物 8-氮鸟嘌呤和 6-巯基嘌呤具有与抗生素类似的功能，可以抑制癌细胞的生长；9-β-D-阿拉伯呋喃糖基腺苷聚肌胞可治疗疱疹；(S)-腺苷蛋氨酸及其盐类用于治疗帕金森综合征、失眠，并具有镇痛、消炎作用。肌苷已用于治疗心脏病。环腺苷单磷可治疗糖尿病、气喘、癌症等。

目前，工业上主要通过核酸的酶法水解生产核苷酸。RNA 的来源很广，可由酵母菌、郝氏棒状杆菌、芽孢杆菌的许多种生产，但主要由产阮假丝酵母生产。DNA 可通过黄色葡萄球菌、枯草杆菌、简单节杆菌及假单胞菌生产。

工业上生产核酸水解酶的微生物主要有橘青霉、米曲霉和各种链霉菌，如金色链霉菌、白灰链霉菌、天蓝色链霉菌、灰黄链霉菌、紫色链霉菌。

米曲霉产生的酶可水解核酸成 $3'$-核苷酸，包括 $3'$-IMP、核苷和嘌呤碱基。橘青霉和链霉菌产生的酶可水解核酸成 $5'$-单核苷酸。

有些核苷及核苷酸产品用直接发酵法生产，如肌苷 $5'$-IMP、$5'$-GMP 等。肌苷 $5'$-IMP 的直接生产菌主要是枯草杆菌、产氨短杆菌，简单的棒状杆菌也可形成肌苷。$5'$-GMP 的直接发酵生产可用枯草杆菌、巨大芽孢杆菌和短小芽孢杆菌的需要嘌呤的突变株先生产 $5'$-磷酸核糖-1-焦磷酸盐（PRPP），然后发酵生成 $5'$-GMP 和巯基肌苷酸。

四、维生素

维生素是生物生长代谢所必需的微量有机物。维生素的纯品和一些富含维生素的制剂可防治维生素缺乏症。许多微生物含有丰富的维生素，如酵母菌含有丰富的 B 族维生素，大肠杆菌可在肠道中产生维生素 B_2、维生素 B_{12}、维生素 B_K 等许多维生素。在自然界，微生物是某些维生素的唯一来源。目前已利用各种新技术选育出合成维生素的高产菌株，并且已用于工业化生产。例如，用阿舒囊棉霉生产维生素 B_2，用谢氏酸杆菌生产维生素 B_{12}，用生黑葡萄糖杆菌生产维生素 C。用球形红假单胞菌得到的属间原生质体融合菌株，使维生素 B_{12} 的产量由 $0.2 \sim 2.5 \mathrm{mg/L}$ 达到 $135 \mathrm{mg/L}$，提高 $34 \sim 375$ 倍。近年来已发明了从抗生素及有机酸工业废液（如链霉素、庆大霉素发酵废液）中提取维生素的新技术。

1. β-胡萝卜素（维生素 A）和类胡萝卜素

β-胡萝卜素的工业生产菌主要是三孢布拉霉，而有些掷孢酵母及圆酵母的种也能产生。类胡萝卜素的工业生产菌主要是胶红酵母短杆菌、黄细菌、梅玖链霉菌。

2. 维生素 B_2（核黄素）

维生素 B_2 是一种水溶性的维生素，在工业生产上主要有 3 种类型的微生物可以产生：① 乙丁梭状芽孢杆菌；②假丝酵母属的类球形德巴利酵母、无名球拟酵母、季也蒙毕赤酵母；③阿舒囊棉霉及阿氏假囊酵母。

3. 类钴咻类（维生素 B_{12} 群）

能合成维生素 B_{12} 的微生物有许多种，在工业上主要采用巨大芽孢杆菌、菲得力丙酸杆菌、舒氏丙酸杆菌、脱氮假单胞菌、链霉菌属、红色鱼精蛋白杆菌、简单棒状杆菌。

4. L-抗坏血酸（维生素 C）

L-抗坏血酸是一种脂溶性物质，可阻止人体坏血病。常用的工业生产是由醋酸杆菌将山梨醇氧化为山梨糖；或用镰刀霉将 D-5-酮基葡萄糖酸化成 L-艾杜酸，再用米氏假单胞菌氧化为 L-2-酮基古龙酸；也可用点青霉、斜卧青霉、产黄青霉、斑点青霉及蓝棕青霉将葡萄糖转化为 D-阿拉伯抗坏血酸。

中国利用基因工程技术构建了生产维生素 C 的基因工程菌，使生产工艺大大简化，只需一种菌一步发酵即可完成，实现了维生素 C 生产一步发酵新工艺。中国维生素 C 一步发酵工艺水平居世界领先地位。

5. 麦角甾醇

麦角甾醇可来自毛霉、青霉、曲霉、啤酒酵母及假丝酵母等。而工业上主要由啤酒酵母、热带假丝酵母生产。

6. 生物素（维生素 H）

目前主要由化学方法生产。已经进行研究的微生物有啤酒酵母、产黄青霉、链霉菌、短杆菌、谷氨酸棒状杆菌、假单胞菌，它们都可产生一定量的生物素。

五、甾体类药物

甾体化合物的氧化、还原、羟基化等反应是制造甾体激素必不可少的步骤。采用有机化学的方法，步骤繁，副产物多，收率低。由于酶具有高度专一性，可以在甾体化合物的特定位置上一次完成反应，现已用固定化菌体和固定化酶生产各种甾体激素，如由 11-脱氧-17-羟化皮质酮生产皮质醇（氢化可的松），由皮质醇转化为氢化泼尼松、可的松、羟基可的松和脱氢可的松等。

用于生产甾体激素的微生物有新月弯孢霉、简单棒杆菌、简单节杆菌或球形分枝杆菌等。

基因工程技术为利用微生物生产药物开辟了新途径。利用基因工程技术，可以创造出前所未有的微生物类型。用于生产药物的"工程菌"种类不断增多，如利用基因工程菌可生产生长激素释放抑制因子、胰岛素、生长激素、干扰素、白细胞介素和胸腺素等。可以预料，凡是人体内的多肽类生理活性物质在不久的将来都可通过基因工程的途径来获得。

六、疾病的诊断

绝大多数传染性疾病与微生物有关，利用先进的科学技术手段测定微生物的存在与否，可以快速、精确地协助诊断某些疾病。以下简要介绍几种疾病的微生物学诊断方法。

1. 形态学诊断

形态学诊断主要从鉴定微生物的形态来诊断疾病。这是临床上常用的诊断方法，如常见的消化道疾病、泌尿系统感染、生殖系统感染、上呼吸道感染，都可利用鉴定微生物的形态来确诊。鉴定的方法有不染色标本镜检法和染色标本镜检法。另外也可根据被检微生物的特性采用特殊的检查方法。形态学诊断快捷，结果较准确，特别有利于临床的快速确诊。

2. 免疫学诊断

免疫学方法的特异性及敏感性强，已被广泛用于临床诊断，用已知抗体检测抗原或用已知抗原检测抗体是临床诊断的重要工具。

由于抗原抗体反应具有一般理化反应所没有的特异性和敏感性，因此它不仅在许多感染性疾病的诊断上广泛应用，而且在早期怀孕、变态反应性疾病、自身免疫疾病及某些肿瘤的诊断上也很重要。抗原抗体反应用于诊断感染性疾病，若检测抗体，一般宜采取早期和恢复期两份血清，结合病理，注意抗体效价的变化。由于方法的不断改进，检测抗原的试验发展迅速，将在早期诊断上发挥更大的作用。

3. 气相色谱法诊断

采用气相色谱技术诊断疾病的理论根据是病原体在其生长环境中常形成独特的代谢产物。只要在临床标本中有纳克级或皮克级的这种独特的代谢物存在，即可产生其特征性的色谱图，便可迅速做出诊断。例如，用气相色谱法可检验引起尿道感染和关节炎的淋球菌、葡萄球菌和链球菌的存在。

4. 放射元素测量法诊断

微生物利用培养基中含有^{14}C的底物，产生含有^{14}C的CO_2，通过测量培养基中放射性强度的增长与否，以确定标本中有无细菌存在。此法可用于监测、检查血培养中微生物的生长、无菌试验、致病性奈氏球菌鉴定、分枝杆菌的检测和药敏试验等。此法还可用于食品和水中细菌的快速检测及菌尿症的快速诊断等方面。

5. 阻抗测量法诊断

阻抗测量法是测定微生物培养物中惰性底物代谢成电活性物质。不同微生物在培养基中可产生具有特征性的阻抗曲线（阻抗-时间曲线），根据此特征性的阻抗曲线可进行疾病诊断。此法已用于微生物的鉴定、菌血症和菌尿症的快速诊断及药敏试验。

此外，还有生物发光法诊断等多种技术。

用微生物学方法协助诊断疾病，为疾病的早期诊断、治疗提供了依据，赢得了时间。因此，它已成为临床上疾病诊断的一种重要手段，而且应用越来越广。

本 章 小 结

1. 微生物在21世纪的工业生产中有着重要的作用，特别是在医药领域有着更为广泛的前景。主要表现在可通过微生物发酵工业生产用于预防和治疗疾病的生物制品、抗生素、多糖、维生素、氨基酸及其他药物，也可用于疾病的诊断。尤其是对于威胁人类生活的癌细胞的治疗有不可估量的价值。

2. 微生物生产的生物制品主要包括疫苗、类毒素和免疫血清。常用的生产菌有引起人类疾病的病原体。

3. 临床上经常使用的抗生素有50多种，主要生产菌为放线菌，一些细菌和霉菌也能生产抗生素，不同种类的抗生素可由不同的生产菌生产。

4. 在多糖的生产中，目前主要是葡聚糖，生产菌是细菌。另外工业上还可利用微生物生产干扰素、核苷酸、氨基酸以及甾体类化合物，生产菌主要是细菌。

5. 在疾病诊断上，主要是根据分子生物学原理快速判断致病微生物是否存在，做到精确的疾病诊断。

复习思考题

1. 微生物在医药上的应用有哪些方面？
2. 发酵工业上利用微生物生产的抗生素有哪些类别，试举例说明其生产菌的作用。
3. 利用微生物进行疾病诊断的方法有哪几种？试举例说明其作用。
4. 发酵工业生产青霉素的生产菌主要是什么？
5. 葡萄糖酐的工业生产菌主要是什么？属哪类微生物？
6. 干扰素的工业生产菌是什么？如何选育？
7. 微生物在疾病诊断方面有几种方法？试举例说明其作用。

第九章　微生物在环境保护中的应用

【学习目标】

1. 掌握微生物降解有机污染物的方式；

2. 掌握汞、砷的甲基化作用；

3. 了解微生物对纤维素、淀粉、半纤维素、果胶质、木质素、脂类等生物组分大分子有机物的降解途径；

4. 了解微生物在降解石油过程中的限制性因素；

5. 了解微生物对农药、多氯联苯、合成洗涤剂、塑料等人工合成有机物的生物降解途径。

第一节　有机污染物的生物降解性

微生物在环境保护中的应用主要是对各种有机污染物进行生物降解。生物降解是指由生物催化复杂有机化合物分解的过程。环境中的污染物质多种多样，其中存在着大量的有机物。利用微生物降解作用可以去除污水、固体废弃物、废气等介质内的有机污染物，达到无害化的目的。

微生物对有机物的降解和转化具有巨大的能力。环境中的污染物有些是作为微生物生长的能源和基质，在微生物酶的作用下被矿化；有些则是在多种微生物的共同作用下进行转化，这个过程可能会产生中间产物。微生物可以通过以下几个方面降解与转化污染物。

一、产生诱导酶

微生物能合成各种降解酶，酶具有专一性，又有诱导性。在正常代谢的情况下，许多酶以痕量存在于细胞内，但是在有特殊底物（诱导物）存在时，会诱导酶的大量合成，酶的数量至少会增加 10 倍。脂肪酶是微生物体内脂类物质转化过程中不可缺少的催化剂，其催化活性和存在量受到底物的诱导。石油开采过程中产生的油泄漏、食品加工过程中产生的含脂废物及饮食业产生的废物，都可以用亲脂微生物进行处理，相关技术已在日本有报道。

另一种情况是底物的存在会诱导适应性酶的产生。这一过程最好的例证是乳糖酶的产生过程，将乳糖加入到大肠杆菌的培养基中，可以诱导大肠杆菌产生出 β-半乳糖苷透性酶、β-半乳糖苷酶和半乳糖苷转乙酰酶的合成。

二、形成突变菌株

在本书第六章中了解了微生物遗传变异的知识。微生物在生长过程中偶尔会发生遗传物质变化，从而引起个体性状的改变，形成突变菌株。可以通过定向驯化或诱变技术获得具有高效降解能力的变种，使得难降解的、不可降解的有机物得到转化。例如，印染废水的处理中所利用的微生物多数来自生活污水处理厂的活性污泥。

三、利用降解性质粒

微生物的许多降解转化污染物的功能是受其细胞内的质粒所控制的。现已发现许多这类质粒，如降解直链烷烃质粒（OCT）、降解甲苯质粒（TOL）、降解 2,4-D 质粒（PJP）、降解六六六质粒（BHC）和耐汞质粒（MER）等。

降解性质粒能编码生物降解过程中的一些关键酶类，从而能利用一般细菌难以分解的物质作为碳源。如假单胞菌属中存在降解某些特殊有机物的因子：恶臭假单胞菌有分解樟脑的质粒、食油假单胞菌有分解正辛烷的质粒、铜绿假单胞菌有分解萘的质粒等。金属的微生物转化也是由质粒控制的，主要与质粒所携带的抗性因子有关。

降解性质粒被应用于基因工程中，其重组菌株在环境治理方面有着广阔的发展前景。质粒可以转移，因而可以作为基因工程的载体。美国的基因工程技术已将降解 2,4-二氯苯氧乙酸的基因片段组建到质粒上，将质粒转移到快速生长的受体菌体内，构建具有快速高效降解能力的功能菌，减少土壤中 2,4-二氯苯氧乙酸的累积量。有人将自然界中可以分解尼龙的 3 种细菌的质粒提取出来，与大肠杆菌的质粒进行两次重组后，得到了生长繁殖快、含有高效降解尼龙寡聚物——6-氨基己酸环状二聚体质粒的大肠杆菌。中国科学院武汉病毒所分离到一株在好气条件下能以农药六六六为唯一碳源和能源的菌株，经检测发现，该菌携带一个质粒，凡丧失了该质粒的菌株，对六六六的降解能力随即消失；将该质粒转移到大肠杆菌细胞内，便获得了能降解六六六的大肠杆菌。

四、组建超级菌

现代微生物学研究发现，许多有毒化合物，尤其是复杂芳烃类化合物的生物降解，往往需要多种质粒参与。将各供体细胞的不同降解性质粒转移到同一个受体细胞中，可构建多质粒超级菌株。有人将降解芳烃、降解萜烃和降解多环芳烃的质粒，分别移植到一降解脂烃的假单胞菌体内，构成的新菌株只需几个小时就能降解原油中 2/3 的烃，而天然菌株需 1 年以上。

通过细胞融合技术构建环境工程超级菌已取得了可喜的成果。将两株脱氢双香草醛（与纤维素有关的有机化合物）降解菌进行原生质体融合后，其降解纤维素的能力由混合培养时的 30% 提高到 80%。将融合细胞原生质体与具有纤维素分解能力的革兰阳性白色瘤胃球菌进行融合，获得的革兰阳性超级菌株具有分解纤维素和脱氢双香草醛的能力。

产碱假单胞菌 Co 可以降解苯甲酸酯和 3-氯苯甲酸酯，但不能利用甲苯。恶臭假单胞菌 R5-3 可降解苯甲酸酯和甲苯，但不能利用 3-氯苯甲酸酯。将两种细胞原生质融合，获得了可以降解苯甲酸酯、3-氯苯甲酸酯、甲苯的融合体。

将乙二醇降解菌和甲醇降解菌的 DNA 转移至苯甲酸和苯的降解菌的原生质体中，获得的菌株可以降解苯甲酸、苯、甲醇和乙二醇，降解率分别为 100%、100%、84.2%、63.5%。这种超级菌株用于化纤废水的处理，对 COD 的去除率可以达到 67%，高于三组混合培养时的降解能力。以上结果表明经原生质融合基因工程技术产生的超级菌，可以高效地降解一些难以降解的、不可降解的有机物，为人类解决污染问题开辟了新的途径。

五、利用共代谢方式

微生物在可用作碳源和能源的基质上生长时，能将另一种非生长基质有机物作为底物进行降解或转化。共代谢通常是由非专一性酶促反应完成的，与完全降解不同，共代谢的有机物本身不能促进微生物的生长，即微生物需要可作为能源和碳源的基质存在，以保证其生长和能量的需要。共代谢使得有机物得到转化，但不能使其分子完全降解。有人通过观察靠石蜡烃生长的诺卡菌在加有芳香烃的培养液中对芳香烃的有限氧化作用发现，这种菌靠十六烷作为唯一碳源和能源时能长得很好，但却不一定能利用甲基萘（1,3,5-三甲基苯的俗名）。把甲基萘加进含十六烷的培养液中，氧化作用就使这两种芳香族化合物分别生成羧酸、萘酸和对异苯丙酸。目前对微生物共代谢（co-metabolism）的原理尚不是十分清楚。

在纯培养情况下，共代谢只是一种截止式转化，局部转化的产物会聚集起来。在混合培养和自然环境条件下，这种转化可以为其他微生物所进行的共代谢或其他生物降解铺平道路，共代谢产物可以继续降解。许多微生物都有共代谢能力，因此，如若微生物不能依靠某种有机污染物生长，并不一定意味着这种污染物抗微生物降解。因为在有合适的底物和环境条件时，该污染物就可通过共代谢作用而降解。一种酶或微生物的共代谢产物，也可以成为另一种酶或微生物的共代谢底物。

研究表明，微生物的共代谢作用对于难降解污染物的彻底分解起着重要的作用。例如，甲烷氧化菌产生的单加氧酶是一种非特异性酶，可以通过共代谢降解多种污染物，包括对人体健康有严重威胁的三氯乙烯（TCE）和多氯联苯（PCB）等。

第二节　微生物降解污染物的途径

一、微生物对生物组分大分子有机物的降解

在自然生态系统中，来自于生物体的每一种天然的有机物几乎都有相对应的降解微生物。只要具备合适的条件，微生物就可以沿着一定的途径降解这些有机物。

1. 微生物对多糖类有机物的生物降解

多糖类有机物是异养微生物的主要能源，也是生物细胞重要的结构物质和贮藏物质。这类有机物广泛存在于动物尸体和植物残体及废料中，如纤维素、半纤维素、淀粉、果胶质等。

（1）微生物对纤维素的降解　纤维素是植物细胞壁的主要成分，在植物残体和有机肥料中的含量约占干重的 35%～60%。土壤中含有大量的纤维素，印染厂由于洗布和上浆，造纸厂和人造纤维厂由于用木材作原料，其排出的废水中均含有大量纤维素。此外，城市垃圾中也含有大量纤维素。在天然存在的有机物中，纤维素是数量最大的一类环境污染物。

纤维素是葡萄糖的高分子聚合物，不溶于水，在环境中比较稳定。在有氧条件下，经微生物的纤维素酶作用，先将纤维素降解为纤维二糖，然后在纤维二糖酶的作用下，降解为葡萄糖，进入三羧酸循环，彻底降解为 CO_2 和 H_2O；在无氧条件下，经微生物厌氧发酵，其降解产物为小分子有机物（丙酮、丁醇、丁酸、乙酸等）和无机物（CO_2、H_2）。微生物分解纤维素的途径见图 9-1。

分解纤维素的微生物种类很多，有细菌、放线菌和真菌。需氧细菌中有噬纤维菌属、生孢噬纤维菌属、纤维弧菌属、纤维单胞菌属等，厌氧菌以梭状芽孢菌为主。常见的高温厌氧菌为嗜热纤维芽孢梭菌。真菌中分解纤维素的有青霉、曲霉、镰刀霉、根霉、木霉及毛霉。放线菌中的链霉属、诺卡菌属及小单孢菌属中的某些种。

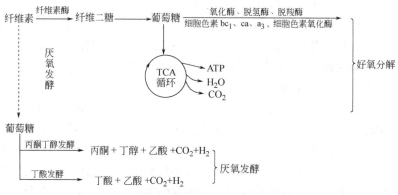

图 9-1　微生物分解纤维素的途径

（2）微生物对淀粉的降解　淀粉是葡萄糖通过糖苷键连接而成的一种大分子物质，广泛存在于植物的种子和果实之中。凡以上述物质作原料的工业废水，如粮食加工厂、食品厂、酒厂废水以及纺织、印染废水、抗生素发酵废水及生活污水等均含有大量淀粉。

微生物能产生水解淀粉的各种酶类，在有氧条件下，这些酶可以将淀粉水解为葡萄糖，然后进入三羧酸循环被彻底分解为 CO_2 和 H_2O。在无氧条件下，微生物进行厌氧发酵，将淀粉分解为小分子有机物（丙酮、丁醇、丁酸、乙酸等）和无机物（CO_2、H_2）。微生物分解淀粉的途径见图 9-2。在有氧条件下，淀粉沿着途径①分解成葡萄糖，进而酵解成丙酮酸，再经三羧酸循环完全氧化为 CO_2 和 H_2O。在无氧条件下，淀粉沿着途径②转化，产生乙醇和 CO_2。在专性厌氧菌作用下，沿途径③和④进行。

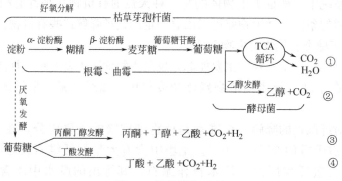

图 9-2　淀粉降解途径

分解淀粉的微生物在细菌、放线菌、真菌中都存在。细菌中主要有芽孢杆菌属的某些种，如枯草芽孢杆菌、马铃薯芽孢杆菌、巨大芽孢杆菌等；真菌中有根霉、曲霉、镰孢霉、层孔菌等属的某些种类；放线菌分解淀粉的能力比前二者要差一些，但放线菌中的小单孢菌、诺卡菌及链霉菌等属的某些种类具有分解淀粉的能力。

（3）微生物对半纤维素的降解　半纤维素存在于植物的细胞壁中，其含量仅次于纤维素。半纤维素的组成中含有聚戊糖、聚己糖及聚糖醛酸，在微生物酶的作用下，半纤维素的降解途径如图 9-3 所示。

分解半纤维素的微生物在细菌、放线菌、真菌中都存在。分解纤维素的微生物大多都能分解半纤维素。细菌中许多芽孢杆菌、假单胞菌、节细菌及放线菌中的一些种类，真菌中的根霉、曲霉、小克银汉霉、青霉及镰刀霉等，都能分解半纤维素。

图 9-3　半纤维素的降解途径

（4）微生物对果胶质的降解　天然的果胶质不溶于水，称为原果胶，是高等植物细胞间质和细胞壁的主要成分。果胶质是由 D-半乳糖醛酸以 α-1,4-糖苷键构成的直链高分子化合物，其羧基与甲基酯化形成甲基酯。在微生物酶的作用下进行水解，如下所示。

$$\text{原果胶} + H_2O \xrightarrow{\text{原果胶酶}} \text{可溶性果胶} + \text{聚戊糖}$$

$$\text{可溶性果胶} + H_2O \xrightarrow{\text{果胶甲酯酶}} \text{果胶酸} + \text{甲醇}$$

$$\text{果胶酸} + H_2O \xrightarrow{\text{聚半乳糖酶}} \text{半乳糖醛酸}$$

果胶质能被多种微生物分解，如好氧的枯草芽孢杆菌、多黏芽孢杆菌、浸软芽孢杆菌及不生芽孢的软腐欧氏杆菌；厌氧的有蚀果胶梭菌和费新尼亚浸麻梭菌；真菌有青霉、曲霉、木霉、小克银汉霉、芽枝孢霉、根霉、毛霉；还有放线菌中的某些种类等。

2. 微生物对木质素的降解

木质素在植物细胞中的含量仅次于纤维素和半纤维素，但其化学结构比纤维素和半纤维素复杂得多，是由苯丙烷亚基组成的不规则的近似球状的多聚体，不溶于酸性、中性溶剂中，只溶于碱性溶剂中，是植物组分中最难分解的部分。木质素的微生物降解过程十分缓慢，玉米秸秆进入土壤后 6 个月，木质素仅减少 1/3，在厌氧的条件下降解得更慢。真菌降解木质素的速率比细菌要快。真菌中担子菌降解木质素的能力最强，如干朽菌、多孔菌、伞菌等的一些种，另外木霉、曲霉、镰孢霉的某些种能分解木质素。细菌中假单胞菌、节杆菌、黄杆菌和小球菌中的一些菌株能分解木质素。

3. 微生物对脂类的生物降解

生物体内的脂类物质主要有脂肪、类脂和蜡质。它们都不溶于水，但能溶于非极性有机溶剂。它们存在于生物体内，以生物残体为原料的生产过程如毛纺厂、油脂厂、肉类加工厂、食品加工厂、制革厂废水及生活污水中含有大量的脂类。

脂肪是由高级脂肪酸和甘油合成的酯，在环境中微生物脂肪酶的作用下分解较快。类脂包括磷脂、糖脂和固醇。蜡质由高级脂肪酸和高级单元醇化合而成，这两者必须有特殊的脂肪酶才能降解，所以在环境中分解较慢。脂类的降解途径可以简化如下。

$$\text{脂肪} + H_2O \xrightarrow{\text{脂肪酶}} \text{甘油} + \text{高级脂肪酸}$$

$$\text{类脂质} + H_2O \xrightarrow{\text{磷酸酯酶类}} \text{甘油（或其他醇类）} + \text{高级脂肪酸} + \text{磷酸} + \text{有机碱类}$$

$$\text{蜡质} + H_2O \xrightarrow{\text{酯酶类}} \text{高级醇} + \text{高级脂肪酸}$$

水解产物甘油可以被环境中的大多数微生物通过三羧酸循环降解为 CO_2，脂肪酸较难氧化。在有氧的条件下经过 β-氧化途径氧化分解为 H_2O 和 CO_2，在缺氧的条件下容易累积。

降解脂类的微生物主要是需氧的种类，细菌中的荧光假单胞菌、铜绿假单胞菌等是较活跃的菌种，真菌中的青霉、曲霉、枝孢霉和粉孢霉等，放线菌中有些种类也有分解脂类的能力。亲脂微生物在环境污染治理中得到了广泛的应用，如表 9-1。

表 9-1　亲脂微生物在环境污染治理中的应用

亲脂微生物	处理对象	亲脂微生物	处理对象
米曲霉	废毛发	米根霉	棕榈油厂废物
假单胞菌	石油污染土壤	酵母	食品加工废水
假单胞菌	有毒气体		

二、石油的微生物降解

1. 微生物对石油的降解能力

石油是古代未能进行降解的有机物质积累，经地质变迁而成的。在石油开采、运输、加工过程中都可能对环境产生污染。微生物学领域内 50 多年的研究表明，在自然界净化石油污染的过程中，微生物降解起着重要作用。已经发现细菌、真菌中有 70 个属的 200 多个种可以生活在石油中，并通过生物氧化降解石油。中国沈（阳）抚（顺）灌区 20 余万亩❶水稻田，主要以炼油厂含油废水灌溉，历时 40 余年，未发现石油显著积累和经常性的损害，主要得益于在石油污灌区形成的微生物生态系的降解作用。

石油是链烷烃、环烷烃、芳香烃以及少量非烃化合物的复杂混合物。石油的生物降解性因其所含烃分子的类型和大小而异。$C_{10} \sim C_{18}$ 范围的化合物较易分解，烯烃最易分解，烷烃次之，芳烃难降解，多环芳烃更难，脂环烃类对微生物的作用最不敏感。烷烃中 $C_1 \sim C_3$ 化合物如甲烷、乙烷、丙烷只能被少数专一性微生物所降解，直链烃容易降解，支链烃抗性较强。芳香烃常与沉积物结合，降解较为复杂。所以石油含有的烃类物质组成不同，其降解的速率和过程有较大的差异。

据计算，一个细菌细胞平均氧化油量为 5×10^{-12} mg/h，在含油的海水中降解石油细菌可达 800 万个/mL。因油型和环境温度不同，在油污染海域，微生物降油率为 $35 \sim 350$ g/$(m^3 \cdot 年)$。当原油接触天然水体后，微生物可在 $1 \sim 2$ 周内形成细菌群落，分解水面上扩展的薄层石油，在 $2 \sim 3$ 个月内将石油分解消失。每年流入海洋的石油，主要都是被微生物净化的。

2. 降解石油的微生物

能够降解石油的微生物种类很多。目前已了解到，细菌、放线菌、酵母菌、霉菌中，有 100 多属的 200 多种能生活在石油中，并通过生物氧化降解石油。细菌以假单胞菌、棒状杆菌、节杆菌、黄杆菌、无色杆菌、小球菌属、弧菌属等较常见，最常见的是假单胞菌，可使多种烷烃彻底降解；放线菌有链霉菌和诺卡菌，但它们对烃类的降解常不彻底，有中间产物积累；真菌是石油降解微生物的主要类群，酵母菌中有假丝酵母、红酵母、球拟酵母等，以假丝酵母最为多见，它对营养要求不高，只需要有 NH_4^+ 或 NO_3^- 等无机氮素类物质，且在分解石油的同时可生产酵母蛋白质；霉菌中的枝孢霉被认为是主要的解烃真菌，还常见曲霉、青霉，它们在 pH<6、DO<0.5mg/L、含氮量低的环境中也能降解石油，在土壤中的降解作用远大于水体中；此外，发现有些蓝细菌也能降解石油。自然界中石油烃类的降解常以混合菌株联合作用为主。

石油降解菌分布的特点是：在近海、海湾等受石油污染程度高的地方石油降解菌的数量亦多；在远海由于营养贫乏，石油降解菌很少，一旦受到污染不容易很快消除，后果严重。

---

❶　1亩＝666.67m²。

一般情况下，降解烃类微生物常生长在油水界面上，而不是在油滴中。

加拿大生产的"原油降解菌剂"是由降解菌制成的液体商品，在施用到石油污染的土壤后，只要注意投加 N、P（C：N：P＝180：10：1）和定期翻耕土壤、定期喷水以保证氧气、水分的供应，即可获得较好的降解效率。

美国学者在假单胞菌属中发现了控制烃类化合物分解酶系的 3 种降解性质粒，即解芳烃质粒、解萜烃质粒和解多环芳烃质粒。他们利用遗传工程手段，将上述 3 种来自不同菌株的质粒，整合到含有解酯烃质粒的细菌体内，创建了一株含有 4 种不同功能质粒的"超级菌"，这种菌可将石油中 60％的烯烃分解掉，且其分解速率比自然菌种快上千倍。

3. 影响石油降解的环境因素

烃类物质的溶解度是微生物降解石油的重要限制性因素之一，因为微生物的分解作用需要在含水的情况下进行。此外，氧气、营养物质和温度等环境因子对微生物降解石油也具有较大的影响。

（1）氧气　石油中各种组分完全生物氧化需消耗大量的氧，据测算，1g 石油被微生物矿化需氧 3～4g，即需消耗 2.1L 以上的氧。所以，在石油严重污染的海域，氧成为石油降解的限制性因素。

（2）营养物质　海水中 N、P 常是微生物增殖的限制性因素，如果 N、P 缺乏，石油分解菌不能大量繁殖而造成降解速率缓慢。在污染区域，可适当投放油溶性石蜡化尿素和磷酸三辛酯等，作为 N、P 营养物供石油降解菌利用，以增加降解效率。

（3）温度　在 0～70℃环境中，均可分离得到石油降解菌。一般情况下，微生物降解烃类的速率与温度呈正相关。在 0～40℃范围内，温度每升高 10℃，微生物生化反应速率增加2～3 倍。不同微生物对环境温度要求不同。温度还影响烃类的溶解度。

三、微生物对人工合成有机物的生物降解

人工合成的有机化合物形形色色，多种多样，其中大多与天然存在的化合物结构极其类似，但它们是外源性化学物质，如稳定剂、表面活性剂、合成聚合物、农药以及各工艺过程中的废弃物等，它们有些可以通过生物的或非生物的途径进行降解，有些则抗微生物降解或被不完全降解，因为微生物已有的降解酶不能识别这些物质的分子结构。这里介绍几种常见的人工合成有机物的降解过程。

1. 农药的生物降解

人工合成的杀虫剂、除草剂、杀菌剂等物质的出现，确实给人类的生活带来了许多的方便。这些物质有的能迅速降解，有的则在环境中长期存留。各种化学农药进入环境后，有它们共同的危害特性：①有毒性，对侵染农作物的病、虫、菌、草有杀灭或抑制作用；②多数在自然界中比较稳定，不易分解，如有机氯农药，具有足够长的有效期；③具有脂溶性，易被病、虫、菌、草吸收并在体内累积，沿食物链传递到人和其他生物体内，在脂肪、肝、肾等部位累积。

（1）微生物对农药的降解能力　农药进入环境后主要靠微生物进行降解。其最直接的证据是，将土壤经高压灭菌或加入微生物抑制剂后，其中农药的降解速率便会大大降低甚至不被降解。利用微生物降解农药已成为消除农药对环境污染的一个重要技术。

农药的化学结构决定了它被微生物降解的速率，例如，2,4,5-T 仅比 2,4-D 多一个氯原子，在土壤和水体中的降解时间就由 14 天增加到 200 天。不同化学结构的农药，生物降解性由易到难依次为：脂肪酸类、有机磷酸盐类、长链苯氧基脂肪酸类、短链苯氧基脂肪酸类、单基取代苯氧基脂肪酸类、三基取代苯氧基脂肪酸类、二硝基苯类、氯代烃类。

降解农药的微生物，细菌主要有假单胞菌属、芽孢杆菌属、产碱菌属、黄杆菌属、节杆菌属等；放线菌有诺卡菌属、链霉菌属等；真菌有木霉属、曲霉属、青霉属、酵母属等，以曲霉属为代表（表9-2）。能够直接降解农药的微生物种类和数目在自然界较为数不多，主要途径是对农药进行转化，通过产生适应性酶、利用降解性质粒、组建超级菌株、共代谢等方式将农药转化，再经联合代谢的方式进行降解。例如，2,4-D(2,4-二氯苯氧乙酸)是高效低残留的除草剂，在土壤中降解相当迅速，半衰期仅几天或几周，有10多种细菌可使其降解。

表9-2　能降解农药的优势微生物属

序号	微生物	农　药
1	黄杆菌属	氯苯氨灵、2,4-D、茅草枯、二甲四氯、毒莠定、三氯乙酸
2	镰刀菌属	艾氏剂、莠去津、滴滴涕、七氯、五氯硝基苯、西马津
3	节细菌属	2,4-D、茅草枯、二嗪农、草灭灵、二甲四氯、毒莠定、西马津、三氯乙酸
4	曲霉属	莠去津、MMDD、2,4-D、草乃敌、狄氏剂、利谷隆、二甲四氯、毒莠定、西马津、季草隆、朴草津、敌百虫、碳氯灵
5	芽孢杆菌属	MMDD、茅草枯、滴滴涕、狄氏剂、七氯、甲基对硫磷、利谷隆、灭草隆、毒草定、三氯乙酸、杀螟松
6	棒状杆菌属	MMDD、茅草枯、滴滴涕、地乐酚、二硝甲酚、百草枯
7	木霉属	艾氏剂、丙烯醇、悠去津、滴滴涕、敌敌畏、二嗪农、狄氏剂、草乃敌、七氯、马拉松、毒莠定、五氯酚钡

DDT（4,4-二氯二苯三氯乙烷）是众所周知的在环境中长期残留的一种农药，半衰期在半年以上。已有证据表明产气杆菌和一种氢单胞菌可通过共代谢作用，将DDT转变为对氯苯乙酸，后者可被土壤和水中的其他微生物通过联合代谢继续降解。

目前使用的农药主要是有机磷、有机氮和有机氯农药。有机氯农药不易降解，最具危险性。有机磷农药和有机氮农药一般都具有水溶性，因此在环境中容易被降解，在土壤中残留的时间只有几天或几周。但据有关资料显示，有机磷和有机氮农药被微生物转化的中间产物可以在环境中长期残留，其中有些种类具有致畸、致癌、致突变的作用。如杀虫脒，它的代谢产物4-氯邻甲苯胺的致癌阈值，比亲体化合物强10倍左右；而另一类杀虫剂代森胺其有效成分在无氧条件下会转化为亚己基硫胺，具有致畸、致突变的作用，其亲体无这种作用。

（2）影响农药生物降解的因素　一般来说，农药都会有约80％残留在土壤中。残留时间由1周到数年不等。残留期间，农药的生物降解受环境因素、农药本身性质、农药间的相互作用、农业措施等的影响。

① 环境因素。包括气候条件（温度、降水、风、光照等）、土壤特性（好氧／厌氧状态、有机质含量、pH、矿物质等）、生物群落（植物、动物、微生物）。

② 农药本身性质。农药的组分、剂型等。农药进入土壤后都会对微生物及土壤的理化性质产生影响，从而间接影响农药的转化。这些组分同样会影响到农药的挥发性和移动性，进而影响到农药的转化和光降解。

③ 农药间的相互作用。由于同时或先后使用多种农药，有时则是将几种农药混合配用，就必然存在农药间的相互作用。这种相互作用会产生以下3种影响：增加降解速率；增加持久性；农药间或其残留间结合形成混合物。

④ 农业措施。农药的施用方法、栽培技术及农作物本身都可影响到农药在土壤中的持久性。

2. 多氯联苯的生物降解

多氯联苯（PCB）是人工合成的有机氯化物，作为稳定剂用途很广，润滑油、绝缘油、增塑剂、热载体、油漆、油墨等都含有。PCB有毒，对皮肤、肝脏、神经、骨骼等都有不良影响，且是一种致癌因子。1968年日本的"米糠油事件"即是由于食用了PCB污染的米糠油而引起的。PCB化学性质极其稳定，在环境中很难分解，由于它是脂溶性的，很容易在脂肪中大量累积。

已有充分证据表明，微生物能降解顽抗性污染物多氯联苯。日本科学家从湖泊污泥中分离到两种能降解多氯联苯的细菌，它们是产碱杆菌和不动杆菌。它们都能分泌一种特殊的酶，把PCB转化为联苯或对氯联苯，然后吸收这些分解产物，排出苯甲酸或取代苯甲酸，再由环境中的其他微生物继续降解。现已发现厌氧细菌可以进行有氧条件下不能进行的特殊脱毒反应，而且厌氧微生物降解方法已经被发展用于混合培养体系中去除有毒有机物。通过共代谢作用、降解性质粒以及微生物之间的互生关系等途径，也可使多氯联苯降解、转化。PCB作为一种自然选择因子，能诱导微生物群落的结构和机能发生变化。有的微生物学家对假单胞菌、沙雷菌、芽孢杆菌等的野生型菌株进行诱变处理，获得了能把PCB矿化为CO_2和水的突变菌株。有研究者已从降解PCB的细菌分离到了编码降解酶的质粒。

以往对PCB降解菌的研究，集中于革兰阴性菌。目前研究发现了一株降解PCB的革兰阳性的红球菌，该菌具有更强、更独特的PCB转化活性。

3. 合成洗涤剂的生物降解

合成洗涤剂的基本成分是人工合成的表面活性剂。合成洗涤剂使用后大部分以乳化胶体状废水排入自然界。根据表面活性剂在水中的电离性状，可分为阴离子型、阳离子型、非离子型和两性电解质四大类，以阴离子型洗涤剂的应用最为普遍，其中又以软型烷基苯磺酸盐（LAS）的使用最为广泛。

洗涤剂污染的废水会存在大量不易消失的泡沫，废水一般偏碱性。洗涤剂在水中的分解速率，主要取决于微生物的作用条件和洗涤剂中表面活性剂的化学结构。阴离子型表面活性剂中，高级脂肪链最易被微生物分解。其途径是，最初高级脂肪链经微生物作用形成高级醇类，然后进一步氧化为羧酸，再在微生物的作用下分解为CO_2和H_2O。整个过程在有氧的条件下进行。

现已分离到能以表面活性剂为唯一碳源和能源的微生物，主要是假单胞菌属、邻单胞菌属的革兰阴性杆菌、黄单胞菌属的革兰阴性杆菌、产碱杆菌、微球菌、诺卡菌等，固氮菌属除拜氏固氮菌外，都是表面活性剂的积极分解者。在含洗涤剂的污水中培养固氮菌是很有意义的，因为它们固定了大气中的氮，水中含有机氮化物，就可促进其他微生物生长，从而提高洗涤剂的降解速率。

微生物对洗涤剂的降解能力还依赖于共代谢途径和降解性质粒的存在，与LAS降解有关的酶如脱磺基酶和芳香环裂解酶的编码基因均位于质粒上。

4. 塑料的生物降解

石油工业的兴起，使得石油化工合成塑料在人类生活中扮演着重要的角色。20世纪70年代以来，塑料工业得到迅猛的发展，无论是工业、农业、建筑业，还是人们的日常生活，无不与塑料密切相关。但目前所使用的化学合成塑料在自然环境中很难分解，也不会被腐蚀，燃烧处理又会产生有害气体，所以越来越多的塑料垃圾对环境造成了严重污染。

普通塑料是以合成树脂为主的化学材料。对环境的污染具有以下特点。

（1）污染范围广　江河湖泊、田野山川无处不受到塑料垃圾的污染。

（2）污染物增长量快　据统计，全世界每年对塑料的需求量为 1 亿吨，倾入海洋的塑料垃圾达数十万吨，遗弃在陆地上的塑料垃圾量更大。1990 年中国农用薄膜为 50 万吨，地膜覆盖面积达 $2.7 \times 10^{10} m^2$；1995 年中国的塑料需求量为 600 万吨，其中地膜为 88 万吨，包装用品为 150 万～200 万吨。由于塑料价格低廉、易老化且寿命短，导致塑料废弃量迅速增加。美国专家估计，塑料垃圾量每 10 年增加 1 倍。

（3）处理难　塑料具有耐酸碱、抗氧化、难腐蚀、难降解的特性，埋地处理百年不烂；燃烧时产生大量有毒气体，如 HCl、SO_x、CO 等。

（4）回收利用难　塑料制品种类多，其中使用的填料、颜料也多种多样，难以分拣回收再利用。

（5）生态环境危害大　中国地膜回收率低，地膜年均残留率超过 20%，土壤地膜残留量平均约 $60kg/hm^2$，严重改变了土壤的物理性质，降低了耕地质量，使农作物植株矮小、抗病力下降。试验表明，当土壤中残膜量达到 $37\sim45kg/hm^2$ 时，小麦和蔬菜将分别减产 7% 和 10%。残膜随风飘动，对周围环境、畜牧业、养殖业都有很大的影响。

微生物主要作用于塑料制品中的增塑剂，而对塑料聚合物的组分本身并无化学性质的改变。塑料聚合物本身需先经光解作用，成为相对分子质量 5000 以下的粉末，才可被微生物利用，如聚丙烯及聚乙烯塑料经光解后，在土壤微生物的作用下，至少一年后才可完全矿化。就是说，塑料可被微生物分解，但速率极慢，属于极难生物降解的顽固化合物。所以对塑料废弃物的回收利用是从根本上解决塑料对生态环境影响的方法。

由于回收利用困难，数量如此巨大的塑料垃圾对生态和环境产生了严重的影响，所以许多国家已颁布法规，禁止使用某些塑料制品，扶持研究和开发生物可降解塑料代替部分石油化工合成塑料，中国也颁布了禁止使用泡沫餐盒的政令。

四、重金属的生物转化

在燃料燃烧、采矿、冶金、合成和施用农药等过程中，汞、铅、砷、镉等元素即以各种各样的化学形态存在于环境中，污染空气、水、土壤和生物。

金属在一定浓度时对生物有毒害作用，在低浓度时，对大多数生物即有明显毒性。金属对生物的毒性强度除与其浓度有关外，也取决于其存在状态。如六价铬比三价铬毒性大得多；在各种汞化物中，甲基汞的毒性最强；有机锡比无机锡毒性大，烷基锡比芳基锡的毒性大，三烷基锡比四烷基锡毒性更大。

在自然界中存在一些微生物，它们对有毒金属具有抗性，可使重金属发生转化，即改变环境中的金属状态，从而改变它们的性质，包括生物效应。对微生物本身而言，这是一种解毒过程。微生物对金属的代谢活动由质粒携带的抗性因子控制。微生物对金属的转化，主要是氧化还原作用和甲基化作用。

1. 汞的生物转化

环境中的无机汞可以下列 3 种价态存在：Hg^{2+}、Hg^+ 和 Hg。

微生物参与环境中汞转化的途径可以概括为汞的甲基化和汞的还原作用两大方面。

【阅读材料 9-1】

震惊世界的十大公害事件之一——日本水俣病事件

又称"自杀猫事件"。从 1953 年起至 1968 年间，日本熊本县的水俣镇发现有一些猫突然跳海"自杀"。

后来发现大批口齿不清、步态不稳、面部痴呆的患者，患者进而耳聋眼瞎，全身麻木，最后精神失常，身体弯曲成弓，高声号叫着惨死。经多方调查，发现是当地一些工厂将含有甲基汞的工业废水恣意排入水俣湾，造成水体严重污染。通过食物链的作用，甲基汞富集到鱼、贝类体内，人或动物因食鱼而引起甲基汞中毒，出现中枢神经疾患。1972 年日本环境厅公布：水俣湾和新潟县阿贺野川下游有汞中毒者 283 人，其中 60 人死亡。

水俣病有急性、亚急性、慢性、潜在性和胎儿性等类型。短时间摄入 1000mg 甲基汞，可出现痉挛、麻痹、意识障碍等急性症状并很快死亡。短期内连续摄入甲基汞 500mg 以上，可相继出现肢端麻木、中心性视野缩小、运动失调、语言和听力障碍等典型症状。长期（数年或十几年）摄入小剂量甲基汞，也会引起慢性中毒，但症状并不明显，有时见于孕妇。孕妇体内的甲基汞可透过胎盘侵入胎儿脑组织，引起胎儿性水俣病，患儿出现斜视、吞咽困难、阵发性抽搐和发笑等，随着年龄的增长，可出现明显的智力低下、发育不良和四肢变形等症状。潜在性水俣病的症状多不明显或较轻，但病人体内甲基汞负荷量却相当高，受害人数也最多，一般难以诊断，而且至今仍无有效疗法。

（1）汞的甲基化　　无论在有氧或无氧条件下，都可能存在能使汞甲基化的微生物。据报道，能形成甲基汞的厌氧细菌有产甲烷菌、匙形梭菌；好氧细菌有荧光假单胞菌、草分枝杆菌、大肠埃希菌、产气肠杆菌、巨大芽孢杆菌等；真菌中有粗糙脉孢霉、黑曲霉、短柄帚霉以及酿酒酵母等。汞的生物甲基化往往与甲基钴胺素有关。甲基钴胺素是钴胺素的衍生物，钴胺素是一种维生素，即维生素 B_{12}，它是一种辅酶，许多微生物都含有。甲基钴胺素中的甲基是活性基团，易被亲电子的汞离子夺取而形成甲基汞。甲基钴胺素（或其他产甲基的物质）把甲基转移给汞等金属离子后，本身变为还原态物质。

环境中的物理、化学因素可以使无机汞甲基化，如在还原环境中汞的甲基化作用即可进行。但环境中汞的甲基化主要是由于生物特别是微生物的作用而引起的。鱼体表面黏液中有许多含甲基钴胺素的微生物，无机汞进入这种黏液后便被微生物甲基化了。动物肠道中的微生物也含有甲基钴胺素。大肠杆菌的甲基化作用最强。

微生物将无机汞甲基化而生成甲基汞的过程可用下式表示。

$$Hg^{2+} \xrightarrow{R-CH_3} CH_3Hg^+ \xrightarrow{R-CH_3} (CH_3)_2Hg$$

汞的微生物甲基化过程受多种因素的影响。首先是 pH，水体中汞的甲基化类型和速率决定于 pH。在碱性或中性条件下，主要生成二甲基汞，二甲基汞不溶于水，易挥发于大气中；在弱酸性条件下，生成的二甲基汞易分解为易溶于水的一甲基汞；酸性条件下则主要生成一甲基汞。因此，酸性水域中的鱼体甲基汞含量较高。其次是氧气条件，富氧条件下，汞的甲基化速率比无氧条件下高，主要发生在水底污泥的表层。

（2）汞的氧化和还原作用　　在有氧条件下，某些细菌如枯草芽孢杆菌、巨大芽孢杆菌、柠檬酸细菌可使元素汞氧化，而另一些细菌如铜绿假单胞菌、大肠杆菌、变形杆菌却可使无机汞化合物或有机汞化合物中的二价汞离子还原为元素汞。酵母菌也有这种还原作用，在含汞的培养基上，酵母菌菌落表面呈现汞的银色金属光泽即源于此。

微生物对汞的还原作用又称抗汞作用，其功能主要由抗汞质粒决定。调查表明：大约 3/4 的耐药性菌株兼具抗汞性。微生物还原有机汞的反应是在水解酶作用下进行的，其过程如下：首先，汞离子从有机汞中释出；然后，汞离子还原为挥发性的元素汞，并生成挥发性有机产物。而无机汞离子则在微生物细胞内的汞还原酶作用下还原为元素汞。其反应式如下。

$$Hg^{2+} \xrightarrow{汞还原酶} Hg$$

在自然界中，形成甲基汞的同时进行着脱甲基作用。在天然水体中的沉积物中，甲基化与脱甲基化过程保持着动态平衡，加之在中性条件下，二甲基汞逸出水体，进入大气，因此，在一般情况下，水体中甲基汞浓度维持在低水平。只有在有机污染严重、pH又较低的环境中才容易形成较多的溶于水的一甲基汞，为鱼贝类吸收而浓缩，对生物产生严重危害。

2. 砷的生物转化

砷是介于金属与非金属之间的两性元素，性质非常活泼，俗称类金属。元素砷毒性极低，而砷化合物均有毒性，三价砷化合物比五价砷化合物毒性更强，俗称砒霜的毒物即是三价砷化物 As_2O_3。有机砷化物又比无机砷化物毒性更强。

微生物参与砷的转化如下。

(1) 砷的甲基化　砷化物加到颜料中可使色彩特别鲜艳，因而早被采用。许多年前，用含砷颜料墙纸装饰的房间里，曾发生人中毒死亡事件。后经研究证实，致命因子不是颜料本身，而是在墙纸上生长的霉菌的代谢产物三甲基砷——一种挥发性的、有大蒜气味的剧毒物质。土壤里也会发生这种砷的转化和挥发作用，所以农田中施用含砷化物的杀虫剂和除草剂，对人体可能存在潜在的危害。

细菌中的甲烷杆菌和脱硫弧菌，酵母菌中的假丝酵母、霉菌中的镰刀霉、曲霉、粉红黏帚霉、拟青霉都能转化无机砷为甲基砷。砷甲基化的甲基供体也是甲基钴胺素。由于挥发性的甲基砷有许多生物来源，而这些化合物在一般情况下与大气氧反应缓慢，容易积累到危险浓度，因此对于环境中砷的迁移转化应加强关注。

(2) 砷的氧化和还原　假单胞菌、黄单胞菌、节杆菌、产碱杆菌等细菌可氧化亚砷酸盐为砷酸盐，后者较前者毒性减弱。微生物的这种作用是湖泊中亚砷酸盐氧化为砷酸盐的主要原因。土壤中也进行着砷的氧化作用，当土壤中施加亚砷酸盐后，三价砷逐渐转化为五价砷。海水中三价砷的氧化作用缓慢，所以尽管被认为是热力学上最稳定的形式，但海水中 As^{5+} 的实际浓度却很低。而微球菌以及某些酵母菌、小球藻等可使砷酸盐还原为更毒的亚砷酸盐，某些海洋细菌也有这种还原作用。

3. 镉的生物转化

细菌如大肠埃希菌、蜡样芽孢杆菌，真菌如黑曲霉在有 Cd^{2+} 的环境中生长时，能积累大量镉。微生物也能使镉甲基化，一种能使锡甲基化的假单胞菌在有维生素 B_{12} 时，能把无机 Cd^{2+} 转化成微量的挥发性镉化物，这种甲基化了的镉化物在水体中也可以通过烷基转移作用使汞甲基化生成甲基汞。

4. 铅的生物转化

从铅矿表面分离出来的节杆菌和生丝微菌，以及从煤渣中分离出来的一株梭状芽孢杆菌可溶解 PbO 和 $PbSO_4$。铅也可以被细菌甲基化。纯培养的假单胞菌、产碱杆菌、黄杆菌和气单胞菌，能将三甲基醋酸铅转化为四甲基铅，但不能使无机铅化物进行转化。湖泊的"水-沉积物"系统在无氧条件下，也可生成四甲基铅。

5. 硒的生物转化

硒是细菌、温血动物的必需元素，它又是剧毒元素，需要量与中毒量差距不大。在植物含硒丰富的地方，牛、羊、猪、马等家畜常发生中毒，甚至死亡。微生物通过转化作用可改变元素硒的毒性。光合紫色硫细菌把元素硒氧化为硒酸盐，毒性增强。土壤中大部分细菌、放线菌和真菌都能发生还原作用，如假丝酵母、棒状杆菌、梭状芽孢杆菌、小球菌属、根瘤菌属及氧化亚铁硫杆菌能将硒酸盐还原为元素硒，使其毒性减弱。这种还原成硒的作用很容易鉴别，因为生成的元素硒存于菌体内，呈现鲜明的红色，使菌落为砖红色。微生物能把元素硒和无机或有机硒化物转化成二甲基硒化物，毒性明显降低。具有甲基化作用的真菌有黑曲霉、青霉、短柄帚霉、假丝酵母等，细菌有棒状杆菌、气单胞菌、黄杆菌、假单胞菌等。植物体内的有机硒可被微生物矿化为硒酸盐和亚硒酸盐。

微生物通过解毒代谢排出的有机金属化合物，可能比原型态对高等生物具有更大的危害性。但微生物也可以把化合态金属还原为单质，这种转移方式可暂时或永久地将金属从与生物接触的环境中清除出去。

本 章 小 结

1. 生物催化复杂有机化合物降解的过程称为生物降解。自然界中许多有机物的降解离不开微生物的作用。正是由于微生物的存在，才使得生物圈中的物质循环能够正常进行。利用微生物的降解性质粒、组建超级菌和共代谢等途径，促进难以生物降解的有机物的分解，为人类治理环境污染开辟了广阔的前景。

2. 构成生物有机体的大分子化合物如糖类、脂类、蛋白质、核酸，以及地下贮藏的成分复杂的石油，几乎都能被相应的微生物分解利用。当然，有机物种类不同，其降解微生物的种类和降解途径也千差万别。

3. 微生物降解石油大体上按烃类化合物生物降解的一般规律进行：链烃比环烃易被降解；不饱和烃类比饱和烃类易降解；直链比支链易降解，支链越多生物降解性越低；苯环越多越难降解。

4. 影响石油降解的因素有烃类物质的溶解度、环境氧含量、营养物质、环境温度。

5. 人工合成的化合物如农药、多氯联苯、合成洗涤剂等，其降解微生物种类较少，这类物质主要依赖于微生物的降解性质粒、组建超级菌株和共代谢等途径将其转化，再经联合代谢方式彻底分解。随着人类合成有机物种类的不断增加，探索微生物降解技术的领域也在不断拓展和深化。

6. 微生物降解农药的影响因素有环境因素、农药本身性质、农药间的相互作用、农业措施。

7. 微生物对金属的转化，主要是氧化还原作用和甲基化作用。

复习思考题

1. 微生物可以通过哪些途径降解与转化污染物？

2. 举例说明何谓共代谢作用？

3. 详述纤维素的微生物降解途径，举例说明哪些微生物可以降解纤维素。

4. 微生物对石油的分解有何特点？

5. 举例说明农药的微生物降解过程？影响农药生物降解的因素有哪些？

6. 简述汞和砷的生物转化过程。

7. 根据你所学知识谈谈如何发挥微生物技术在环境保护方面的潜力。

第十章　微生物在化工、能源方面的应用

【学习目标】

1. 掌握能源微生物的有关菌种；
2. 了解能源微生物发酵的工艺流程；
3. 了解微生物在化工能源方面的重要用途。

第一节　微生物发酵生产有机酸

20 世纪以来人们开发研究微生物发酵法提取有机酸，以代替从水果和蔬菜等植物中提取有机酸的方法，由于食品、医药、化学合成等工业的发展，有机酸需求量不断增大，发酵生产有机酸逐渐发展成为近代重要的工业领域。

有机酸发酵可分两大类：一类是与酵解和三羧酸循环有关的有机酸发酵，例如乳酸、柠檬酸、琥珀酸、延胡索酸、苹果酸、衣康酸等；另一类由直接氧化生产的有机酸发酵，例如醋酸、丙酸、酪酸、葡萄糖酸、酒石酸等。近年来，将由石油发酵生成的脂肪酸、二羧酸、甲苯（甲）酸、衣康酸、肉桂酸、水杨酸等也归于有机酸发酵之列。

一、柠檬酸的生产

柠檬酸（citric acid）分子式为 $C_6H_8O_7$，又名枸橼酸，外观为白色颗粒或白色结晶粉末，无臭，具有令人愉快的强烈酸味，相对密度为 1.6550。柠檬酸易溶于水和酒精，不溶于醚、酯、氯仿等有机溶剂。柠檬酸是生物体的主要代谢产物之一。早期的柠檬酸生产是以柠檬、柑橘等天然果实为原料加工而成的。1784 年，瑞典化学家 Scheel 最早从柠檬汁中提取出柠檬酸。Wehmer 于 1891 年和 1897 年先后发现橘青霉和淡黄青霉及梨形毛霉有柠檬酸生产能力。1913 年，Zahorski 利用黑曲霉生产柠檬酸。1917 年，Currie 通过深入研究，奠定了黑曲霉发酵法生产柠檬酸的科学基础，此后在很多国家用该菌表面培养法大规模生产柠檬酸。1952 年，美国 Miles 公司首先用深层发酵法大规模生产柠檬酸。

中国于 1938 年从柑橘中分离出产酸较高的黑曲霉 2087，并对其产酸能力、发酵原料进行了深入的研究。20 世纪 40 年代初开始浅盘发酵生产柠檬酸，60 年代末开始深层发酵。中国柠檬酸产量居世界首位，生产方法已由 60 年代的薯干深层发酵发展到以精淀粉或糖蜜为原料的深层发酵。另外，$C_{10} \sim C_{22}$ 的链烷烃和植物加工及工业废液也成为柠檬酸生产的有效原料。

1. 柠檬酸产生菌

柠檬酸发酵是好氧型发酵。通过采用不同碳源和不同发酵方式（固态或液态），来选育柠檬酸产生菌。很多微生物都能产生柠檬酸，如黑曲霉、温氏曲霉、淡黄青霉、鲁氏橘霉等。酵母菌和细菌发酵生产柠檬酸的研究始于 20 世纪 60 年代。工业上有价值的是酵母菌的

正烷烃发酵，用于正烷烃（C$_9$～C$_{20}$）发酵生产柠檬酸的优良菌种是解脂假丝酵母、热带假丝酵母等各种假丝酵母。

目前生产上常用产酸能力强的黑曲霉作为生产菌。在固体培养基上，菌落由白色逐渐变至棕色。孢子区域为黑色，菌落呈绒毛状，边缘不整齐。菌丝有隔膜和分枝，是多细胞的菌丝体，无色或有色，有足细胞，顶囊生成一层或两层小梗，小梗顶端产生一串串分生孢子。

2. 柠檬酸发酵机理

关于柠檬酸发酵的机制虽有多种理论，但目前大多数学者认为它与三羧酸循环有密切的关系。糖经糖酵解途径（EMP 途径）形成丙酮酸，丙酮酸羧化形成 C$_4$ 化合物，丙酮酸脱羧形成 C$_2$ 化合物，两者缩合形成柠檬酸。

3. 柠檬酸发酵工艺

工业上发酵生产柠檬酸的方法有 3 种：表面发酵、固态发酵和液态深层发酵。前两种方法是利用气相中的氧，后者利用溶解氧。目前用得最多的方法是液态深层发酵。

液态深层发酵工艺自美国 Miles 公司首先在工业上使用以来，就在柠檬酸工业中占主导地位。优点是发酵体系为均一的液体，传热传质良好；设备占地小，规模大；发酵速率快，时间短；产酸高，原料消耗低等。国内液体发酵罐一般为 50～80m^3，可发酵蔗糖、淀粉水解糖、糖蜜、薯干粉及精淀粉，工艺流程见图 10-1。

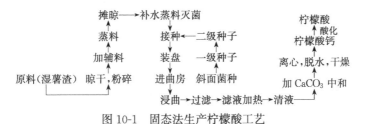

图 10-1 固态法生产柠檬酸工艺

二、苹果酸的生产

L-苹果酸广泛存在于生物体中，是生物体三羧酸循环的成员。许多微生物都能产生苹果酸，但能在培养液中积累苹果酸并适合于工业生产的，目前仅限于少数几种，大致有如下几类：用于一步发酵法的黄曲霉、米曲霉、寄生曲霉；用于两步发酵法的华根霉、无根根霉、短乳杆菌；用于酶转化法的短乳杆菌、大肠杆菌、产氨短杆菌、黄色短杆菌。

1. 一步发酵法

以糖类为发酵原料，用霉菌直接发酵生产 L-苹果酸的方法称为一步发酵法。

（1）菌种　一步发酵法采用黄曲霉 A-114 生产苹果酸。

（2）种子培养基组成　C$_6$H$_{12}$O$_6$ 3%，豆饼粉 1%，FeSO$_4$ 0.05%，K$_2$HPO$_4$ 0.02%，NaCl 0.001%，MgSO$_4$ 0.01%，CaCO$_3$ 6%（单独灭菌）。

（3）种子培养　将保存在麦芽汁琼脂斜面上的黄曲霉孢子用无菌水洗下并移接到装有100mL 种子培养基的 500mL 三角瓶中，在33℃下静置培养 2～4 天，待长出大量孢子后，将其转入到种子罐扩大培养，接种量为 5%。种子罐的培养基与三角瓶培养基的组成相同，只是另外添加 0.4%（体积分数）泡敌。种子罐的装液量为 70%，罐压 0.1MPa，培养温度33～34℃，通风量 0.15～0.3m^3/(m^3·min)，培养时间 18～20h。

（4）发酵培养基组成　C$_6$H$_{12}$O$_6$ 7%～8%，其余成分的组成及用量与种子培养基相同。

（5）发酵　发酵罐的装液量为 70%，接种量 10%，罐压 0.1MPa，培养温度 33～34℃，通风量 0.7m³/(m³·min)，搅拌转速 180r/min，发酵时间 40h 左右。发酵过程中由自动系统控制滴加泡敌，防止泡沫产生过多。当残糖在 1% 以下时，终止发酵，产苹果酸 7%。

2. 两步发酵法

两步发酵法是以糖类为原料，先由根霉菌发酵生成富马酸（延胡索酸）和苹果酸的混合物，然后接入酵母或细菌，将混合物中的富马酸转化为苹果酸。前一步称富马酸发酵，后一步称转换发酵。当华根霉 6508 发酵 4～5 天后，培养基中再接入 10% 膜醭毕赤酵母 3130 培养 5 天，苹果酸对糖的产率可达 62.5%。

3. 酶转化法

酶转化法是国外用来生产 L-苹果酸的主要方法。酶转化法是以富马酸盐为原料，利用微生物的富马酸酶转化成苹果酸（盐）。酶转化法可分为游离细胞酶法、固定化细胞酶法。

（1）游离细胞酶转化法　游离酶转化方法是在 pH7.5 含 18% 富马酸的溶液中接入 2% 湿菌体，于 35℃、150r/min 条件下转化 24～36h。转化率达 90% 以上。

（2）固定化细胞酶转化法　目前，研究得最多的是以产氨短杆菌或黄色短杆菌为菌种，以化学法合成的富马酸钠作为底物，进行固定化细胞生产苹果酸。使用固定化细胞易于生成与苹果酸难以分离的琥珀酸。因此，细胞被固定以后必须经化学试剂处理，以防止这种副反应的发生。采用固定化技术必须注意以下几个问题：①细胞被固定前富马酸酶活力要高，这样即使固定化细胞的酶活力有所下降，仍可以保证有较高的转化力；②使用的固定化方法对酶的损害应较小，细胞被固定后能保持较高的酶活力；③细胞被固定后不应引起副反应的发生；④固定化细胞应有高度的操作稳定性。

第二节　氨基酸的生产

氨基酸是组成蛋白质的基本成分，其中有 8 种氨基酸是人体不能合成但又必需的氨基酸，称为必需氨基酸，人体只有通过食物来获得。另外在食品工业中，氨基酸可作为调味料，如谷氨酸钠、肌苷酸钠、鸟苷酸钠可作为鲜味剂，色氨酸和甘氨酸可作为甜味剂，在食品中添加某些氨基酸可提高其营养价值等。

氨基酸除在食品方面的用途外，还在医药、保健、饲料、化妆品和农药等方面有着广泛用途（表 10-1）。目前全世界氨基酸的年总产量约 120 万吨，每年以 5% 左右的速率递增。氨基酸的微生物工业生产，其生产菌种主要是谷氨酸棒杆菌、北京棒杆菌、钝齿棒杆菌、黄色短杆菌等，可以根据菌种和原料的不同，分为直接发酵、加前体和酶转化 3 种生产方法。直接发酵法是采用廉价的氮源和碳源基质，利用已解除了反馈调节的各种突变菌株，或控制野生菌株的胞膜渗透性，通过直接发酵生产氨基酸。加前体法是为了绕过或回避终产物对合成途径中某一关键酶的反馈调节作用，在微生物的培养中加入前体（即氨基酸生物合成代谢的中间体）发酵生产氨基酸。酶转化法是采用微生物的酶（提取出或不提取出）催化某种底物，省去了发酵过程中的一些酶合成的阻遏和终产物的反馈抑制作用，即将底物直接经酶促反应生产氨基酸。特别是固定化酶和固定化细胞技术的采用，大大促进了酶转化法在生产氨基酸方面的应用。这 3 种生产方法都是利用微生物的代谢调控原理，使所需要生产的氨基酸大量积累，它们不总是截然分开的，有的氨基酸同一生产中采用两种甚至 3 种方法，也有分别采用两种或 3 种方法生产的。3 种方法都要大规模培养微生物，几乎全部是采用好氧深层液体发酵工艺。发酵罐的容量有的达 $1000m^3$，温度一般为 $28\sim30℃$，pH6～8，溶解氧、营养浓度、表面活性剂或前体的加入等，都要严格控制，达最适条件，才可得到优质高产的氨基酸产品。

表 10-1 发酵法生产的一些氨基酸及其用途

名　称	生产菌种	主要原料	主　要　用　途				
			医药保健	食品	饲料	化妆品	农药
L-谷氨酸	谷氨酸棒杆菌	葡萄糖	√	√	√		√
L-赖氨酸	谷氨酸棒杆菌	葡萄糖	√	√	√	√	
L-苯丙氨酸	谷氨酸棒杆菌	葡萄糖	√	√			√
L-脯氨酸	北京棒杆菌(C. pekinense)	葡萄糖	√	√		√	
L-苏氨酸	黄色短杆菌	葡萄糖	√	√	√	√	√
L-组氨酸	黄色短杆菌	葡萄糖	√	√	√		
L-色氨酸	谷氨酸棒杆菌	葡萄糖	√	√	√		
L-缬氨酸	谷氨酸棒杆菌	葡萄糖	√	√			√
L-异亮氨酸	黄色短杆菌	葡萄糖乙酸	√	√			
L-亮氨酸	谷氨酸棒杆菌	葡萄糖	√	√	√		
L-蛋氨酸	谷氨酸棒杆菌	葡萄糖	√	√	√	√	√

据报道，除组成蛋白质的 20 多种氨基酸外，还有非蛋白质氨基酸 400 多种，氨基酸衍生物 1000 多种，其中一些具有特殊用途，已工业化生产，有的也是用微生物来生产的。

一、谷氨酸的生产

自 20 世纪 60 年代以来，微生物直接用糖类发酵生产谷氨酸获得成功并投入工业化生产，中国是世界上最大的味精生产国。

1. 谷氨酸生产菌

谷氨酸生产菌主要有谷氨酸棒杆菌、乳糖发酵短杆菌、黄色短杆菌。中国使用的生产菌株是北京棒杆菌 AS 1.299、北京棒杆菌 D110、钝齿棒杆菌 AS 1.542、棒杆菌 S-914 和黄色短杆菌 T6～T13 等。

在已报道的谷氨酸产生菌中，除芽孢杆菌外，虽然在分类学上属于不同的属种，但都有一些共同的特点，如菌体为球形、短杆状至棒状、无鞭毛、不运动、不形成芽孢、呈革兰阳性、需要生物素、在通气条件下培养产生谷氨酸。

2. 生产原料

发酵生产谷氨酸的原料有淀粉质原料（玉米、小麦、甘薯、大米等，其中甘薯和淀粉最为常用）、糖蜜原料（甘蔗糖蜜、甜菜糖蜜）、氮原料（尿素或氨水）。

3. 工艺流程

味精生产过程可分为 5 个部分：淀粉水解糖的制取、谷氨酸生产菌种子的扩大培养、谷氨酸发酵、谷氨酸的提取与分离、由谷氨酸制成味精。

菌种的扩大培养
淀粉质原料→糖化→中和、脱色、过滤→培养基调配→接种→发酵→提取(等电点法、离子交换法等)→谷氨酸→谷氨酸钠→脱色→过滤→干燥→成品

4. 发酵生产工艺

（1）培养基

① 斜面培养基　葡萄糖 0.1％，牛肉膏 1.0％，蛋白胨 1.0％，氯化钠 0.5％，琼脂

2.0％，pH7.0～7.2。121℃灭菌30min（传代和斜面保藏不加葡萄糖）。

② 一级种子、二级种子及发酵培养基

a. 一级种子：葡萄糖2.5％，尿素0.6％，KH_2PO_4 0.1％，$MgSO_4 \cdot 7H_2O$ 0.04％，玉米浆2.3～3.0mL，pH7.0。

b. 二级种子：水解糖3.0％，尿素0.6％，玉米浆0.5～0.6mL，K_2HPO_4 0.1％～0.2％，$MgSO_4 \cdot 7H_2O$ 0.04％，pH7.0。

c. 发酵培养基：水解糖12％～14％，尿素0.5％～0.8％，$MgSO_4 \cdot 7H_2O$ 0.06％，KCl 0.05％，玉米浆0.6mL，Na_2HPO_4 0.17％，pH7.0。

（2）发酵条件的控制

① 温度　谷氨酸发酵前期（0～12h）是菌体大量繁殖阶段，在此阶段菌体利用培养基中的营养物质来合成核酸、蛋白质等，供菌体繁殖用，而控制这些合成反应的最适温度均在30～32℃。在发酵中后期，是谷氨酸大量积累的阶段，而催化谷氨酸合成的谷氨酸脱氢酶的最适温度在32～36℃，故发酵中后期适当提高罐温对积累谷氨酸有利。

② pH　发酵液的pH影响微生物的生长和代谢途径。发酵前期如果pH偏低，则菌体生长旺盛，长菌而不产酸；如果pH偏高，则菌体生长缓慢，发酵时间拉长。在发酵前期将pH控制在7.5～8.0左右较为合适，而在发酵中后期将pH控制在7.0～7.6左右对提高谷氨酸产量有利。

③ 通风　在谷氨酸发酵的过程中，发酵前期以低通风量为宜；发酵中后期以高通风量为宜。实际生产上，以气体转子流量计来检查通气量，即以每分钟单位体积的通气量表示通风强度。另外发酵罐大小不同，所需搅拌转速与通风量也不同。

④ 泡沫的控制　在发酵过程中由于强烈的通风和菌体代谢产生的CO_2，使培养液产生大量的泡沫，使氧在发酵液中的扩散受阻，影响菌体的呼吸和代谢，给发酵带来危害，因此必须加以消泡。消泡的方法有机械消泡（耙式消泡器、离心式消泡器、刮板式消泡器、蝶式消泡器）和化学消泡（天然油脂、聚酯类、醇类、硅酮等化学消泡剂）两种。

⑤ 发酵时间　不同的谷氨酸产生菌对糖的浓度要求也不一样，其发酵时间也有所差异。一般低糖（10％～12％）发酵其发酵时间为36～38h，中糖（14％）发酵其发酵时间为45h。

二、赖氨酸的生产

L-赖氨酸是人体及动物体自身不能合成的一种必需氨基酸，广泛应用于食品、饲料和医药工业。90％以上的赖氨酸产品用于饲料添加剂。由于在谷类植物蛋白质中，必需氨基酸的组成与人体及动物对氨基酸的需求不一致，含量最低的是赖氨酸，而这种配比不足会导致人和动物对蛋白质的利用率低，因此，在食物和饲料中添加适量赖氨酸可提高蛋白质的利用率，从而提高其营养价值。大量工业应用证明，添加赖氨酸、蛋氨酸的配合饲料，对家畜、家禽的生长发育有显著的促进作用，畜、禽的日增重量明显提高，料肉比下降，不仅可节约饲料量，而且家禽的瘦肉率、产卵率上升，有很大的经济效益。

赖氨酸的生产方法有提取法、化学合成法与酶法、发酵法，目前使用最多的是发酵法。

1. 赖氨酸的生产菌株

赖氨酸生产菌大多是以谷氨酸生产菌为出发菌株，通过选育高丝氨酸缺陷型、抗赖氨酸结构类似物、抗苏氨酸结构类似物的突变株，以解除自身的代谢调节来实现的（见第五章第三节：微生物代谢调节在工业中的应用）。

2. 赖氨酸发酵的工艺条件

前期温度为32℃，中后期34℃。pH 为 6.5～7.0，发酵过程中，通过添加尿素或氨水来控制 pH，此外尿素和氨水还能为赖氨酸的生物合成提供氮源。种龄要求以指数生长期的种子为好。当采用二级种子扩大培养时，接种量约 2%，种龄一般为 8～12h；当采用三级种子扩大培养时，接种量约 10%，种龄一般为 6～8h。赖氨酸发酵要求供氧充足。

第三节　核苷酸的生产

一、核苷酸发酵微生物

核苷酸的主要用途是作为药物中间体、保健品和食品添加剂。其中 5′-AMP（腺苷酸）可用于制造 ATP、环 AMP（cAMP）、（S）-腺苷甲硫氨酸等生化药物产品；5′-GMP（鸟苷酸）的钠盐具有香菇风味，可用于制造特鲜味精和各种调味品；5′-CMP（胞苷酸）可用于制造胞二磷胆碱、胞苷三磷酸（CTP）、阿糖胞苷、聚肌胞等生化药物；5′-UMP（尿苷酸）参与肝脏解毒物质葡萄糖醛酸苷的生化合成，具有重要的生理作用，它还可制造尿苷三磷酸（UTP）、聚腺尿、UDP-葡萄糖等药物。近年来欧美、日本已在婴儿奶粉中添加核苷酸（推荐用量为 72mg/L），这对于提高婴儿免疫力十分有效，故而将高纯度单一核苷酸按一定比例配制后可大量用于保健食品。

中国目前用微生物生产的核苷酸及其衍生物有 60 多种。自然界的微生物都有合成核苷酸的能力。在正常情况下，当微生物生成的核苷酸量达到一定程度时，微生物体内的一套反馈系统能抑制核苷酸继续合成，使核苷酸的合成与分解处于平衡状态。为了生产核苷酸物质，就必须解除微生物体内的平衡状态，使核苷酸在培养液中不断地蓄积。解除反馈抑制有用硫酸二乙酯、亚硝基胍对野生菌株进行处理的化学诱变法和用紫外线、快中子进行处理的物理诱变法。例如，由产氨短杆菌 ATCC 6872 诱变出来的各种突变株，经直接发酵或前体转化，提高了肌苷酸（IMP）、腺苷酸（AMP）、鸟苷酸（GMP）、黄苷酸（XMP）以及肌苷（IR）和 6-氮杂尿嘧啶核苷等的产量。

1. 肌苷及肌苷酸发酵微生物

枯草芽孢杆菌、短小芽孢杆菌、产氨短杆菌的很多腺嘌呤缺陷型突变株都是优良的肌苷生产菌。腺嘌呤的浓度是肌苷发酵的关键，一般在培养基中需维持低水平的腺嘌呤才能保证肌苷的产生。不溶性的磷酸盐对肌苷的产生有促进作用。枯草芽孢杆菌 No.102 经紫外光诱变和 DNA 转化法，得到的腺嘌呤、黄嘌呤双缺陷型并对 8-氮杂鸟嘌呤有抗性的变异株，可发酵糖质原料生成肌苷 22.3g/L，如向培养基添加黄嘌呤，肌苷产率可达 33.1g/L。一株产肌苷能力最强的菌株是由产氨短杆菌经亚硝基胍诱变得到的抗 6-巯基鸟嘌呤的变异株，蓄积肌苷的能力高达 52.4g/L。

1961 年发现枯草芽孢杆菌可以在培养液中蓄积少量肌苷酸。在生产中应用的菌种都是产氨短杆菌的变异株。由产氨短杆菌 ATCC 6872 紫外线照射得到的 KY 1302 菌株，可生成肌苷酸 11.2～12.8g/L。产氨短杆菌 No.15003 在有乳酸清添加时，可生成肌苷酸25.4g/L。可以由酵母或细菌提取 RNA，然后依靠橘青霉或金色链霉菌的 5′-磷酸二酯酶和脱氨酶的作用制成肌苷酸，也可以用微生物发酵糖质原料制成肌苷，再以化学方法或微生物的核苷酸磷酸化酶催化肌苷和无机磷酸进行反应，生成肌苷酸。

2. 鸟苷酸发酵微生物

鸟苷酸的助鲜作用比肌苷酸更强。直接发酵糖质原料或利用鸟嘌呤作前体都能得到鸟苷酸。发酵生成鸟苷酸的微生物有谷氨酸棒杆菌、产氨短杆菌的多种变异株。但因直接发酵糖质原料生产 GMP 的产量只有 2g/L 左右，还不能用于工业生产。虽然产氨短杆菌 ATCC 6872 在前体鸟嘌呤添加时可生成 15.3g/L GMP，但也因前体物昂贵尚无法工业化生产。

3. 其他核苷酸生产菌

环腺苷酸（cAMP）能抑制癌细胞的增生，并对冠心病、牛皮癣有缓解作用。1944 年发现液化短杆菌和大肠杆菌的培养液内有 cAMP，后来又分离到一株棒杆菌和一株小球菌，将它们在含有腺嘌呤、次黄嘌呤的培养基中培养，cAMP 的生成量比液化短杆菌和大肠杆菌高出 3～4 倍。生产 cAMP 的碳源可以是葡萄糖、果糖、麦芽糖、甘露糖，也可以是正烷烃。在 C_{12} 和 C_{14} 的烷烃中培养玫瑰色石蜡节杆菌和溶蜡小球菌时，cAMP 的生成量分别为 1.4g/L 和 3g/L。此外，还可以用藤黄八叠球菌发酵生产黄素腺嘌呤二核苷酸（FAD）；用产氨短杆菌、芽孢杆菌、小球菌生产辅酶 A；用谷氨酸棒杆菌和产氨短杆菌发酵生产乳清酸和烟酰胺腺嘌呤二核苷酸（NAD），即辅酶 I 等。

二、鸟苷酸的生产

鸟苷酸（GMP）工业生产多用发酵法先制成鸟苷，然后通过微生物或化学磷酸化作用转变为 GMP。生产鸟苷采用的菌种有枯草芽孢杆菌、短小芽孢杆菌、产氨短杆菌的多种变异株，它们的特点是生成必需嘌呤碱基，并对嘌呤结构类似物具有抗性，各菌株的鸟苷生成量达 10g/L 左右。

生产 GMP 的另一种方法，是首先发酵糖质原料生成黄苷酸，然后再用另一种菌将黄苷酸转化为 GMP，也可将两种菌混合培养生产 GMP。谷氨酸小球菌和产氨短杆菌的变异株都可积累黄苷酸。把黄苷酸转化为 GMP 的菌株多采用产氨短杆菌的变异株。如果将黄苷酸产生菌和把黄苷酸转化为 GMP 的菌混合培养，前者与后者恰当的比例为 10：1，GMP 生成量达 9.67g/L。

生产 GMP 的第 3 种方法是：先以发酵法生产 5-氨基-4-甲酰胺咪唑核糖（AICAR），再以 AICAR 为原料，化学合成为 GMP。

第四节　清洁能源的生产

能源问题正随着一次性能源（如石油、天然气、煤）的加速耗竭而日益突出，有关能源问题的国际纷争屡屡发生。化学性燃料的燃烧也给环境带来前所未有的污染问题，二氧化碳、二氧化硫、煤灰等燃烧后的废气和固体废物大量进入环境，使人类生存的环境质量下降。而甲烷、乙醇和氢气等不仅是可再生的燃料，而且在燃烧过程中不产生严重危害环境的污染问题，尤其是氢气，燃烧后仅形成水，具有清洁、高效、可再生等突出特点。另一方面，这些燃料可由微生物利用有机废弃物生产，从而在获得清洁燃料的同时，处理了有机废物，保护和改善了环境。利用生物技术将可利用的廉价有机物甚至有机废物转化为清洁燃料替代"石油"等矿物燃料，将是世界性的实施环境可持续发展的长期战略。

一、甲烷发酵

1. 甲烷发酵微生物

甲烷产生菌的主要种类有甲烷杆菌属、甲烷八叠菌、甲烷球菌属等。

2. 甲烷发酵机制

甲烷产生菌的作用机理是沼气发酵过程。该过程的第一阶段是复杂有机物，如纤维素、蛋白质、脂肪等，在微生物作用下降解至其基本结构单位物质的液化阶段；第二阶段是将第一阶段中产生的简单有机物经微生物作用转化生成乙酸；第三阶段是在甲烷产生菌的作用下将乙酸转化为甲烷。

3. 甲烷发酵工艺

甲烷产生菌所产生的能源是当前已获大量实际应用的一种微生物能源。中国现在正用人畜粪便、农副产品下脚料、酒糟废液和其他工业生产中的废液等生产甲烷，用于照明、燃烧等，其使用价值是相当可观的。

以某畜禽养殖场粪便发酵产沼气为例。该过程由处理系统、厌氧消化系统、沼气输配及利用系统、有机肥生产系统以及消化液后处理系统组成。其中，前处理系统主要由固液分离、pH调节、料液计量等环节组成，作用在于去除粪便中的大部分固形物，按工艺的要求为厌氧消化系统提供一定数量、一定酸碱度的发酵原料。厌氧消化系统的作用是在一定的温度、一定的发酵时间内将前处理输送的料液通过甲烷细菌的分解进行消化，同时生成甲烷——沼气。

按发酵温度一般分为常温发酵、中温发酵、高温发酵。其中，常温发酵不需要对消化罐进行加温，因此投资较少、节能、运行费用低，但沼气的产量较少，有机物的去除和发酵速率也较低，适应于长江以南地区。高温发酵需对消化罐进行加温，发酵采用的温度一般为$55 \sim 60 ℃$之间，高温发酵具有沼气产量大、发酵周期短以及环卫效果佳的优点，但同时也带来了投资大、耗能高和运行费用高的缺点，目前常用于处理城市粪便的工程中。中温发酵介于以上两者之间，可根据中国南北方气候的变化对发酵罐适当加热，温度一般控制在$28 \sim 35 ℃$之间。由于中温发酵兼顾了常温发酵和高温发酵的一些优点，因此是目前大多数畜禽粪便处理优先采用的一种。

按照工艺的特点来分，目前采用的沼气发酵工艺有两种，一为常规工艺，二为高效工艺。其中常规工艺制造简单，便于操作，但发酵速率低，消化不彻底，发酵时间较长，一般在中温条件下需7天以上，而在常温条件下少则需15天，多则需1月以上。上流式厌氧污泥床（UASB）和厌氧过滤器（AF）组合成的工艺，是目前高效工艺的典型代表，其中又以后者应用较多。与常规工艺比较，高效工艺具有较高的科技含量，因此也具有对有机物消化彻底、沼气产量大、效率高（消化罐体积小、占地少）等优点。

二、微生物制氢

微生物制氢技术一直受到人们的关注。利用微生物在常温常压下进行酶催化反应可制得氢气。根据微生物生长所需的能源来源，大体上可将能够产生氢气的微生物分为两大类。

一类是光合菌。光合菌利用有机酸，通过光产生H_2和CO_2。利用光合菌从有机酸制氢的研究在20世纪$70 \sim 80$年代就相当成熟。但由于其原料来源于有机酸，限制了这种技术的工业化大规模使用。

另一类是厌氧菌。厌氧菌利用碳水化合物、蛋白质等，产生H_2、CO_2和有机酸。目前，利用厌氧菌进行微生物制氢的研究大体上可分为3种类型。一是采用纯菌种和固定化技术进行微生物制氢，但因其发酵条件要求严格，目前还处于实验室研究阶段；二是利用厌氧活性污泥进行有机废水发酵法生物制氢；三是利用连续非固定化高效产氢细菌使含有碳水化合物、蛋白质等的物质分解产氢，其氢气转化率可达 30%左右。

第五节　微生物与替代工艺和替代产品

一、微生物采油

石油和天然气深藏于地下，其中天然气又沿着地层缝隙向地表扩散。有的微生物在土中能以气态烃为唯一碳源和能源，其生长繁殖的数量与烃含量有相关性，因此可以利用这类微生物作为石油和天然气储藏在地下的指示菌。用各种方法检测土样、水样、岩芯等样品中的这类微生物的数量，分析实验结果，预测石油和天然气的储藏分布地点和数量，此被称为微生物石油勘探。包括中国在内的许多国家采用微生物石油勘探的结果表明，它对于钻井结果的准确率为 55%左右，是一种省钱、省力、简便易行的石油勘探法。以气态烃为唯一碳源和能源的微生物主要是甲烷氧化菌、乙烷氧化菌，它们通常为甲基单胞菌属、甲基细菌属和分枝杆菌属的菌种。

微生物能提高采油率，目前已大规模用于石油工业的是将生物聚合物或生物表面活性剂等微生物产物注入油层。最具代表性的是注入黄原胶，一种典型的水溶性胶体多糖，它是由甘露糖、葡萄糖和葡萄糖酸（比例为 2∶2∶1）构成的杂多糖。此多糖一般由黄单胞菌属的菌种以玉米淀粉等农副产品的碳水化合物为原料，深层液体好氧发酵生产。黄原胶具有增黏、稳定和互溶等优良特性，将它稠化水，即作为注水增稠剂，注入油层驱油，可改善油水的流度比，扩大采油面积，使石油的最终采收率提高 9%～29%。黄原胶也可作为钻井黏滑剂，有利于石油开采，也被石油工业广泛应用。黄原胶的优良特性除作为增稠、增黏剂外，还可作为乳化、成型、悬浮剂，广泛用于食品、医药、化工、轻工、中药等 20 多个行业的 100 多种产品中，它也是微生物生产胞外多糖的典型产品，生产量最多，用途最广，为发酵工业后起之秀。

微生物提高采油率的另一种办法是把油层作为巨大的生物反应器，将有益于石油采取的微生物注入油层，或通过加入营养物活化油层内原有的菌类，促进这些微生物的代谢活动，提高石油采收率。还有采用杀灭注水采油中的有害微生物，加入有益微生物或增稠剂、表面活性剂等综合工艺，提高采油也很有效。如中国科技人员用微生物发酵生产出鼠李糖脂一类的生物表面活性剂，用于三次采油工业试验，在天然岩芯进行驱油试验时，石油的平均采收比提高了 20%以上。

微生物采油是将地面分离培养的微生物菌液和营养液注入油层，或单独注入营养液激活油层内微生物，使其在油层内生长繁殖，产生有利于提高采收率的代谢产物，以提高油田采收率的方法。

1. 微生物采油机理

微生物采油是一种技术含量较高的、能提高采收率的石油开采技术，不但包括微生物在油层中的生长、繁殖和代谢等生物化学过程，而且包括微生物菌体、微生物营养液、微生物代谢产物在油层中的运移，以及与岩石、油、气、水的相互作用引起的岩石、油、气、水物性的改变，因此微生物采油是一个相当复杂的过程。

（1）改变原油的组成，使其变成低黏度的原油　微生物以石油中的正构烷烃作为碳源而生长繁殖，从而改变了原油的碳链组成。微生物不断老化，改变了石蜡基原油的物理性质，影响了原油液或固相的平衡，降低了石蜡基原油的临界温度和压力。微生物的增加能大大减少储层、井眼和设备表面的原油结蜡的温度和压力。微生物生长时释放出的生物酶可降解原油，使原油碳链断裂，高碳链原油变为低碳链原油，使重质组分减少，轻质组分增加，凝固点和黏度均可降低，不仅改善原油在油层中的流动性，而且会使原油品质得到改善。

（2）产生酸及有机溶剂提高采收率 微生物产生的酸主要是低分子量的有机酸（甲酸、丙酸），也有部分无机酸（即硫酸）。它们能溶解碳酸盐，一方面增加孔隙度，提高渗透率；另一方面释放二氧化碳，提高油层压力，降低原油黏度，提高原油流动能力。产生的醇、有机酸等有机溶剂，可以改变岩石的表面性质和原油的物理性质，使吸附在孔隙岩石表面的原油被释放出来，并易于采出地面。微生物在发酵原油过程中的代谢产物，如乙酸、丙酸、醇类及其他短链有机酸，均有利于改善原油黏度，类似轻度酸化，增加岩石孔隙度，从而提高原油量。

（3）微生物的直接作用 微生物通过在岩石表面上的生长占据孔隙空间，用物理的方法驱出石油，改变碳氢化合物的馏分。微生物能黏附到岩石表面，在油膜下生长，最后把油膜推开，使油释放出来。

2. 微生物采油工艺

目前，国内外微生物采油方式大致有两种。一类是地面法，在地面建立发酵反应罐，为微生物提供必需的营养物质，通过微生物代谢作用产生生物产物（主要是生物表面活性剂和生物聚合物），将生物产物注入地层，从而达到提高采收率的目的。这种工艺的特点是发酵在地面进行，所以微生物生长和代谢不受地层的影响。另一类是地下法（油层法），指直接将微生物注入到油层，使其在油层中产生各种代谢产物，只要供给微生物足够的营养物质，代谢产物的生产速率就会大于被微生物降解的速率。此种工艺特点是驱油持续时间长且施工成本低。

二、微生物制浆

高速发展的生物技术已被引入到制浆造纸工业中，其中最具吸引力和挑战性的是生物制浆与生物漂白。因为造纸工业废水主要由蒸煮黑液和漂白废液组成，采用生物制浆与生物漂白可以有效减少这些废液的产生。

制浆造纸工业是国民经济的重要支柱产业之一，但也是森林、能源、化学品等资源消耗和环境污染的源头之一。在用植物材料进行化学制浆与化学漂白的过程中，含有大量木质素、半纤维素和有害物质的废液被排放到江河湖泊中，造成严重的环境污染和生态破坏。多年来，人们不懈地努力，试图开发出无污染的高效率的制浆造纸新工艺，以减少污染，保护环境。为了保护环境，发达国家投入大量资金对制浆造纸工艺进行改造，利用微生物制浆，主要有下面两种方式。

① 利用木质素降解菌处理纤维原料，来降低机械法制浆的能耗，代替或部分代替污染严重的化学法制浆。

② 先利用微生物发酵获得木聚糖酶制剂，然后将其作为纸浆漂白助剂，既可减少漂白废液污染，又可减少漂白剂用量，降低生产成本，效益显著，且易于工业化。

微生物制浆法已在欧洲和北美的大型纸厂得到广泛应用，成为微生物技术在造纸工业应用最成功的一例。目前，加拿大已有约10％的硫酸盐法纸浆厂采用了微生物酶法助漂新工艺。丹麦和美国等多家微生物酶制剂厂商，纷纷推出了专门用于纸浆处理的木聚糖酶和纤维素酶新产品。

中国的制浆造纸工业有其独自的特点。中国是一个森林资源不足的国家，多年来主要依靠发展稻草、麦草等草类原料制浆造纸来满足日益增长的需要。而草类制浆问题很多，首先是草类中杂细胞较多，长纤维较少，因而通常需要 3t 麦草才能出"纸"，另外，秸秆中含有较大量的硅和其他杂质，影响了国外通行的碱回收工艺的应用，成为中国环境污染的主要难题。深入开展制浆造纸过程中的生物技术研究，开发生物制浆、生物漂白等相关技术，将给中国的制浆造纸工业带来革命性的影响，最终创建出一个资源综合利用、全封闭无排污的新型纤维利用综合产业。

木质素是造纸工业中有效利用纤维素的最大障碍。在化学制浆过程中，大部分木质素可从木材、草类或其他粗原料的纤维中除去，但还残留大约 3%～12%，这部分残留的木质素会使纸浆呈褐色，并降低纸张的强度。因此，需要对纸浆进行漂白。多年来，造纸行业一直沿用化学漂白法对纸浆进行漂白。传统的化学漂白法采用多段的氯或二氧化氯漂白工艺及碱提取工艺来去除木质素，在废水中会有大量氯代有机物，且大多具有致癌致畸作用，造成严重的环境污染。因此采用生物漂白是至关重要的。木质素的结构非常复杂，并且在纸浆中木质素与木聚糖形成复合体紧密地附着在纤维上，难以除去。如果利用木聚糖酶与木质素酶两种酶的共同作用，可以降解掉纸浆中残留的木质素。

三、细菌冶金

所谓细菌冶金，就是利用某些自养型细菌在浸出剂中的作用，从贫矿中富集某些金属元素的过程。

现已有近 20 个国家正在进行细菌堆浸回收贫矿石、尾矿石或地下难采矿石中铜的生产，全世界铜的总产量中约有 15% 是用细菌浸出法生产的，而美国生产的铜有 25% 是用细菌浸出法生产的。全世界也有 10 多个正在生产或建设中的细菌浸出法生产金的工厂，加纳 Obusi 的细菌浸金工厂处理金矿石的能力可达 30t/h，年产黄金 15t。美国在浸取铜矿时用细菌回收其中的铀；加拿大梅尔利坎铀矿用细菌法生产的铀年产达 60t。除铜、金和铀的细菌浸出已形成生物湿法冶金（biohydrometallurgy）工业外，微生物浸出钴、镍、锰、锌、银、铂和钛等 19 种战略金属和珍贵金属也获得了可喜的研究成果，有的正在开发形成规模化生产。微生物冶金的逐步兴起与其投资小、成本较低、环境污染小、提高金属的回收率和适用于贫矿、尾矿等优势密切相关。

生物湿法冶金工业用的菌种主要有氧化亚铁硫杆菌、氧化硫硫杆菌、铁氧化钩端螺菌和嗜酸热硫化叶菌等。这类自氧微生物能氧化各种硫化矿获得能量，并产生硫酸和酸性硫酸铁 $[Fe_2(SO_4)_3]$，这两种化合物是很好的矿石浸出溶剂，作用于黄铜矿（$CuFeS_2$）、赤铜矿（CuO_2）、辉铜矿（Cu_2S）、铜蓝（CuS）等多种金属矿物，把矿中的铜以硫酸铜的形式溶解出来，再用铁置换出铜，生成的硫酸亚铁又可被细菌作为营养物氧化成酸性硫酸铁，再次作为矿石浸出溶剂。如此循环往复，可溶的目的金属能从溶液中获取（如铜），不溶的目的金属能从矿渣中得到（如金）。这就是微生物冶金的基本原理。

微生物冶金还用于研究开发菌体直接吸附金等贵重和稀有金属，如曲霉从胶状溶液中吸附金的能力是活性炭的 11～13 倍，有的藻类每克干细胞可吸附 400mg 的金。采用微生物对煤脱硫，有的菌对煤中无机硫的脱除率可达 96%。非金属矿的微生物脱除金属，如生产陶瓷的主要原料高岭土，用黑曲霉脱除其中的铁，此高岭土制成的新陶瓷材料，在电子、军事工业中有广泛的特殊用途。

【阅读材料 10-1】

微生物采矿

人们发现某些微生物能使矿石中的有用金属成为水溶性盐类溶解出来，这些微生物主要是细菌中的氧化亚铁硫杆菌和氧化硫硫杆菌。它们在把硫从低价氧化为高价的过程中获得能量，同时产生硫酸和硫酸铁，从而使矿石中的金属元素以硫酸盐的形式释放出来。硫酸和硫酸铁都是良好的矿石浸出剂，可作用于黄铜矿、辉铜矿、赤铜矿等多种金属矿物。矿物中的铜以硫酸铜的形式溶解出来，然后可通过置换反应用铁把铜置换出来，而生成的硫酸亚铁又可作为细菌的营养物被氧化成为硫酸铁，再次成为金属浸出液。

氧化亚铁硫杆菌发生金属浸出现象的最适 pH 在 0.2～3.5 之间，最适温度在 30～40℃之间。为了维持合适的 pH，需要在浸出过程中不断添加稀酸。

微生物冶金由于设备简单、成本低且能充分利用地球上有限的矿产资源，正受到越来越多的关注。

四、微生物脱硫

煤炭是中国最主要的一次性能源，约占中国消耗性能源的 70%。煤炭中通常含有0.25%～7%的硫，在燃烧过程中生成的 SO_2 随烟道气排入大气，造成酸雨。在冶金、石油化工、化学制品生产过程中常产生大量工业废气，其中 H_2S 是一种毒性气体，人体吸入后会引起不良反应，严重者会有生命危险。而且在有氧和湿热条件下，H_2S 会腐蚀管道及燃烧设备，因此对于煤炭燃烧前的脱硫和工业废气的细菌脱硫技术的研究具有重要的意义。目前可以进入工业化的技术多为物理方法和化学方法，虽然处理效果好，但成本较高，存在二次污染。微生物脱硫与化学和物理方法脱硫相比具有投资少、运行成本低、能耗少、可有效减少环境污染等优点。

煤的微生物脱硫是由生物湿法冶金技术发展而来的。它是在常温常压下，利用微生物代谢过程的氧化还原反应达到脱硫的目的。目前，对黄硫矿脱硫率可达 90%，有机硫脱除率达 40%。生物脱硫的原理是利用微生物能够选择性氧化有机硫或无机硫的特点，去除煤炭中的硫元素。它的优点是既能除去煤中的有机硫，又能除去无机硫，且反应条件温和，设备简单，成本低。

目前，对微生物煤炭脱硫技术的研究重点放在 4 组微生物上，即硫杆菌属、硫化叶菌属、大肠杆菌属和假单胞菌属。煤炭里可燃硫中的无机硫主要以黄铁矿硫（FeS）单个颗粒或晶体存在。脱除无机硫的微生物菌种多为无机化能自养菌，这类菌可以利用氧化铁和硫等无机物获得能量，在酸性条件下生长。脱硫最有效的微生物有氧化亚铁硫杆菌、氧化硫硫杆菌以及能在70℃高温下生长的古细菌——酸热硫化叶菌。

五、生物表面活性剂

生物表面活性剂是微生物在一定条件下培养时，在代谢过程中分泌的具有表面活性的代谢产物。与化学合成表面活性剂相比，生物表面活性剂具有许多独特的属性，如结构的多样性、生物可降解性、广泛的生物活性及对环境的温和性等。由于化学合成表面活性剂受原材料、价格和产品性能等因素的影响，且在生产和使用过程中常会严重污染环境及危害人类健康，因此，随着人类环保和健康意识的增强，生物表面活性剂越来越多地被使用。

大多数生物表面活性剂是细菌、酵母菌和真菌的代谢产物。这些生产菌大多是从油类污染的湖泊、土壤或海洋中筛选得到的。如从油泥污染的土壤中分离得到两株生物表面活性剂的菌株：芽孢杆菌 AB-2 和芽孢杆菌 Y12-B。

目前，可以通过两种途径生产生物表面活性剂：微生物发酵法和酶法。采用发酵法生产时，生物表面活性剂的种类、产量主要取决于生产菌的种类、生长阶段、碳基质的性质、培养基中 N、P 和金属离子（Mg^{2+}、Fe^{2+}）的浓度以及培养条件（pH、温度、搅拌速率等）。与微生物发酵法相比，酶法合成的表面活性剂分子多是一些结构相对简单的分子，但同样具有优良的表面活性。其优点在于产物的提取费用低、次级结构改良方便、容易提纯以及固定化酶可重复使用等，且酶法合成的表面活性剂可用于生产高附加值产品，如药品组分。尽管现阶段酶制剂成本较高，但通过基因工程技术增强酶的稳定性与活性，有望降低其生产成本。

许多化学合成表面活性剂由于难降解、有毒及在生态系统中的积累等性质而破坏了生态环境，相比之下，生物表面活性剂则由于易生物降解、对生态环境无毒等特性而更适合于环境工程中的污染治理。如在废水处理工艺中可作为浮选捕收剂，与带电胶粒相吸以除去有毒金属离子，修复受有机物和重金属污染的场地等。

六、微生物絮凝剂

絮凝剂又称沉降剂，是一类可使液体中不易沉淀的固体悬浮颗粒（粒径 $10^{-7} \sim 10^{-3}$ cm）凝聚、沉淀的物质。目前实际使用的絮凝剂，以无机的聚合氯化铝和有机合成的聚丙烯酰胺最为广泛。中国从 20 世纪 60 年代开始研制和应用无机和有机合成高分子絮凝剂，但其使用容易造成环境的二次污染。

微生物絮凝剂是指微生物自身产生的具有絮凝活性的次生代谢产物。絮凝性微生物能使离散微粒（包括菌体细胞自身）之间互相黏附，并能使胶体脱稳，形成絮状沉淀而从反应体系中分离出去。高絮凝性微生物可用于处理废水，经过驯化筛选或构建出的菌株，自身就可利用废物进行繁殖，在反应体系中发挥作用，在废水脱色方面的优势比普通絮凝剂更具吸引力。

由微生物产生的絮凝剂是一种无毒的生物高分子化合物。微生物细胞的絮凝性由所产生的生化物质决定，包括机能性蛋白质或机能性多糖类物质，这就决定了微生物絮凝剂具有生物可分解性的独特性质，而且对环境和人类具有无毒无害的安全性。产生絮凝剂的微生物绝大多数来自与人类关系十分密切的土壤中，分离这些微生物和产生微生物絮凝作用的过程，对人类不会造成不良后果。微生物絮凝剂对多种细微颗粒及合成高分子絮凝剂的可溶性色素物质都具有优良的凝聚能力。

微生物絮凝剂的主要成分中含有亲水的活性基团，如氨基、羟基、羧基等，其絮凝机理与有机高分子絮凝剂相同。通常线形结构的大分子絮凝效果较好；分子量对絮凝活性也有影响，分子量越大，絮凝剂活性越高；细胞的菌龄对絮凝作用也有影响，在培养早期絮凝性不好，随着发酵的进行，细胞壁中的甘露聚糖、葡聚糖和蛋白质发生组合，进而影响到絮凝剂效果。微生物絮凝剂可用于食品工业、发酵工业，也可广泛用于工业废水处理。

七、微生物塑料

以石油为原料制造的塑料，对人类社会经济发展有着重要贡献的同时，由于其化学性能十分稳定，在自然条件下不易降解，又导致了"白色污染"这一全球性的严重问题。有些微生物能够产生在自然环境中容易完全降解的与塑料类似的聚酯，如聚 β-羟丁酸、甲基侧链聚羟基丁酯（PHB）和聚羟基烷酯（PHA）及乙基侧链聚羟基戊酯（PHV），可以用来生产完全生物降解塑料，这类塑料可称为微生物塑料。例如，洋葱假单胞菌利用木糖和少量氮，能发酵生产大量的 PHB，该菌积累的 PHB 可达其细胞干重的 60%；另一种杆菌可以利用甲醇和戊醇为原料，发酵生成 PHB 和 PHV 的共聚物；还有人用乳酸菌以马铃薯为原料，生产大量 L-乳酸，再制成称为"交酯"的聚乳酸塑料。微生物塑料不仅完全可以生物降解，而且降解产物还能改良土壤结构及作为肥料。微生物塑料具有高分子量、高结晶度、高弹性及高熔点的特性，还能抗紫外线、不含有毒物质、生物相容性好、透明、易着色等，所以这种塑料用途更广，更适合于在医药领域应用。目前存在的最大问题是生产成本高，成品价格贵，虽有生产，但只能在特别需要的地方应用。目前，科学家正努力用 DNA 重组技术对相关的微生物进行改造，以提高产量、降低成本。随着人们环保观念的增强、优良菌种的选育和工艺技术的改进，微生物塑料将会成为一个重要的产业。

在自然环境中，能降解 PHA 的微生物种类很多，包括细菌、放线菌和霉菌，如粪产碱杆菌、勒氏假单胞菌、德氏假单胞菌和单纯青霉等。在不同的 pH 和温度环境中，降解 PHA 的主导微生物也不同。通常情况下，微生物塑料无氧降解比有氧降解快。

本 章 小 结

1. 微生物发酵生产有机酸已成为有机酸的重要来源。中国是柠檬酸生产大国，目前已有大量产品出口到国外。产柠檬酸微生物有黑曲霉、温氏曲霉、淡黄青霉等，生产上应用最多的是以黑曲霉作为生产菌。工业上发酵生产柠檬酸的方法有 3 种：表面发酵、固态发酵和液态深层发酵。前两种方法是利用气相中的氧，后者利用溶解氧。目前用得最多的方法是液态深层发酵。

2. L-苹果酸与柠檬酸相比，产生热量更低，是一种低热量的食品添加剂。产苹果酸的微生物有黄曲霉、米曲霉、华根霉、产氨短杆菌、黄色短杆菌等。生产苹果酸的方法很多，有一步发酵法、两步发酵法和酶转化法。

3. 氨基酸在食品、医药、保健、饲料、化妆品和农药等方面有着广泛用途。生产菌种主要是谷氨酸棒杆菌、北京棒杆菌、钝齿棒杆菌、黄色短杆菌及营养缺陷型菌株等。可以根据菌种和原料的不同，分为直接发酵、加前体和酶转化 3 种生产方法。

4. 核苷酸的主要用途是作为药物中间体、保健品和食品添加剂。微生物生产的核苷酸量达到一定程度时，微生物体内的反馈系统能抑制核苷酸继续合成，使核苷酸的合成与分解处于平衡状态。为了更多地生产核苷酸，就必须解除微生物体内的平衡状态，使核苷酸在培养液中不断蓄积。通常生产核苷酸的微生物多是能解除反馈抑制的突变菌株。

5. 微生物在利用有机废弃物的同时，一方面生产清洁燃料，另一方面降解处理了有机废物，保护和改善了环境。

6. 微生物在采油、冶金、脱硫、造纸、塑料和表面活性剂等领域的应用，发展迅速，有着巨大的潜力，将拓宽微生物学的研究领域，创建新的微生物产业。

复习思考题

1. 试写出柠檬酸发酵的工艺流程与提取工艺。

2. 工业上生产苹果酸有哪些方法？

3. 柠檬酸发酵的机理是什么？

4. 简述甲烷发酵的机理。

5. 氨基酸的生产方法有哪些？

6. 叙述谷氨酸发酵的工艺流程与提取工艺。

7. 鸟苷酸的生产方法有哪些？

第十一章　微生物在农业中的应用

【学习目标】
1. 了解常见的微生物农药；
2. 了解微生物肥料的作用及常见的微生物肥料的特点；
3. 了解几种常见的微生物饲料的特点及其生产过程。

由于土壤是微生物的大本营，又是农作物的扎根之地，因此微生物和农业有着密切的关系。当然，土壤中有一些微生物会影响农作物的生长，但也有一些微生物能改良土壤，帮助农作物杀灭病虫害，有利于农作物的生长。

第一节　微生物农药

减少农作物病虫害，是提高农作物产量的主要措施之一。目前国内外对农作物病虫害的防治主要还是依靠化学农药，但是近年来，由于化学农药大量不规范地使用，致使化学农药的防治效果并没有随着其用量的增加而令人满意，随之而来的却是有害生物的耐药性越来越强，化学农药对环境的污染越来越严重，影响了人们的身体健康和生存环境。进入 20 世纪70 年代，农药与农业的关系已逐渐演变为农药、农业、环境的三角关系，环境因素逐渐成为农药发展的制约因素。因此减少使用高毒农药就显得十分迫切，这为微生物农药在农业中的广泛应用提供了快速发展的机遇。

微生物农药是利用微生物本身或其代谢产物防治病、虫、杂草的制品。它在生物农药中占有重要地位，也是各国竞相发展的产业。已知的昆虫微生物病原体 1000 多种，细菌 10 多种，真菌 750 多种，其余为病毒、线虫、原生动物等，这些病原体都可作为防治害虫的资源开发利用。已商品化的微生物农药主要包括微生物杀虫剂、微生物杀菌剂和微生物除草剂等。

一、微生物杀虫剂

微生物杀虫剂是以杀虫微生物为生产菌制备的微生物接种剂。微生物杀虫剂既能直接杀死危害农作物和森林的害虫，又不伤害能控制害虫的天敌，也不像化学杀虫剂那样污染环境，因而在农林业的可持续发展中起着重要的作用。其生产规模与应用范围逐年递增，已形成为一个新的微生物农药产业。微生物杀虫剂主要包括细菌杀虫剂、真菌杀虫剂和病毒杀虫剂等 3 种类型。

1. 细菌杀虫剂

苏云金芽孢杆菌杀虫剂，简称 Bt 杀虫剂，是当今使用最广泛和产量最大的细菌杀虫剂。它是由昆虫病原细菌苏云金杆菌的发酵产物加工而成，能防治直翅目、鞘翅目、双翅目、膜翅目等上百种害虫，如稻纵卷叶螟、棉铃虫、茶毛虫、玉米螟等。苏云金芽孢杆菌杀虫剂之所以成为目前产量最大、应用最广、深受欢迎的农药，除其杀虫效果好外，更重要的是对人、畜无伤害，对植物不产生药害，不影响农作物的色、香、味，也不伤害害虫的天敌和有益的生物，能保持使用环境的生态平衡，对土壤、水源、空气环境不造成污染，有利于社会经济的持续发展。

苏云金芽孢杆菌能在细胞内形成杀虫的伴孢晶体和水溶性的外毒素（苏云金素）。伴孢晶体被敏感性昆虫的幼虫吞食后，在其碱性的中肠溶解成原毒素，并进而在昆虫肠道被蛋白酶水解激活，产生毒素核心片段（δ-内毒素）。它与中肠上皮细胞膜上的特异受体结合，能快速并不可逆地插入细胞膜，形成孔洞，从而破坏细胞的膜结构与渗透吸收特性，使中肠上皮细胞裂解崩溃，最终导致昆虫的死亡。

苏云金芽孢杆菌杀虫剂的生产，可以用深层液体（或固体）好氧发酵，相对于生产抗生素、氨基酸、维生素等的发酵工艺要简易得多。后处理也较容易，液体发酵一般是用发酵液喷雾干燥，或将发酵液制成液体制品；固体发酵更为简便，大都是发酵后，即进行干燥、粉碎、检验。农村还可推广家庭室内地面固体发酵法生产 Bt 杀虫剂，其要点是将麦麸 70%、黄豆饼粉 20%、谷壳 9%、碳酸钙 1%，加水〔干料：水＝1：（0.8～1.2）〕，用熟石灰水调 pH9 左右，培养基的含水量以手捏成团、触之能散为宜。培养基所用原料可因地制宜，还可以用米糠、棉子饼粉、花生饼粉、玉米粉、蚕蛹粉、草炭粉、肥土等制备培养基。用蒸煮法灭菌培养后，接种 Bt 菌种，将其松散地摊放在垫有一层塑料薄膜的室内地面上，培养基厚 1cm 左右，上面也罩以塑料薄膜，使发酵温度自动控制在 25～32℃为宜，48h 左右，可获得含活芽孢数约 1×10^{10} 个/g 左右的 Bt 杀虫剂，即可用于棉田、蔬菜、瓜果、森林等防治害虫。

自 1938 年世界上第一个苏云金芽孢杆菌商品制品在法国问世以来，由于具有杀虫特异性强，对人、畜和非目标昆虫无毒副作用和不污染环境等优点，该杀虫剂目前已成为世界上产销量最大的生物农药。但与化学杀虫剂相比，苏云金芽孢杆菌杀虫剂也有不足之处：①杀虫效果受环境影响大，如15℃以下不宜使用，阳光中的紫外线能使伴孢晶体的杀虫蛋白失效，24h 可破坏蛋白质中 60%的色氨酸；②各种 Bt 菌株仅对其敏感的昆虫有效，杀虫谱窄，一株菌种生产的杀虫剂一般不能防治多种虫害；③昆虫对 Bt 杀虫剂逐渐产生可遗传性的抗性；④必须经过吞食过程进入昆虫体内才能杀死昆虫，很难杀死钻入植物体内和根部的害虫，而且只在昆虫发育的某一阶段才有好的使用效果。

其他细菌杀虫剂还有金龟子芽孢杆菌（日本甲虫芽孢杆菌）杀虫剂。该菌是金龟子幼虫（蛴螬）的专一性病原菌，蛴螬吞食金龟子芽孢杆菌后，在中肠内萌发，生成营养体，穿过肠壁进入体腔并迅速繁殖，导致死亡。从死亡虫体释放的菌体又能再次感染其他蛴螬，造成金龟子幼虫的快速大量死亡。该种杀虫剂能使 50 余种金龟子幼虫致病，而且药效能保持 9 年之久，因而是一种理想的防治金龟子虫害的长效微生物杀虫剂。金龟子芽孢杆菌只能在蛴螬体内形成大量孢子，在一般人工培养基上很少形成孢子，因而该杀虫剂的生产，目前仍主要是靠感染蛴螬大量生产芽孢来进行。

2. 真菌杀虫剂

典型的代表是白僵菌杀虫剂。白僵菌是一种广谱寄生的真菌，广泛地使昆虫致病，由该菌引起的病占昆虫真菌病的 21%左右，能侵染鳞翅目、鞘翅目、直翅目、膜翅目、同翅目的众多昆虫及螨类。白僵菌接触虫体感染，适宜条件下其分生孢子萌发长出芽管，并能分泌出几丁质酶溶解昆虫表皮，使菌丝侵入其体内生长繁殖，并产生毒素（白僵菌素）和草酸钙结晶，从而使昆虫细胞组织破坏和代谢机能紊乱，最后虫体上生出白色的棉絮状菌丝和分生孢子梗及孢子堆，整个虫体水分被菌吸收变成白色僵尸，白僵菌因此而得名。

白僵菌在以黄豆饼粉或玉米粉为主的固体发酵培养基上生长良好，营养生长期的最适温度为 22～26℃，孢子形成期（4 天以后）为28℃。发酵完成后的物料经气流干燥粉碎，即可包装出厂，成品制剂的活孢子数应达 $5×10^9$～$1×10^{10}$ 个/g。也可采用液体深层好氧培养法进行规模化生产，其生产原料和工艺都与苏云金芽孢杆菌杀虫剂大同小异，但产品以抗逆性较低的芽生孢子为主。该杀虫剂对防治松毛虫、玉米螟、大豆食心虫、高粱条螟、甘薯象鼻虫、马铃薯甲虫、果树红蜘蛛、枣黏虫、茶叶毒蛾、稻叶蝉等害虫的效果较显著。

绿僵菌也是一种真菌杀虫剂，其杀虫谱、致病机制和生产方式均与白僵菌相似，对斜纹夜蛾、棉铃虫、地老虎和金龟子等害虫的防治效果较好。

3. 病毒杀虫剂

早在 20 世纪 40 年代初，以杆状病毒为代表的病毒杀虫剂就应用于欧洲云杉叶蜂的生物防治。目前，国际上已有棉铃虫核多角体病毒、甜菜夜蛾核多角体病毒和芹菜夜蛾多角体病毒等 8 种杆状病毒杀虫剂进入商品化生产。中国研究者发现了 200 多种昆虫杆状病毒，已有20 余种进入大田应用试验和生产示范，其中棉铃虫核多角体病毒、斜纹夜蛾核多角体病毒和草原毛虫多角体病毒等 3 种杀虫剂已进入商品化生产。

昆虫病毒之所以被用来防治害虫，主要原因是昆虫病毒具有高度特异性的宿主范围，也就是说，一种昆虫病毒只对一种或几种特定的昆虫有致命性。这样一来，就不会对人、畜和作物造成危害。而且，昆虫病毒可以在土壤中保存，并随着风等自然因素扩散，而造成病毒流行，可以有效扩大杀虫的范围。此外，和传统的化学杀虫剂相比，昆虫病毒杀虫剂可以避免传统的化学杀虫剂对自然环境的破坏。当然，昆虫病毒杀虫剂也有其局限性，如杀虫范围窄，一种杀虫剂仅对一种或少数几种害虫有效；杀虫慢，需几天或十多天才见效；容易受环境温度、阳光、气候的影响，毒力较低等。

二、微生物杀菌剂

近 20 年来，人们发现了许多可以通过拮抗作用抑制植物病原菌生长的细菌和放线菌，它们都能产生抗生素，可制备成微生物杀菌剂。这类抗生素大部分具有内吸性能、高效、选择性强、有治疗和保护作用、生物降解快、无公害、对人畜安全等优点，其缺点是药效不稳定、成本高、持效期短（易被土壤微生物及紫外线分解）、易出现耐药性菌株（高度选择性所致）等。

在农业上作为杀菌剂应用的抗生素主要有灭瘟素、井冈霉素、春雷霉素、多氧霉素、庆丰霉素和放线菌酮等。其产生菌和防治范围见表 11-1。

表 11-1　主要微生物杀菌剂简介

抗生素名称	产生菌	防治范围
灭瘟素	灰色链霉菌	稻瘟病
井冈霉素	吸水链霉菌	水稻纹枯病、棉苗立枯病、黄瓜猝倒病、马铃薯丝核菌病
春雷霉素	春日链霉素	稻瘟病，黄瓜角斑病，菜豆萎蔫病，马铃薯软腐病，苹果、桃和烟草白粉病等
多氧霉素	可可链霉菌	水稻纹枯病，梨黑斑病，果树、蔬菜白粉病
庆丰霉素	庆丰链霉菌	稻瘟病、小麦白粉病
放线菌酮	奈良链霉菌	茶云纹枯病、甘薯黑斑病、洋葱霜霉病、樱桃叶斑病

三、微生物除草剂

杂草的病原微生物主要包括真菌、病毒等，最常见的真菌病原如锈菌、镰刀菌、炭疽病菌等。近年来利用微生物防治杂草等有害生物的成就使广大植保工作者及产业界都意识到将其作为农业生物防治的资源，具有巨大的潜力。微生物除草剂对选择性高的目标杂草以外的植物影响小，环境污染小，安全性高，符合可持续农业发展的要求，为此已受到全世界许多国家的重视，并相继开展了大量的研究工作，涉及的微生物有 80 多种。至今，利用微生物资源开发的微生物除草剂主要有两类。一类是利用放线菌生产的抗生素除草剂，如 20 世纪80 年代初由日本明治制果公司开发的双丙氨酰磷，是第一个商品化抗生素除草剂。它是由一种链霉素经过发酵产生的一种微生物激活除草剂，常用于非耕地和果园等防除一年生和某些多年生杂草。另一类是利用病原真菌生产的孢子除草剂。如中国 1963 年研制成功的"鲁保一号"是寄生于菟丝子上的一种毛盘孢菌属炭疽菌，从田间自然死亡的菟丝子上分离得到。这种真菌对大豆菟丝子致病杀菌作用明显，且对大豆菟丝子专性寄生，对主要农作物安全可靠。20 世纪 70 年代，在江苏、山东、安徽、陕西、宁夏等 20 多个省推广应用，推广面积达 1000 多万亩，防治效果 85％以上，平均挽回大豆产量损失 30％～50％。

第二节　微生物肥料

半个多世纪以来，中国的农业取得了长足的发展，不仅基本解决了 10 多亿人的温饱问题，而且饮食结构和质量都有极大的改善。在这方面，化学肥料起了非常重要的作用。适量施用化肥，是提高农作物产量的好方法，但中国化肥的使用量已经远远超过了正常的合理用量。化肥的过量使用不仅没有达到预计的增产效果，还导致了一系列环境问题，如地下水及其他饮用水源的硝酸盐含量严重超标。而微生物肥料的使用，可以缓解长期大量施用化肥带来的破坏土壤结构、污染环境等严重问题，而且生产工艺安全、简单，成本低，原料来源容易。但当前微生物肥料还是一种辅助性肥料，不能完全代替有机肥料和化学肥料，它还有许多方面值得进一步研究和开发。

一、微生物肥料的定义

微生物肥料又称细菌肥料、生物肥料或接种剂。狭义的微生物肥料是指其制剂通过其中所含微生物的生命活动，增加了植物元素营养的供应量，导致植物营养状况的改善，进而产量增加，这一类微生物肥料的代表品种是根瘤菌肥料（接种剂）。广义的微生物肥料是指其制剂虽然也是通过其中所含的微生物生命活动的关键作用导致作物增产，但它不仅仅限于提高植物营养元素的供应水平，还包括了它们所产生的植物生长刺激素对植物的刺激作用，促进植物对营养元素的吸收作用，或者能够拮抗某些病原微生物的致病作用，减轻作物病虫害而导致产量的增加。如目前正处于研究与探索的促进植物生长的根圈（际）细菌即属于这一类。

二、微生物肥料的作用

微生物肥料的功效主要与营养元素的来源和有效性有关，或与作物吸收营养、水分和抗病（虫）有关，概括起来有以下几个方面。

1. 增加土壤肥力

这是微生物肥料的主要功效之一。如各种自生、联合或共生的固氮微生物肥料，可以增加土壤中的氮素来源；多种解磷、解钾的一些微生物，如一些芽孢杆菌、假单胞菌的应用，可以将土壤中难溶的磷、钾分解出来，转变为作物能吸收利用的磷、钾化合物。

2. 产生植物激素类物质刺激作物生长

许多用作微生物肥料的微生物还可产生植物激素类物质，能够刺激和调节作物生长，使植物生长健壮，营养状况得到改善。

3. 增强植物抗病和抗旱能力

有些微生物肥料的菌种接种后，由于在作物根部大量生长繁殖，成为作物根际的优势菌，除了它们自身的作用外，还由于它们的生长、繁殖，抑制了病原微生物的繁殖机会。同时有的微生物对病原微生物还具有拮抗作用，起到了减轻作物病害的功效。除此之外，有些微生物（如菌根真菌）由于在作物根部的大量生长，菌丝除了吸收有益于作物的营养元素外，还能增加水分的吸收，进而增强作物的抗旱能力。

三、微生物肥料的种类

微生物肥料的种类较多，按其制剂中特定的微生物种类，可分为细菌肥料（如根瘤菌肥，固氮菌肥，解磷、解钾菌肥）、放线菌肥料（如抗生肥料）、真菌类肥料（菌根真菌、霉菌肥料，酵母肥料）；按作用机理可分为根瘤菌肥料、固氮菌肥料（自生或联合共生类）、解磷菌肥料、硅酸盐细菌肥料和复合微生物肥料等。

1. 根瘤菌肥料

根瘤菌肥料是指能在豆科植物根部结瘤固氮，供应豆科植物氮素营养的根瘤菌活体制剂。根瘤菌肥料应用于农业已有 100 多年历史，是目前应用范围最广、接种效果稳定的微生物肥料之一。考虑到豆科植物与根瘤菌互接种族的关系和环境条件的特点，选用相应的根瘤菌剂接种，一般均有较好的增产效果，尤其是在从未种植过该种豆科植物的地区，能够显著增产。但在多年种植过该类豆科植物的地区，由于土壤中已含有数量较高，且均匀分布的土著根瘤菌，能与接种根瘤菌竞争结瘤，使应用效果降低。

国内外根瘤菌肥料的生产工艺均以固体为主（图 11-1）。根瘤菌的斜面和三角瓶培养可用甘露醇酵母汁培养基（YMA），种子罐和发酵罐培养宜用成本较低的豆芽汁培养基或合成培养基。在合成培养基中，以硫胺素、泛酸钙和烟酰胺等根瘤菌必需的维生素取代酵母粉，能满足大多数根瘤菌的生长需求。吸附剂以草炭、蛭石和珍珠岩为主。前者因有机质含量高、吸附力强而普遍采用，后两种均为膨化多孔的无机矿质材料，因吸附力特别强，可在缺乏草炭的地区使用。吸附剂的灭菌方法主要有两种，γ射线灭菌和加压蒸汽灭菌。拌菌应在严格的无菌条件下进行，一般 1kg 草炭可加根瘤菌培养液 50～60mL。考虑到草炭菌剂的活菌数在拌菌后两周内能明显增加，亦可适当减少拌菌培养液量，也不会影响到产品质量。成品的质量检查应以发酵罐批次抽样，进行稀释平板测数。合格菌剂的活菌数应超过 2.0×10^8 个/g，杂菌数应小于 15%，且不应有霉菌。根瘤菌剂的活菌数在室温下保存时会逐渐下降，其产品的有效期为 6 个月。

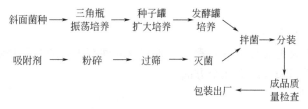

图 11-1 根瘤菌肥料生产工艺流程

根瘤菌肥料的使用方法以种子拌菌为主，先将菌剂加入少量黏附剂（如羧甲基纤维素或阿拉伯胶等）调成菌浆，然后加入种子拌匀，阴干或加入适量碳酸钙粉制成丸衣化种子后播种。为了避免化合态氮对根瘤菌结瘤固氮的抑制，在采用菌剂接种时，应不施或少施化学氮肥，但配合施用适量的钙镁磷肥或磷矿粉常可提高根瘤菌的增产效果。如需要同时采用化学农药拌菌以防治苗期病虫害时，应注意与杀菌剂分开施用，以免对根瘤菌产生不利影响。

为了提高接种根瘤菌的占瘤率，必要时可以采用土壤接种法，即直接将液体菌剂喷洒或将以细土稀释的固体菌剂与播种沟的土壤混匀，能确保接种的根瘤菌直接与向下生长的根系接触，使之在与土著根瘤菌竞争时可以形成更多的根瘤，以提高增产效果。

在出苗后 15～20 天内，应及时检查接种植株的出苗与结瘤状况，若发现未结瘤时，可采用菌剂兑水泼施补接种。有条件的地方也可在播种出苗后 12 个月内，进行二次接种，同样可以提高接种菌的占瘤率与固氮效率。

2. 固氮菌肥料

是指以自生固氮或联合固氮的细菌为菌种生产出来的微生物活体制剂。能够进行自生固氮和联合固氮的微生物很多，但这类固氮微生物与共生固氮的根瘤菌不同，根瘤菌与豆科植物形成共生固氮的器官——根瘤，豆科植物宿主有氨同化系统和氧屏障系统，能够把根瘤固定的氮素不停地转化、运输，根瘤内的氨浓度始终很低，不会造成对固氮酶系统的毒害，所以根瘤形成后才能一直不停地固氮，固定氮素的数量也十分可观。自生固氮微生物和联合固氮微生物则缺乏这样的结构和机制，所以它们一般固定的氮素能够满足自身的需求后，细胞内氨的浓度反过来会抑制固氮酶系统，固氮过程也就停止。因此，此类微生物的固氮效率明显低于根瘤菌。但是这类微生物中的许多菌种在生长繁殖的过程中，能够产生对作物有利的代谢产物。

固氮菌肥料也主要采用以草炭为吸附剂的生产工艺，除生产菌种和培养基配方与根瘤菌剂不同外，其生产工艺基本相同。在应用技术方面，可以采用拌种、黏秧根和兑水泼浇等多种方法，接种量和次数也比根瘤菌剂高。

3. 解磷菌肥料

是以能将土壤中难溶性磷转化为植物能利用的有效磷的微生物为接种剂的活体制剂。解磷微生物的种类有巨大芽孢杆菌、假单胞菌、解磷真菌等。巨大芽孢杆菌是应用最广和最早的一种解磷芽孢杆菌。

解磷菌肥料的使用方法如下。

（1）拌种或浸种　把菌肥加水调成浆（500kg 种子用菌肥 0.25kg，加水 2kg）拌入种子，稍晾干后即播种。也可用原菌液直接浸种 12h，阴干后播种。

（2）蘸根　把菌肥与塘泥、圈肥和少量草木灰混匀，加水调成泥浆，待水稻、甘薯等作物移栽时用于蘸根。

（3）基肥　作基肥使用时，每亩（1 亩＝666.67m²）地用菌肥 1.5～5kg，混入有机肥料中施用。施用的注意事项与其他菌肥相似。

（4）追肥　宜在作物开花前施于作物根部（菌肥使用量少于基肥量），施后避免阳光暴晒，注意保持土壤湿润。

解磷菌肥料在中国的应用已有多年，应该说有较好的应用前景，但其发展较慢，应用也不普遍。原因是多方面的，最主要的是因为解磷微生物种类多，解磷机理不尽相同且较复杂，虽然有一些研究，但不深入，加之菌剂质量不能保证，因而生产应用受到很大限制。

4. 硅酸盐细菌肥料

是以能将土壤中难溶性含钾的硅酸盐转化为有效钾，并分泌有益代谢产物的微生物为接种剂的活体制剂，亦称为钾细菌肥料。在 20 世纪 50 年代，中国曾推广应用过以胶质芽孢杆菌为代表的硅酸盐细菌肥料。目前的硅酸盐细菌肥料的剂型主要是草炭吸附的固体剂型，其生产条件、工艺要求、质量要求和使用条件均同于一般的微生物肥料，主要用于缺钾地区。硅酸盐细菌肥料适宜施用的作物种类多，在棉花、烟草、甘薯、水稻、玉米和果树等植物上均表现出较好的效果，产量增加达 10% 左右，并能提高作物品质。

5. 复合微生物肥料

是指含有两种或两种以上互不拮抗的微生物，或一种以上微生物与其他营养物质复配的活体微生物制剂。不同种类的微生物所需的营养和培养条件各异，繁殖的时间长短不一，所以在生产工艺上应将不同微生物分开培养，才能确保每一种微生物的数量和比例。对于微生物与营养元素的复合肥料，成品所含微生物的活菌数均应达到国家有关复合微生物肥料的质量标准，才能上市销售和推广应用。

第三节　微生物饲料

微生物饲料是指利用微生物在饲料原料中的生长繁殖和新陈代谢，积累有用的菌体、维生素、抗生素和中间代谢产物等，来生产加工和调制的饲料。主要包括单细胞蛋白饲料、菌体蛋白饲料、青贮饲料、发酵饲料等。

微生物饲料具有的特点如下。①分布广，种类多。自然界中到处有微生物，这为微生物饲料的菌种分离和筛选提供了广阔的天地。②生长繁殖快，例如用液体发酵法培养饲料酵母菌体蛋白，每 8h 就可收获一次。③容易培养。微生物一般都能在常温常压下利用简单的营养物质生长，并在生长过程中增殖营养丰富的菌体和积累有用的代谢产物。④代谢能力强，从饲料发酵的角度看，微生物代谢能力强，在短时间内能把大量基质转化为有用产品；从废水处理制造饲料的角度看，能在短时间内化害为利，变废为宝。⑤容易变异，这有利于有目的地进行诱变育种，改变菌种的生产特性和提高菌种的生产能力，但同时，如果在生产过程中控制得不好，也容易引起菌种的退化。

一、单细胞蛋白

单细胞蛋白是指通过工业方法增殖培养微生物，从而获得菌体蛋白质。在适宜条件下生产的单细胞蛋白，其蛋白质含量为 30%～80%。单细胞蛋白不仅含有丰富的蛋白质，还含有碳水化合物、脂肪、核酸、维生素和矿物质，营养效果好，可以作为人或动物蛋白质的补充或替代品，解决地球上资源减少与人口剧增、粮食不足的矛盾；能利用包括废弃物在内的多种原料，促进自然界物质再循环，同时也是加强环境保护、变废为宝的好途径。

1. 单细胞蛋白生产的特点

（1）原料广泛　生产单细胞蛋白的原料有以下几类：①石油原料及其化工产品，包括石油、天然气以及石油、天然气加工而来的甲醇、乙醇、醋酸等；②纤维资源及农林加工产品的下脚料，包括各种植物秸秆、木屑、糠壳、蔗渣和薯渣等，以及工、农、林、水等产业的三废（废水、废气、废渣），城市垃圾等；③糖类资源，包括淀粉或纤维素水解物、亚硫酸纸浆废液及制糖废液等；④泥炭资源，泥炭是植物残体与植物分解物的混合物，有机质含量在50％以上，是生产单细胞蛋白的好原料；⑤氮气和二氧化碳。

（2）营养丰富　单细胞蛋白是一种高营养价值的蛋白质，除含有丰富的蛋白质（表11-2），组成蛋白质的氨基酸种类齐全外，还含有丰富的碳水化合物、多种维生素与无机盐，这些都是人与动物不可缺少的营养物质。

表11-2　单细胞蛋白与常用食品蛋白质含量的比较

品　　种	蛋白质含量/％	品　　种	蛋白质含量/％	品　　种	蛋白质含量/％
玉米	8～9	牛肉	18～22	酵母菌	40～60
小麦	10～12	蛋品	13～15	霉菌	20～45
大豆	35～40	细菌	40～90	藻类	40～60

（3）生产速率高　单细胞蛋白是靠微生物快速繁殖积累的。微生物生产的速率是动植物不可比拟的。细菌繁殖一代为0.5～2h，酵母菌为1～3h，藻类为2～6h，相反农作物1年最多3季，大牲畜几年才能生出一代。一头500kg的牛每24h产蛋白质0.4kg；而500kg酵母菌，如果条件适宜，在发酵罐中连续24h培养可产2500kg干菌体，按含蛋白质50％计算，即1250kg蛋白质；1亩大豆按亩产200kg，蛋白质含量为40％，一年产80kg蛋白质。因此，以工业方式生产单细胞蛋白能较快地提高蛋白质产量。

（4）不用或少用土地　微生物培养是在立体发酵罐或培养池中进行的，可以节约占地面积。如35个容量250m³的发酵罐，每天可以生产300～400t干酵母，如果每年工作300天，就可以生产45000～60000t的优质蛋白质。这作为饲料，相当于（280～400）×10^4m² 土地栽培大豆的生产力。

当然，单细胞蛋白作为食品和饲料也有不尽人意的地方。一是以微生物蛋白作为食物，人们一时难以适应；二是有些原料发酵制成的单细胞蛋白的安全性问题仍然存在，如石油发酵蛋白质产品。这类产品作为食品和饲料，其安全性、营养性及含量必须进行严格评价和控制。

2. 生产单细胞蛋白的微生物类群

生产单细胞蛋白的微生物种类繁多，有酵母菌、放线菌和单细胞藻类等。

（1）酵母菌　酵母菌是最早用于单细胞蛋白的生产菌。酵母菌的生长率比藻类和霉菌高。由于酵母细胞中含有丰富的蛋白质，其氨基酸组成同动物蛋白质相当，可以作为饲料添加剂，提高饲料的营养价值，在大量饲养家禽时尤其有用。同时，酵母菌核酸含量低，色、香、味易为人们接受，便于加工成维生素、氨基酸类的食物强化剂。在生产工艺上，因酵母个体大，易回收，而且耐酸力强，适于低pH培养，不易污染，给生产带来很大方便。

（2）单细胞藻类　在单细胞蛋白的生产上，单细胞藻类具有重要地位。藻类主要利用太阳能进行光合作用，并获得生长的能量，合成自身的细胞物质进行繁殖。同时，藻类还能利用氮气合成有机含氮物质，提供丰富的蛋白质。作为单细胞蛋白生产的主要藻类有小球藻和螺旋藻等。

（3）放线菌　放线菌主要用于纤维质原料的直接发酵。放线菌中的诺卡菌、高温放线菌等，具有分解纤维素、木质素的能力，因而可直接利用纤维质原料生产单细胞蛋白，这比先利用纤维素酶分解纤维素，再培养酵母要经济得多，对于利用各种秸秆、工农业废渣生产单细胞蛋白具有重要意义。

3. 单细胞蛋白的生产工艺

单细胞蛋白的生产实质是以工业方式培养微生物菌体。微生物菌体含有丰富的蛋白质，所以收集起来经加工处理就可以作为蛋白饲料或蛋白食品。它是吸收了传统的微生物发酵工艺，充分利用现代工业技术条件建立和发展起来的一个工业领域。微生物和动植物一样能在适当的条件下吸收营养，进行新陈代谢、生长繁殖。如用纤维素作原料生产单细胞蛋白，除了原材料处理和菌体回收两部分工艺外，主体工艺是酵母菌培养。若以石油或甲醇作为原料，工艺过程就更简单，可以省去原料处理，直接对微生物处理，并回收菌体。工艺过程如图 11-2 所示。

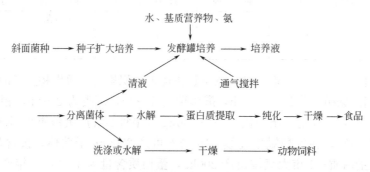

图 11-2　单细胞蛋白的生产工艺流程

发酵罐的形式有搅拌式发酵罐、通气式发酵罐、空气提升式发酵罐等。将水、营养基质等物料投入发酵罐，然后接入经扩大培养而生长良好的微生物菌种。培养过程中控制培养液的 pH，维持一定湿度和通气量。单细胞蛋白的生产中为使培养液中营养成分充分利用，可将部分培养液连续送入分离器中，上清液回入发酵罐中循环使用。菌体分离方法的选择可根据所采用菌种的类型确定，一般采用离心机分离，比较难分离的菌体可加入絮凝剂以提高其凝聚力，便于分离。

离心后的上清液投入发酵罐中循环使用。分离制得的菌体经洗涤浓缩得到糊状物。作为动物饲料的单细胞蛋白，可收集离心后的浓缩菌体，洗涤后进行喷雾干燥或滚筒干燥。作为人类食品的单细胞蛋白则需除去大部分核酸。将所得菌体水解，以破坏细胞壁，溶解蛋白质、核酸，经分离、浓缩、抽提、洗涤、喷雾干燥，即得到食品蛋白。

二、青贮饲料

青贮饲料又称乳酸发酵饲料，主要是将新鲜的牧草、作物秸秆等青贮原料粉碎，填入并密封于青贮窖内，由于附着在青贮原料上的乳酸菌等微生物的发酵作用，将青贮原料中的碳水化合物转化成乳酸、琥珀酸、醋酸等有机酸和醇类，部分蛋白质分解成氨基酸及氨化物，繁殖的菌体使营养物质增加，发酵中产生的热量可杀死或抑制有害细菌的生长，从而制成营养丰富、易消化、多汁、耐贮藏的饲料。

1. 青贮发酵的过程及其注意事项

（1）植物呼吸阶段　刚刈割下的青贮原料，在切碎装窖的过程中，植物细胞尚未死亡，还在进行呼吸。前期为有氧呼吸，植物利用青贮原料空隙中残留的空气氧化糖分，产生二氧化碳和水，同时释放出大量的热能，残留空气越多，呼吸越强烈，放出的热量越多，养分损失就越多。因此在装窖时，要分层装填，压紧踩实，及时排除空气，造成无氧条件，抑制微生物生长。后期为无氧呼吸，窖中的氧气耗尽之后，原料中的酶仍在起作用，继续分解碳水化合物为二氧化碳、醇类和有机酸，同时，酵母菌也在活动，将碳水化合物分解为醇类和芳香物质。以上反应产生的醇类及有机酸在细胞内积聚到一定程度就会使细胞死亡，植物呼吸过程即停止。

（2）微生物作用阶段　在植物细胞进行呼吸的同时，原料上附着的各种微生物也开始活动，主要微生物有乳酸菌、丁酸菌、醋酸菌、霉菌和腐败菌。不同种类的微生物生长繁殖时要求的条件也不同。腐败菌、霉菌、醋酸菌等为嗜氧菌，如果青贮料残留空气多，腐败菌、霉菌、醋酸菌就会大量繁殖，使青贮料腐败变质。丁酸菌又名酪酸菌，是一种厌氧不耐酸的细菌，在青贮原料中本来数量不多，只有在温度较高时才能繁殖，引起丁酸含量过高，降低青贮质量。但随着原料中酸度的增加，丁酸菌就受到抑制。丁酸菌容易存留在土壤中，所以在青贮原料收获及青贮过程中，力争干净不带泥土。乳酸菌是一种厌氧型细菌，种类较多，对青贮有益的主要有乳酸杆菌和乳酸链球菌。青贮料装窖 3～7 天以后，随着窖内温度逐渐降低，植物细胞呼吸作用减弱，氧气耗尽。绝氧、低温、适宜的水分和养分（主要是糖分），这些条件均有利于乳酸菌的生长繁殖。乳酸菌繁殖产生大量以乳酸为主的有机酸，使原料中酸度不断增加。在 pH 降至 4.2～4.4 时，乳酸菌便开始在发酵过程中占绝对优势。乳酸的大量形成，一方面为乳酸菌本身的生长繁殖创造了有利条件，同时也促使一切嗜氧微生物死亡。

（3）青贮完成阶段　随着青贮原料 pH 下降到 3.5～4.0 之间时，乳酸菌的增殖也受到抑制，从而达到稳定状态。整个过程需一个半月左右时间。青贮料制成后，如不打开容器，保持密闭状态，可长期保存。

2. 青贮饲料的营养特点

① 青贮饲料能有效地保存青绿饲料的营养成分。

② 青贮能保持原料青绿时的鲜嫩汁液，如干草含水量只有 14%～17%，而青贮饲料含水量达 70%，适口性好，消化率高。

③ 青贮可以扩大饲料资源，如肉羊不喜欢吃或不能采食到的野草、树叶、野菜等无毒青绿植物，经青贮发酵，均可变成肉羊喜欢吃的饲料。

④ 青贮是保存饲料的经济而安全的方法。

⑤ 青贮饲料在任何季节都能被利用。

3. 提高青贮饲料品质的技术措施

（1）控温和绝氧　青贮料的温度最好在 25～35℃，此温度乳酸菌能够大量繁殖，抑制了其他杂菌（如丁酸菌）的繁殖。温度过高，可能出现过量产热而抑制乳酸菌增殖，助长其他细菌的增殖，使青贮失败，青贮料会变臭，养分也会大量流失。因此，在装饲料时，要随割随装，快铡快装，尽力排除容器内的空气，迅速形成缺氧状态，这样可以防止产热，减少发酵。只要第一阶段发酵热不多，要求较高温度条件的丁酸菌等就不能增殖，而乳酸菌大量增殖，有利于青贮成功。

（2）控制原料的水分　饲料中水分过高，会影响青贮料的适口性，经研究证明，饲料含水量一般在 50%～75% 最为适宜，这也最适宜乳酸菌的繁殖。最简单的水分测定方法可以通过手测，将原料切碎后握在手中，指缝中有水珠渗出但不往下滴，这时原料的含水量较适宜；若原料水分过高，可适当加一些麦麸等干粉；原料水分过低，在青贮时可混加一些含水分较高的原料（如薯藤等），使含水量适宜。

（3）控制原料中可溶性糖含量　饲料中必须要有适宜的糖分，才有利于乳酸菌的繁殖，一般要求 3% 左右即可。不同种类的植物，其含糖量不相同，如马铃薯藤、花生藤含糖量少，最好要混有其他含糖量较高的青贮原料一起贮存；青贮蛋白质含量高的豆科类饲料，可加入 8% 左右的糠麸以保证青贮原料的营养成分和营养价值。

【阅读材料 11-1】

白色农业——可持续发展的新型农业

中国农业科学院包建中先生 1986 年 7 月 2 日在光明日报第一次正式提出"发展高科技应创建三色农业——绿色农业、白色农业、蓝色农业"。绿色农业即以土、水和阳光为基础的传统农业；白色农业即微生物资源产业化的工业型新农业；蓝色农业即蓝色海洋的水生农业。

白色农业即微生物农业，由于它是在高度洁净的工厂内进行生产，人人都将穿戴白色工作服从事劳动，所以形象地称之为"白色农业"。白色农业的发展，将促进以动物、植物生产为主的传统二维农业结构，向动物、植物、微生物并重的三维结构发展。目前，白色农业主要包括以下 6 个产业：①微生物农药；②微生物肥料；③微生物饲料；④微生物食品；⑤微生物能源；⑥微生物环境保护剂。

由于白色农业实行工厂化生产，所以不受气候等自然条件的限制和影响，生产稳定，产品的产量和质量能得到可靠的保证，而且节水、节土、节能、高效，所以白色农业有着极其巨大的生产潜力。

本 章 小 结

1. 微生物农药主要包括微生物杀虫剂、微生物杀菌剂和微生物除草剂等。

2. 微生物肥料又称细菌肥料、生物肥料或接种剂，是利用微生物的生命活动及代谢产物的作用，改善作物养分供应，为农作物提供营养元素、生长物质，调控其生长，达到提高产量、改善品质、减少化肥使用、提高土壤的肥力、减少病（虫）害发生的一类制剂。微生物肥料种类繁多，按作用机理可分为根瘤菌肥料、固氮菌肥料（自生或联合共生类）、解磷菌肥料、硅酸盐细菌肥料和复合微生物肥料等。

3. 单细胞蛋白是指通过工业方法增殖培养微生物，从而获得的菌体蛋白质。单细胞蛋白不仅含有丰富的蛋白质，还含有碳水化合物、脂肪、核酸、维生素和矿物质，营养效果好。

4. 生产单细胞蛋白的微生物主要有酵母菌、放线菌和单细胞藻类等。

5. 青贮饲料主要是将新鲜的牧草、作物秸秆等青贮原料粉碎，填入并密封于青贮窖内，由于附着在青贮原料上的乳酸菌等微生物的发酵作用，将青贮原料中的碳水化合物转化成乳酸、琥珀酸、醋酸等有机酸和醇类，部分蛋白质分解成氨基酸及氨化物，繁殖的菌体使营养物质增加，发酵中产生的热量可杀死或抑制有害细菌的生长，从而制成营养丰富、易消化、多汁、耐贮藏的饲料。

复习思考题

1. 简述微生物杀虫剂的类型与作用特点。

2. 简述微生物杀菌剂的类型与作用特点。

3. 什么是微生物肥料？微生物肥料有哪些作用？

4. 单细胞蛋白的生产有哪些特点？简述单细胞蛋白的生产工艺。

5. 简述青贮饲料的发酵过程及注意事项。

6. 青贮饲料的营养特点有哪些？如何提高青贮饲料的品质？

7. 简述根瘤菌肥料的生产工艺过程。

参 考 文 献

[1] 沈萍. 微生物学. 北京：高等教育出版社，2000.
[2] 周德庆. 微生物学教程. 第2版. 北京：高等教育出版社，2002.
[3] 李卓棣，胡正嘉主编. 微生物学. 第5版. 北京：中国农业出版社，2000.
[4] 王建国. 环境微生物. 北京：化学工业出版社，2002.
[5] 刘志恒. 现代微生物学. 北京：科学出版社，2002.
[6] 王贺祥. 农业微生物学. 北京：中国农业大学出版社，2003.
[7] 吴文君，高希武. 生物农药及其应用. 北京：化学工业出版社，2004.
[8] 姜成林，徐丽华. 微生物资源开发利用. 北京：中国轻工业出版社，2001.
[9] 张青，葛菁萍. 微生物学. 北京：科学出版社，2004.
[10] 诸葛健，李华钟. 微生物学. 北京：科学出版社，2004.
[11] 杨苏声，周俊初. 微生物学. 北京：科学出版社，2004.
[12] 喻子牛. 微生物农药及其产业化. 北京：科学出版社，2000.
[13] 诸葛健. 工业微生物资源开发应用与保护. 北京：化学工业出版社，2002.
[14] 李宗义. 工业微生物学. 北京：科学技术出版社，2002.
[15] 周凤霞，白京生. 环境微生物. 第2版. 北京：化学工业出版社，2008.
[16] 岑沛森，蔡谨. 工业微生物学. 北京：高等教育出版社，2000.
[17] 复旦大学生物系微生物教研室合编. 微生物学. 第2版. 武汉：武汉大学出版社，1987.
[18] 无锡轻工业大学. 微生物学. 第2版. 北京：中国轻工业出版社，1990.
[19] 何国庆，贾英民. 食品微生物学. 北京：中国农业大学出版社，2002.
[20] 欧阳琨. 微生物学. 西安：西北大学出版社，1994.
[21] 杨汝德. 现代工业微生物学. 广州：华南理工大学出版社，2001.
[22] 何国庆. 食品发酵与酿造工艺学. 北京：中国农业出版社，2001.
[23] 顾国贤. 酿造酒工艺学. 北京：中国轻工业出版社，1996.
[24] 黄秀梨. 微生物学. 北京：高等教育出版社，2003.
[25] 闵航. 微生物学. 北京：科技文献出版社，2003.
[26] 张惠康. 微生物学. 北京：中国轻工业出版社，1999.
[27] 高鼎. 食品微生物学. 北京：中国商业出版社，1996.
[28] 沈德中. 环境和资源微生物学. 北京：中国环境科学出版社，2003.
[29] 李艳. 发酵工业概论. 北京：中国轻工业出版社，1999.
[30] 徐浩. 工业微生物学基础及其应用. 北京：科学出版社，1991.
[31] 沈同，王镜岩. 生物化学上下册. 第3版. 北京：人民教育出版社，2001.
[32] 聂剑初，吴国利. 生物化学简明教程. 第3版. 北京：高等教育出版社，1999.
[33] 杨洁彬，李淑高，张篪，周维新. 食品微生物学. 北京：北京农业大学出版社，1999.
[34] 李艳. 发酵工业概论 [M]. 北京：中国轻工业出版社，1999.
[35] 俞俊堂，唐孝宣. 生物工艺学 [M]. 上海：华东理工大学出版社，1991.
[36] 蔡信之，黄君红. 微生物学. 北京：高等教育出版社，2002.
[37] 胡永松，王忠彦. 微生物与发酵工程. 成都：四川大学出版社，1987.
[38] 无锡轻工业学院. 微生物学. 北京：中国轻工业出版社，1988.
[39] 布林顿·麦·米勒，[美] 沃伦基. 工业微生物学. 居乃晥，朱庆裴，雷肇祖译. 北京：轻工业出版社，1986.
[40] 马文漪，杨柳燕. 环境微生物工程. 南京：南京大学出版社，1999.
[41] 周群英，高廷耀. 环境微生物工程. 北京：高等教育出版社，2000.
[42] 郑平. 环境微生物学. 杭州：浙江大学出版社，2002.
[43] 张景来，王剑波. 环境生物技术及应用. 北京：化学工业出版社，2002.
[44] 贺延龄，陈爱侠. 环境微生物学. 北京：中国轻工业出版社，2001.
[45] 胡国臣，张清敏. 环境微生物学. 天津：天津科技出版公司，2002.
[46] 夏北成. 环境污染物生物降解. 北京：化学工业出版社，2002.
[47] 孔繁翔，尹大强，严国安. 环境生物学. 北京：高等教育出版社，2000.
[48] J. 尼克林，K. 格雷米-库克，T. 派吉特，R. A. 基林顿. 微生物学. 北京：科学出版社，2001.
[49] Brock T D, Madigan M T, Martinko J M, Parker J. Biology of Microoganisms. 7th ed. New Jersey, Englewood Cliffs: Prentice Hall, 1994.
[50] Madigan M T, Martinko J M, Parker J. Brock Biology of Microorganisms. 8th ed. New Jersey: Prentice Hall, 1997.
[51] Madigan M T, Martinko J M, Parker J. Brock Biology of Microoganism. 9th ed. New Jersey: Prentice Hall, 2000.
[52] Pelczar Jr M J, Chan E C S, Krieg N R, et al. Microbiology: Concepts and Applications. New York: McGrawHill, 1933.
[53] Tortora G J, Funke B R, Case C L. Microbiology: An Introduction. 4th ed. New York: Benjamin Cummings, 1992.
[54] Ketchum P A. Microbiology: Concepts and Applications. New York: John Wiley, 1998.
[55] McKane L, Kandel J. Microbiology: Essentials and Application. 2nd ed. New York: McGraw-Hill, 1996.
[56] Singleton P, Sainsbury D. Dictionary of Microbiology and Molecular Biology. 2nd ed. New York: John Wiley, 1987.
[57] Rasic J Lj, Kurmann J A. Bifidobacteria and Their Role. Verlag, Boston: Birkhauser, 1983.